Doublages faux-plafonds cloisons

Normes et mises en œuvre

Thierry Gallauziaux
et
David Fedullo

Doublages, faux-plafonds, cloisons

Normes et mises en œuvre

ISBN 13 : 979-8805365844

Infos, autres titres et contributions sur :
L-F-C.FR

Par les mêmes auteurs :

- Installer ou rénover un tableau électrique, 6e éd. 2022, 158 pages
- L'installation électrique en fiches pratiques, 2e éd. 2022, 158 pages
- Le grand livre de l'électricité, 6e éd. 2021, 858 pages
- Électricité : Réaliser son installation par soi-même, 5e éd. 2021, 476 pages
- Mémento de schémas électriques 2, 5e éd. 2021, 90 pages
- Mémento de schémas électriques 1, 5e éd. 2021, 100 pages
- L'installation électrique, 7e éd. 2021, 575 pages
- Grand guide du bricolage, 3e éd. 2020, 622 pages
- La plomberie, 4e éd. 2020, 410 pages
- Les techniques pros de la peinture pour tou-te-s, 1re éd. 2020, 82 pages
- Améliorer et piloter son installation électrique, 1re éd. 2020, 122 pages
- Panneaux solaires et photovoltaïques, 1re éd. 2020, 57 pages
- L'isolation thermique, 2e éd. 2019, 435 pages
- Le manuel pratique pour se lancer dans les travaux, 1e éd. 2019, 149 pages
- Le grand livre de la menuiserie, 1e éd. 2018, 678 pages
- Carrelage de sol et mural, 1re éd. 2017, 203 pages
- La défonceuse, mode d'emploi, 2e éd. 2017, 93 pages
- La menuiserie, 1re éd. 2015, 238 pages
- Tous les autres titres sur Amazon.fr

Bien que tous les efforts aient été faits pour garantir l'exactitude des données de l'ouvrage, le lecteur est invité à vérifier les normes, les codes et les lois en vigueur, à suivre les instructions des fabricants et à observer les consignes de sécurité.

Sommaire

1 Les doublages

L'isolation thermique par l'intérieur, ne nécessitant pas une grande technicité, est accessible au bricoleur et s'avère plutôt bon marché. Il n'est pas nécessaire de se procurer un outillage spécifique. La figure 1 présente l'équipement de base pour réaliser l'isolation par l'intérieur des parois verticales. Il concerne principalement le travail des plaques de plâtre, c'est pourquoi il s'applique aussi de façon plus générale au montage des cloisons légères et des faux-plafonds.

Les matériaux pour l'isolation par l'intérieur sont aussi très disponibles, dans tous les réseaux de distribution professionnels ou grand public.

Pour les mesures et les traçages, munissez-vous d'un crayon de charpentier, d'un cordeau à tracer, d'un fil à plomb, de cordelette, d'un niveau à bulle et d'un mètre ruban. Pour la pose des complexes isolants, procurez-vous une règle de maçon en aluminium de 2 m et une scie égoïne pour matériaux.

Pour préparer le mortier adhésif qui servira à poser les plaques de plâtre à bords amincis et l'enduit pour les joints, il faut une auge à gâcher, une truelle pour le mélange des produits, et plusieurs couteaux de plaquiste de diverses largeurs. Les lames de ces couteaux doivent être en acier inoxydable et dans un état parfait. Pour la découpe des plaques de plâtre vous pouvez utiliser un cutter et un rabot râpe, utile pour rectifier les bords.

Pour les ossatures métalliques, une scie à métaux convient, mais vous gagnerez énormément de temps en choisissant une cisaille grignoteuse. De plus, vous obtiendrez un travail soigné avec moins d'efforts. Des pinces à sertir sont très utiles pour associer rapidement et simplement des éléments d'ossature métallique sans utiliser de vis. Pour fixer les plaques de plâtre sur les ossatures, oubliez le tournevis simple et préférez-lui une visseuse sans fil ou filaire.

Enfin, pour manipuler et présenter les plaques de plâtre avant fixation, il faut être deux et ne pas craindre certains mouvements acrobatiques. N'hésitez pas à louer des outils faisant levier ou mieux un lève-plaques, disponible chez tous les loueurs spécialisés. Si vous êtes seul poseur, cela est indispensable, notamment pour la pose en hauteur.

Naturellement, cette liste n'est pas limitative. Vous pouvez également prévoir une perceuse avec une scie cloche pour la pose

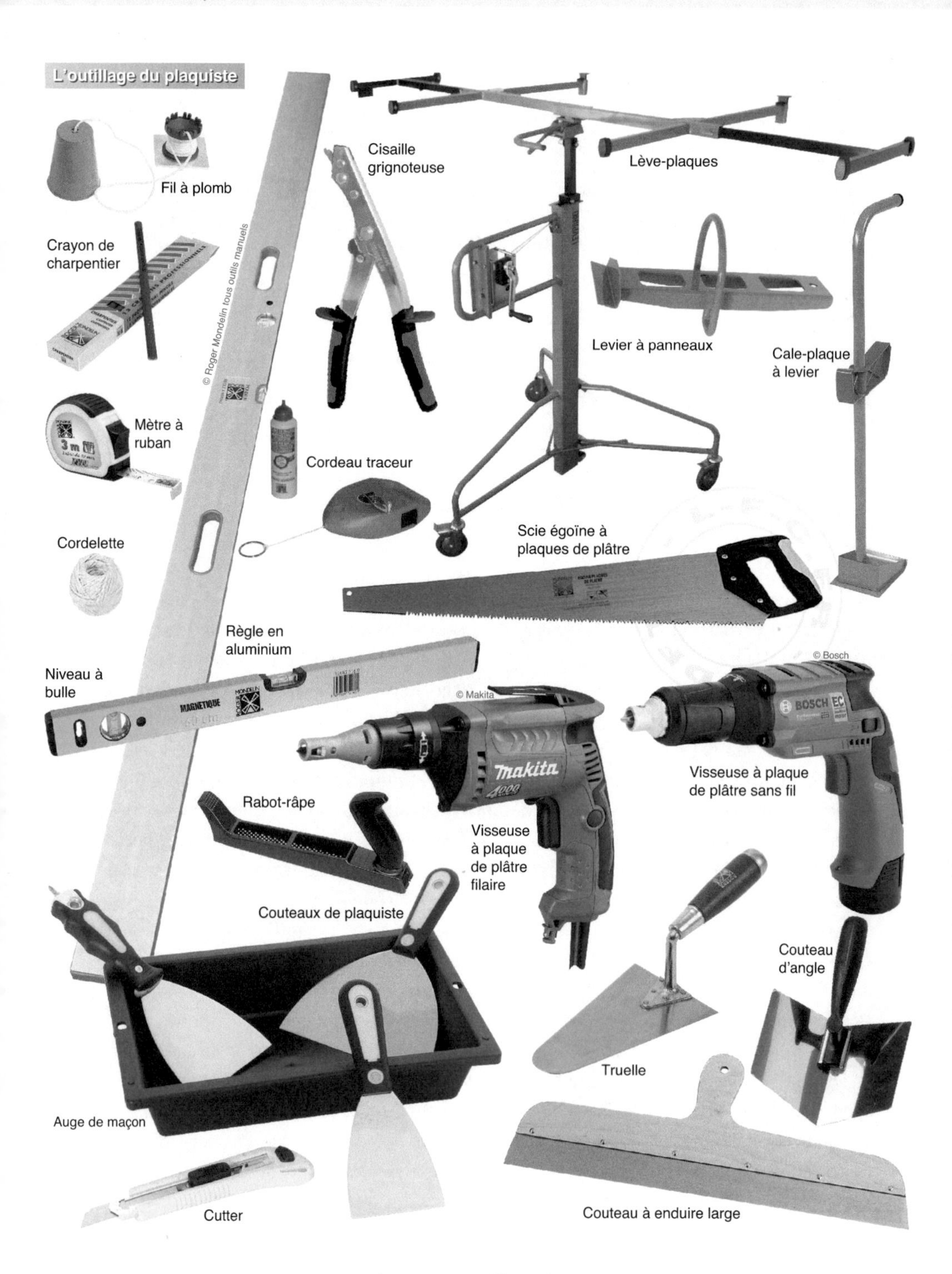

⇢ *Figure 1* : L'outillage du plaquiste

des boîtiers électriques, un système de fer chaud pour faire des rainures dans les isolants plastiques, voire un couteau spécial pour la découpe des laines minérales. Il va de soi également que vous devez disposer de l'outillage standard que tout bricoleur possède dans sa boîte à outils (tournevis, marteau, mètre...).
L'outillage concernant certaines mises en œuvre spécifiques sera détaillé dans les paragraphes correspondants.

Les complexes isolants

Un complexe isolant manufacturé comprend un parement, généralement une plaque de plâtre à bords amincis, sur lequel est collée une couche plus ou moins épaisse d'isolant qui peut être de différentes natures. S'il s'agit d'une laine minérale, la colle est une résine thermofusible. Pour les plastiques alvéolaires, la colle est en polyuréthane ou urée-formol. Le complexe peut intégrer ou non un pare-vapeur, qui peut être en kraft/aluminium, en kraft/polyéthylène, en PVAC ou simplement en aluminium. Les complexes sont classés selon trois catégories en fonction de leur degré de perméance (résistance à la vapeur d'eau). La catégorie P1 représente les plus perméables et P3 les moins perméables. Généralement, les produits P1 et P2 ne sont pas pourvus de pare-vapeur.

Les complexes classés P1 sont destinés aux parois en maçonnerie et en béton, dont la résistance thermique est supérieure ou égale à 0,086 m^2.K/W pour les constructions situées en dehors des zones très froides.
Les complexes classés P2 sont destinés aux parois en béton d'une épaisseur inférieure à 15 cm, dont la résistance thermique est inférieure à 0,086 m^2.K/W pour les constructions situées en dehors des zones très froides.

Les complexes classés P3, pourvus d'un pare-vapeur, sont destinés aux parois verticales en maçonnerie ou en béton en zone très froide (température de base inférieure à - 15 °C ou altitude supérieure à 600 m en zone H1) et aux murs revêtus d'un enduit plâtre, et ce, quelle que soit la résistance thermique du mur.

Les complexes isolants n'offrent pas la maîtrise du flux de vapeur par conduction, au niveau des joints et aux jonctions avec le gros œuvre.
Néanmoins, on peut améliorer l'étanchéité des joints entre plaques et avec le gros œuvre en réalisant un cordon de mastic d'étanchéité entre les plaques, au fond de l'espace entre les bords amincis.
Les complexes posés contre des parois intérieures séparatives, distributives, ou contre une paroi de cage d'ascenseur peuvent ne pas comporter de pare-vapeur.

Les épaisseurs possibles de la plaque de plâtre sont 9,5, 12,5 ou 15 mm. Il peut s'agir de plaques standards, à résistance au feu améliorée, à haute dureté, hydrofugées, pré-imprimées ou à acoustique renforcée. Les complexes sont commercialisés en largeurs de 0,60 ou 1,20 m, avec des hauteurs comprises entre 2,40 m et 3,00 m. Les couches d'isolant ont une épaisseur généralement comprise entre 20 et 140 mm, qu'elles soient en plastiques alvéolaires ou en laines minérales (figure 2).
Il existe également des complexes en deux parties : une partie vague qui ménage des espaces pour le passage des canalisa-

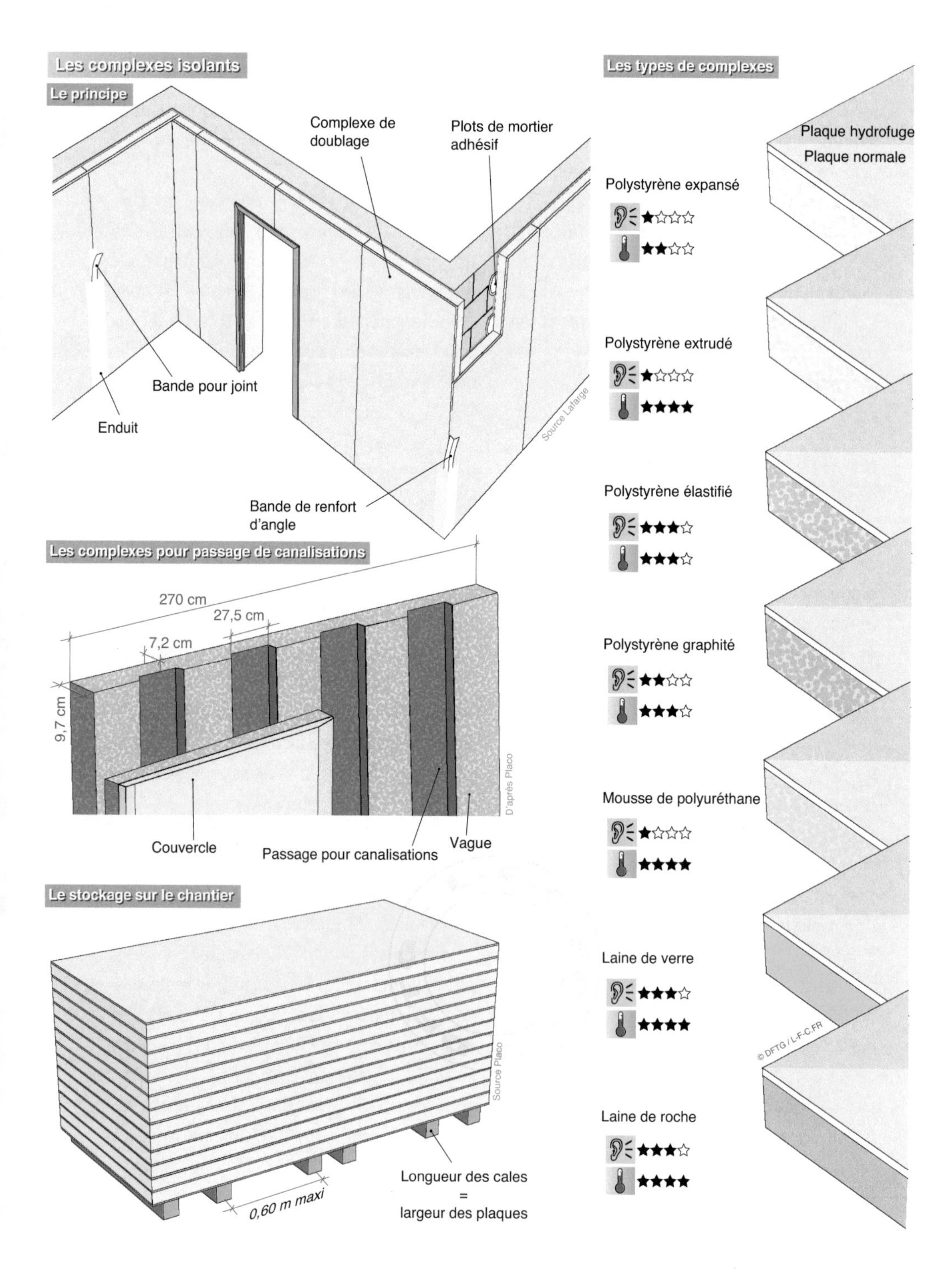

Figure 2 : Les complexes isolants

tions et une partie couvercle (ou contre-vague), associée à une plaque de plâtre. Le choix du complexe à utiliser se fera selon les performances thermiques et éventuellement acoustiques recherchées mais également selon l'épaisseur maximale possible à installer. La performance d'un complexe est exprimée par sa résistance thermique R. Plus sa valeur est élevée, plus le complexe est isolant thermiquement. En rénovation, la valeur minimale de R est de 3,2 m^2.K/W (2,2 pour les habitations situées sur le pourtour méditerranéen).

Le domaine d'emploi des complexes isolants est défini par la norme NF P 72-204 ou DTU 25-42. Elle stipule qu'ils peuvent être utilisés pour le renforcement de l'isolation thermique des parois verticales en maçonnerie ou en béton, neuves ou anciennes. La pose peut s'effectuer par collage, au mortier adhésif (MAP), ou par vissage sur des tasseaux. Sur les murs en maçonnerie ou en béton d'une épaisseur supérieure à 15 cm, et en dehors des zones très froides, les complexes P1 et P2 peuvent être mis en œuvre par collage ou par vissage sur des tasseaux. Si l'épaisseur de béton est inférieure à 15 cm, seuls les complexes P2 sont autorisés.
Sur les murs enduits au plâtre, seule la pose sur tasseaux verticaux est autorisée. La pose collée sur ce type de mur est interdite.
Les complexes P3 peuvent être posés par collage ou par vissage sur tasseaux, sur tous types de murs et dans toutes les conditions.

La mise en œuvre des complexes isolants doit s'effectuer dans des locaux à l'abri des intempéries. Avant le début des travaux, il convient de les stocker à plat, à l'abri de l'humidité, des chocs et des salissures. Pour ce faire, utilisez des cales disposées dans le sens de la largeur et espacées de 60 cm, au maximum. Les cales doivent avoir une largeur minimale de 10 cm et une longueur au moins égale à la largeur des plaques.

Les complexes cassés, fissurés ou dont le pare-vapeur est détérioré ne doivent pas être employés. S'ils présentent des ruptures complètes, utilisez-les comme chutes.

Il convient de mettre en place les conduits électriques avant la pose des plaques. Les canalisations de plomberie peuvent traverser un complexe uniquement de façon perpendiculaire.

Attention, si le mur support présente des défauts de planéité ou un faux aplomb supérieurs à 15 mm, la pose collée ne convient pas. Optez dans ce cas pour une mise en œuvre sur tasseaux ou orientez-vous vers un autre système d'isolation thermique.

Quel que soit le type de pose retenu, le support doit être sain, homogène et ne pas ressuer l'humidité.
Avant de commencer, tracez au sol l'implantation du doublage, au moyen d'un cordeau traceur. Reportez le tracé au plafond et sur le mur en utilisant un fil à plomb. Pour effectuer le traçage, n'oubliez pas de prendre en compte l'épaisseur du complexe et celle de la colle, soit 1 cm environ, ou celle de l'ossature en cas de pose sur des tasseaux. En neuf, le nu intérieur des menuiseries sert généralement de plan de référence. En rénovation, selon la position de la menuiserie, il peut être nécessaire de mettre en place des tapées intérieures, fixées sur les dormants,

qui permettront de correspondre à l'épaisseur finie du doublage. Le traçage permet de vérifier le bon positionnement et l'alignement des complexes pendant la pose.

Pour la pose collée, le mur doit être sain, non gras, non poussiéreux, sec et présenter une bonne adhérence : il ne doit pas sonner creux. Si l'enduit est peu adhérent, piquez-le et réparez-le. Comblez les fissures les plus importantes.
L'application du mortier adhésif peut s'effectuer sur les complexes. Dans ce cas, retirez ou décapez le revêtement existant (papier peint, peinture écaillée, etc.). Vous pouvez également poser les plots de mortier directement sur le mur. Procédez alors au décapage préalable de l'emplacement de chaque plot. Si la peinture est lisse et brillante, préférez plutôt une fixation mécanique.
Pour les complexes avec du polystyrène expansé, la pose par collage est autorisée jusqu'à une épaisseur maximale de l'isolant de 120 mm.
Outre l'outillage présenté, vous aurez besoin de mortier adhésif. Choisissez le produit recommandé par le fabricant des complexes. Il vous faut également de la laine de calfeutrement ou de la mousse de polyuréthane en bombe, selon l'isolant et les conditions d'installation. Pour réaliser les joints entre les plaques de plâtre, procurez-vous de l'enduit en quantité suffisante et de la bande de papier, normale pour les angles rentrants ou renforcée pour les angles saillants.

Découpez les complexes selon la hauteur du sol au plafond minorée de 1 cm. Débutez la pose dans un angle de la pièce, en ayant vérifié auparavant son bon équerrage. En cas de fausse équerre, découpez la plaque si nécessaire, en plaçant le bord aminci restant, parfaitement d'aplomb, à l'opposé de l'angle.

Posez la plaque découpée, isolant vers le haut, sur des tréteaux ou des cales afin de ne pas la dégrader ni salir le parement. Appliquez le mortier adhésif, gâché selon les consignes de la notice du fabricant, directement sur l'isolant ou sur le mur, par plots réguliers.

Comptez environ dix plots de 200 g chacun environ, soit 10 cm de diamètre par mètre carré. Cela correspond à quatre plots dans le sens de la largeur du complexe, avec une rangée tous les 40 cm. Sur les côtés, les plots ne doivent pas être disposés à moins de 10 cm du bord de la plaque. Pour améliorer l'étanchéité à l'air du doublage en partie haute, il est judicieux d'y déposer une bande de mortier adhésif de 5 à 10 cm de largeur. Celle-ci doit être discontinue afin d'éviter l'effet de ventouse.

Pour les complexes à base de laine minérale, l'application des plots s'effectue en deux étapes. La première consiste à déposer, à l'endroit des plots et au moyen d'un couteau à enduire, une passe de mortier adhésif. Exercez une pression suffisante pour le faire pénétrer dans les fibres. Après séchage, appliquez les plots sur les bandes que vous venez de créer (figure 3).
Certains complexes, à base de laine de roche notamment, comportent une couche d'isolant surdensifié à l'arrière, qui rend inutile la création des bandes de mortier adhésif.

Plaquez les complexes munis de leurs plots contre le mur, à l'avancement. Ils doivent

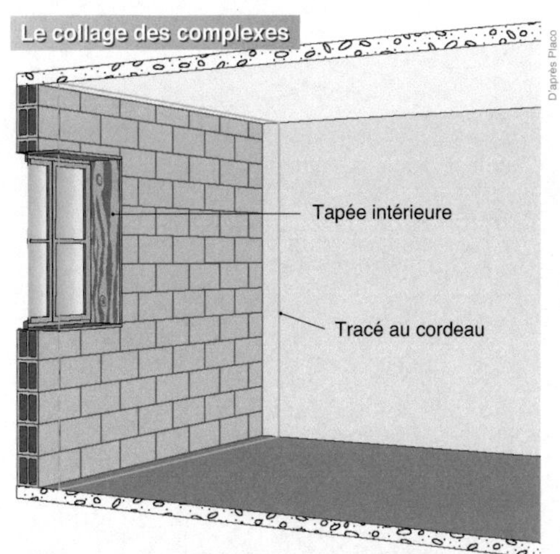

❶ Tracez au sol, au plafond et aux murs l'implantation des complexes de doublage. L'épaisseur du doublage est majorée de1 cm (épaisseur des plots de colle). Tenez compte également des tapées intérieures des fenêtres.

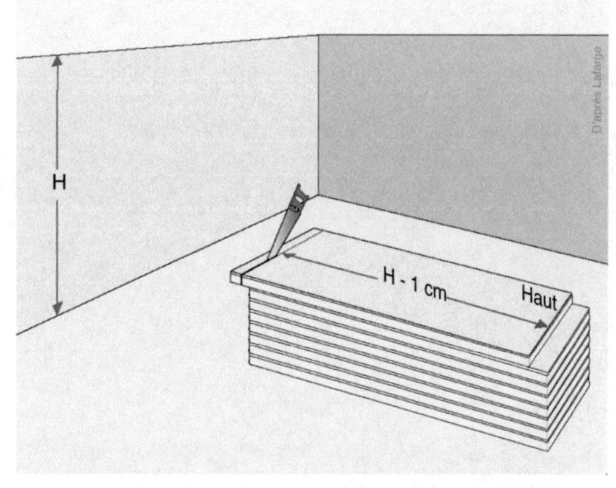

❷ Découpez les plaques de la hauteur sol/plafond moins 1 cm.

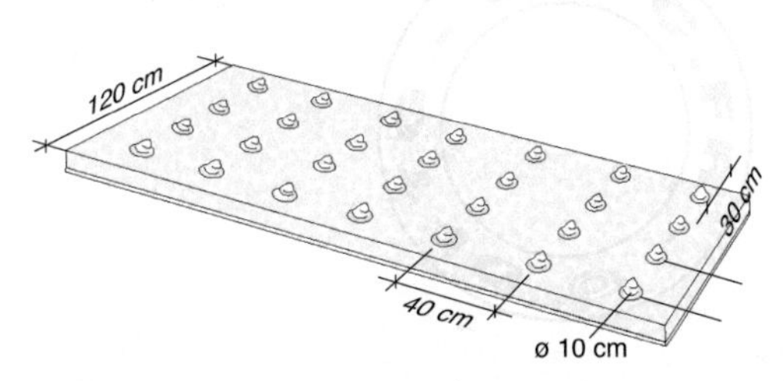

❸ Pour les isolants alvéolaires, disposez des plots de MAP au dos du complexe, comme indiqué ci-dessus.

❹ En rénovation, il est possible d'appliquer directement les plots de mortier adhésif sur la paroi après avoir préalablement nettoyé les points d'accrochage.

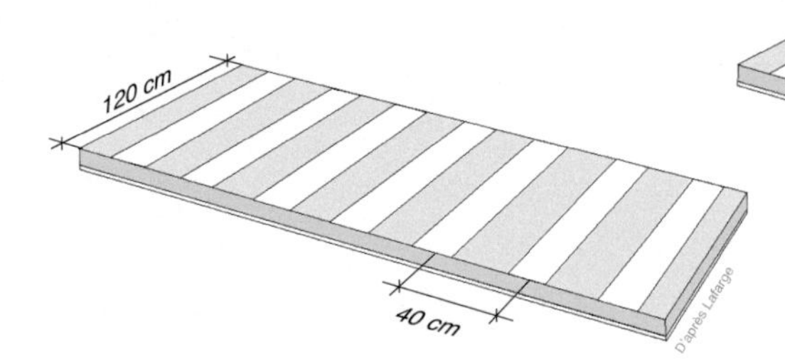

❺ Pour les isolants fibreux (laine de roche, laine de verre…), appliquez des bandes de mortier adhésif au couteau à enduire, espacées de 40 cm. Déposez ensuite des plots de mortier adhésif sur les bandes (environ 15 plots au m²).

Figure 3 : Le collage des complexes isolants...

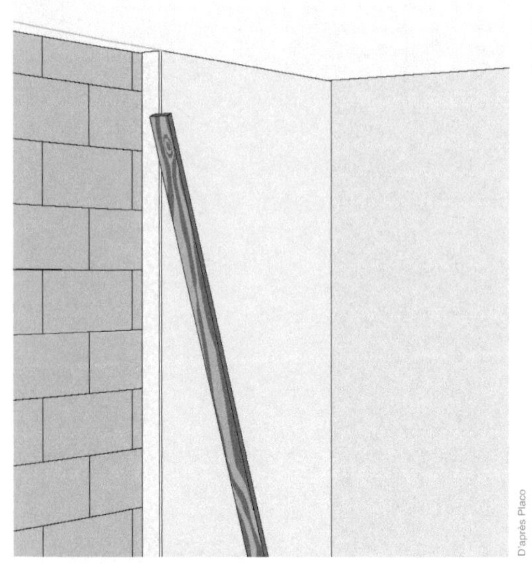

❻ Après encollage du complexe, débutez la pose dans un angle de la pièce. Les plaques sont appliquées contre la paroi et collées en tapant avec une règle de 2 m (en bois ou en aluminium). Elles doivent coller au plafond.

❼ Pour respecter l'écart de 10 mm avec le sol, placez des chutes de plaque de plâtre sous le complexe. Installez ce dernier sur les cales et faites-le pivoter contre la paroi. Assurez le collage comme précédemment à l'aide d'une règle.

❽ Les plaques sont ensuite posées au fur et à mesure. Elles doivent être parfaitement jointives et sur le même alignement. Vérifiez l'alignement et l'aplomb à chaque nouvelle plaque.

❾ Les menuiseries sont équipées de tapées intérieures dont la largeur est fonction de l'épaisseur de l'isolant. Les plaques sont découpées au plus juste pour colller à la tapée de tous côtés.

... *Figure 3* : Le collage des complexes isolants

être appuyés suffisamment contre le mur et en butée contre le plafond. Pour cela, la solution la plus simple consiste à placer des cales de 1 cm, à la base du panneau, avant de le faire basculer contre le mur. Vous pouvez aussi utiliser un cale-plaque ou un levier à panneaux.

Pour régler le positionnement des complexes, frappez-les ou exercez une pression avec une règle de 2 m, sur toute la surface de la plaque de plâtre. Vérifiez bien l'aplomb, l'alignement et l'affleurement entre les plaques.

Entre le dernier panneau et le gros œuvre, ménagez un jeu de 10 mm.

Si une plaque est légèrement déformée (bombage compris entre 5 et 10 mm), il est nécessaire d'assurer son serrage jusqu'au séchage complet de la colle. Pour cela, placez un tasseau en biais, en appui sur le sol et contre le complexe, en prenant soin d'intercaler une planche pour ne pas abîmer la plaque de plâtre. La planéité générale doit être correcte, sans écart supérieur à 5 mm, sous la règle de 2 m, entre les points les plus saillants et les plus creux. En ce qui concerne l'aplomb, une tolérance de verticalité maximale de 5 mm est admise sur toute la hauteur d'étage.

Une fois la paroi finie, avec ses joints réalisés, si l'on applique une règle de 2 m à talon de 1 mm, perpendiculairement au joint enduit, celle-ci ne doit pas « boiter » et ne pas laisser apparaître d'écart supérieur à 2 mm avec le point le plus bas.

Les complexes doivent également être parfaitement jointifs, sans écart ni jour entre eux.

Soignez bien l'étanchéité à l'air entre les complexes et aux jonctions avec le dormant des menuiseries ou des coffres de volets roulants (figure 4). Les menuiseries doivent être parfaitement posées, dans le respect

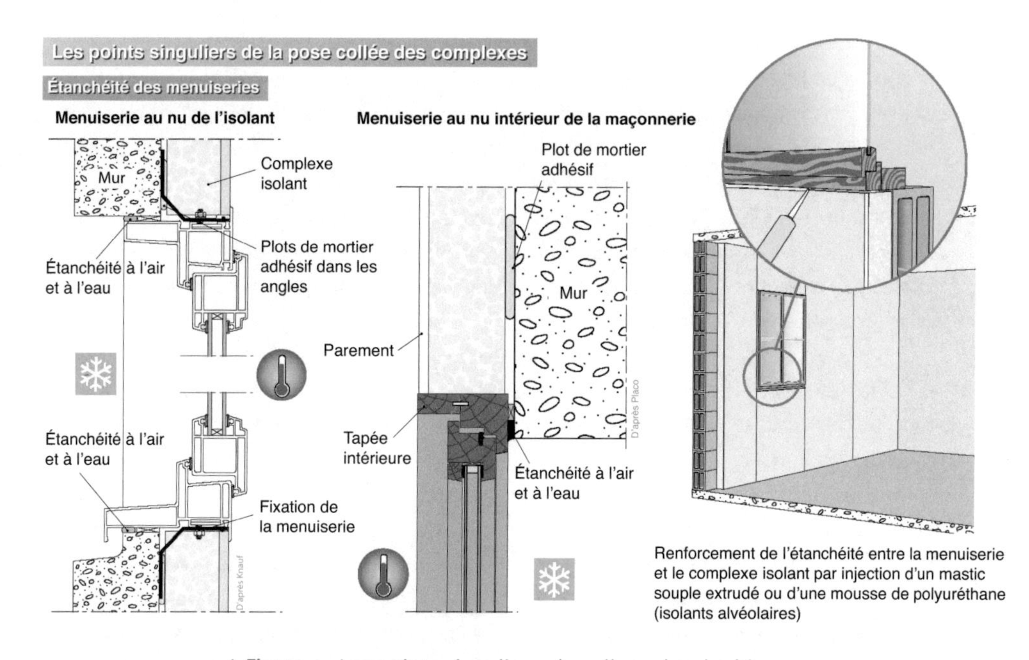

Figure 4 : Les points singuliers du collage des doublages...

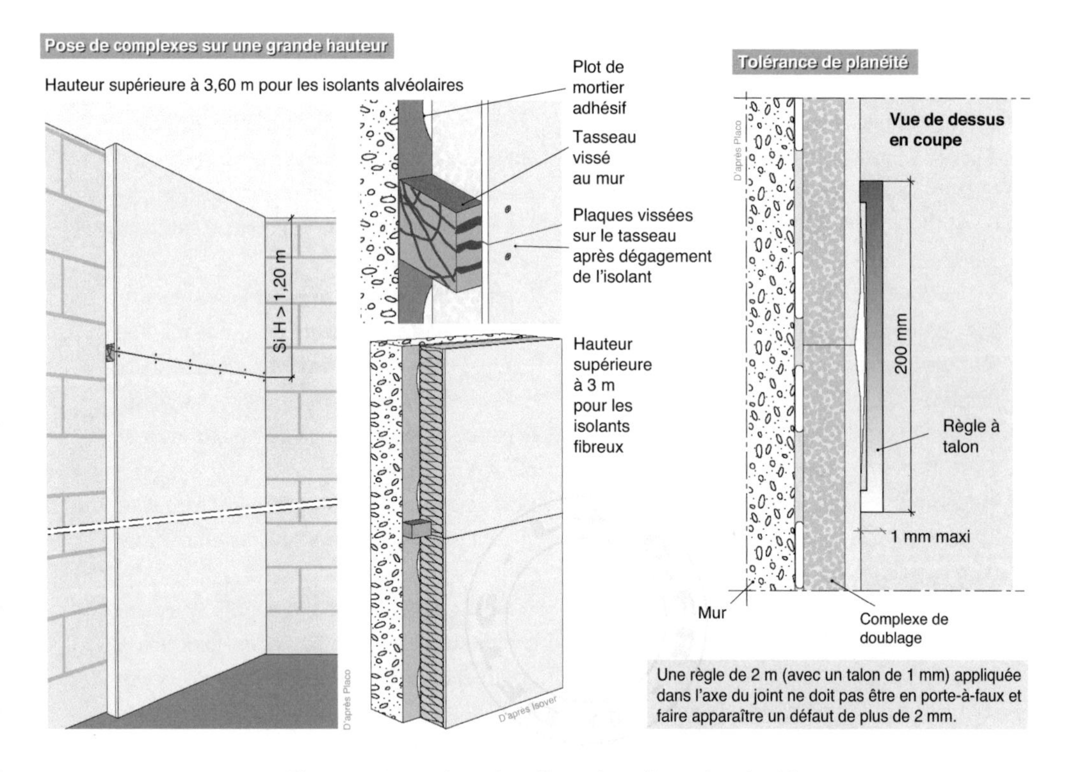

... *Figure 4* : Les points singuliers du collage des doublages

des consignes propres à l'étanchéité à l'air et à l'eau des dormants. La lame d'air créée par les plots de mortier adhésif entre le mur et l'isolant ne doit pas correspondre avec l'air intérieur. En effet, l'air froid en hiver peut entraîner des condensations. Surtout ne créez pas d'aérations hautes et basses à travers les doublages.

Les complexes et leur isolant doivent donc être en contact avec la menuiserie, lorsqu'elle est posée au nu intérieur de l'isolant, ou avec les tapées, si elle est installée au nu intérieur de la maçonnerie. Pour réaliser l'étanchéité entre la plaque de plâtre et la menuiserie, utilisez un mastic souple extrudé ou injectez une mousse de polyuréthane expansive.

Si la hauteur des parois dépasse celle des complexes, soit 3,60 m pour les complexes à base d'isolant alvéolaire ou 3 m pour les laines minérales, il faut créer un support intermédiaire. Pour ce faire, fixez une lisse horizontale au raccord droit entre les deux complexes. La fixation des panneaux dans la lisse doit être mécanique afin de renforcer la stabilité du doublage.

Veillez à respecter certaines dispositions pour les jonctions avec les cloisons légères, notamment si les complexes ont un isolant plastique alvéolaire non traité pour des performances acoustiques (figure 5). En effet, les doublages filants peuvent transmettre les bruits dans le local contigu. Par conséquent, pour de bonnes performances acoustiques,

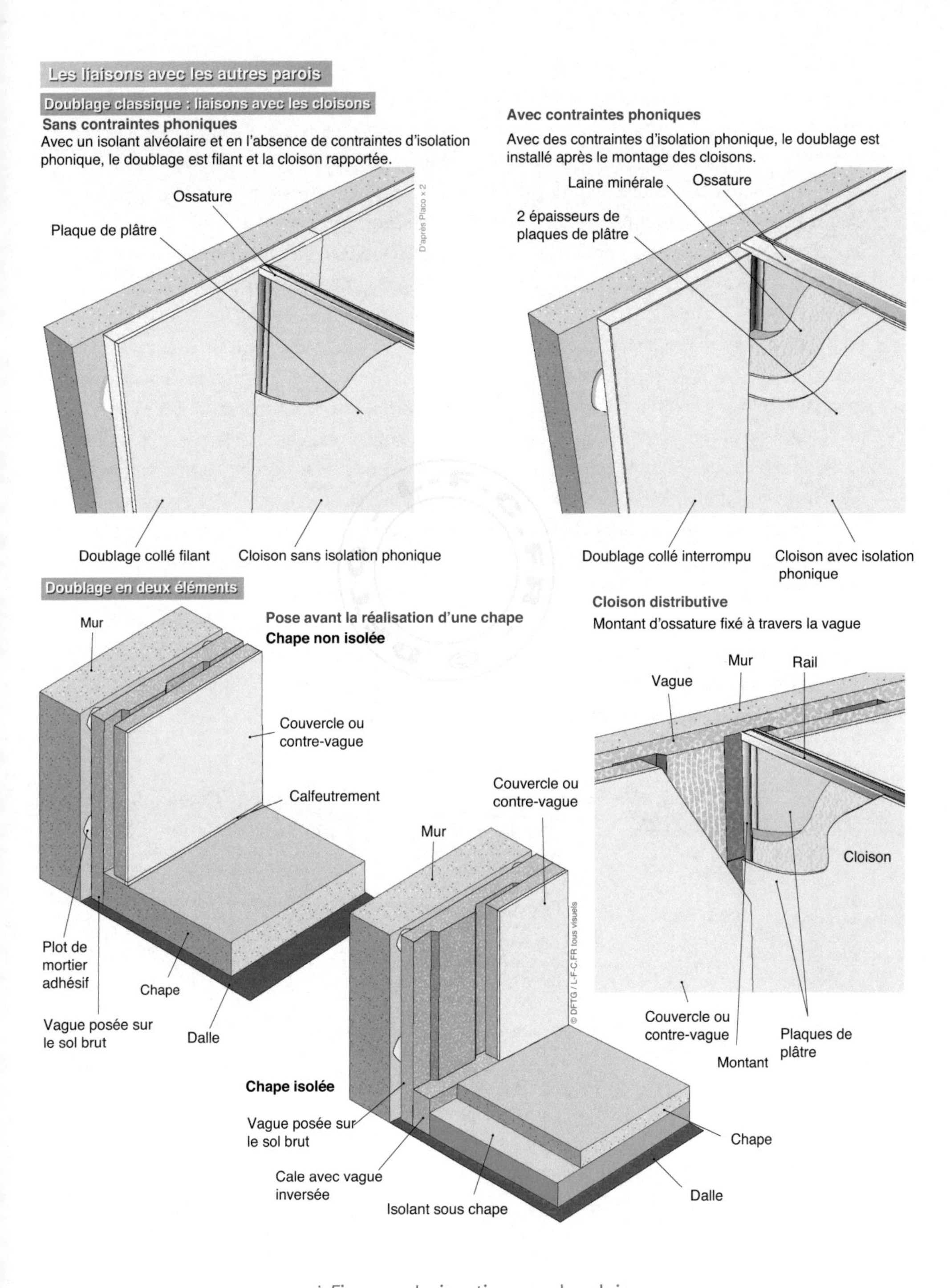

Figure 5 : La jonction avec les cloisons

réalisez les cloisons légères avant de poser les doublages, que vous interromprez au droit des cloisons.

Avec les complexes composés de deux éléments, les cloisons sont fixées sur le mur, à travers la partie vague. La partie couvercle viendra en arrêt sur la cloison.

Pour les complexes isolants, la solution qui consistait à passer les conduits dans l'espace créé par les plots de mortier adhésif, en entamant légèrement l'isolant côté mur (polystyrène), n'est plus admise par le NF DTU (document technique unifié) 25-42. Le passage des canalisations du côté chauffant de l'isolant est indispensable (en fait entre l'isolant et la plaque de plâtre). Il est donc nécessaire de pratiquer ces passages avant la pose des complexes. Le positionnement des arrivées des canalisations s'effectue en tenant compte de l'épaisseur de l'isolant (arrivée par le plafond ou par le sol). La première étape consiste à réaliser les trous de boîtier avec une scie cloche. Ensuite, il est nécessaire de réaliser le passage dans l'isolant. Pour les complexes à base de polystyrène expansé graphité ou non, le passage peut se faire avec plusieurs types d'outils. Le plus simple est la bille chaude (figure 6). Il s'agit d'une bille en acier munie d'une chaînette. On chauffe la bille au chalumeau, puis on la dépose sur l'isolant dans lequel elle va créer un passage par gravité jusqu'au trou de boîtier. Malheureusement, l'opération n'est pas très aisée, puisqu'il peut être nécessaire de manipuler la plaque pour changer la direction de la bille. Le second outil est le furet chauffant ou thermofuret. Il est composé d'une platine destinée à être fixée sur un trou de boîtier, comportant un coude métallique fixe dans lequel coulisse un furet flexible. À son extrémité, le furet possède un embout chauffant alimenté en 24 V. La progression de l'em-

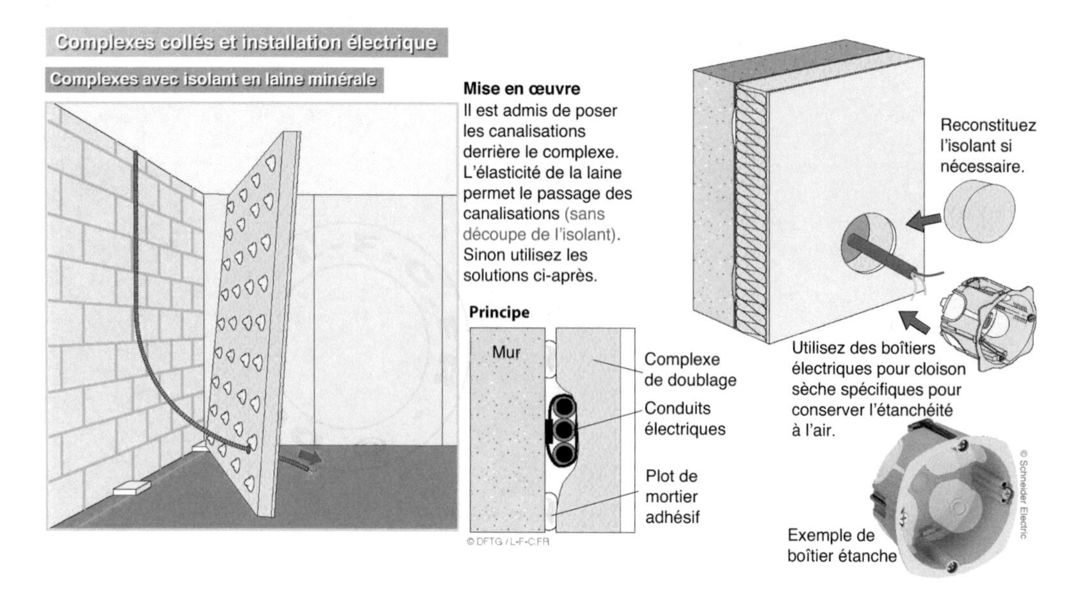

⟶ *Figure 6* : Le passage des canalisations...

Complexes avec isolant en polystyrène

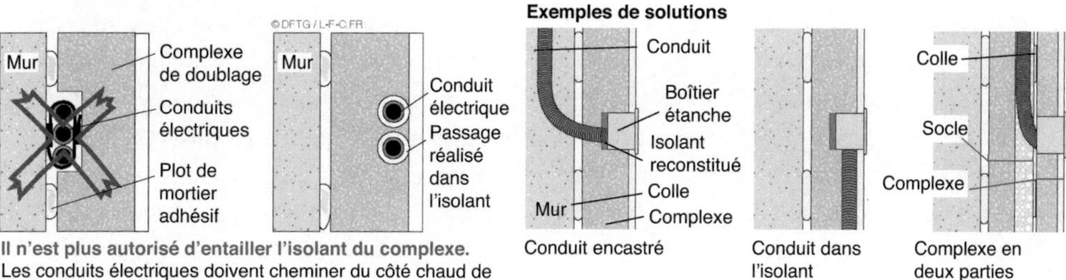

Il n'est plus autorisé d'entailler l'isolant du complexe.
Les conduits électriques doivent cheminer du côté chaud de l'isolant (entre l'isolant et la plaque de plâtre) dans un passage réalisé à la bille chaude ou au furet chauffant.

Exemple de mise en œuvre

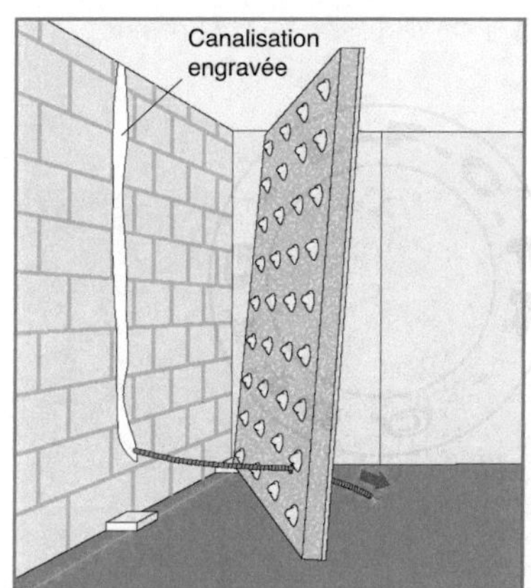

Systèmes chauffants pour réaliser les passages

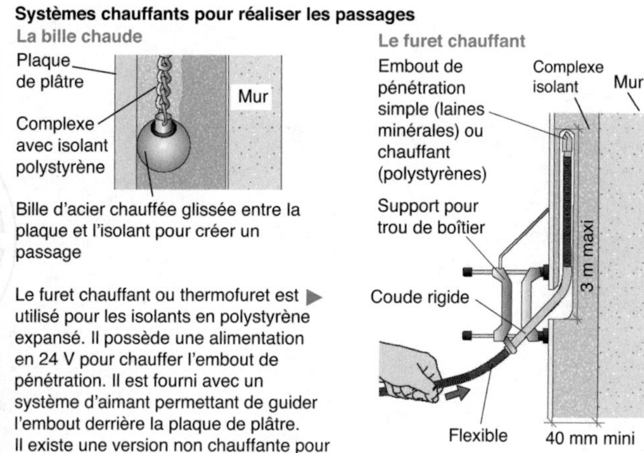

Bille d'acier chauffée glissée entre la plaque et l'isolant pour créer un passage

Le furet chauffant ou thermofuret est ▶ utilisé pour les isolants en polystyrène expansé. Il possède une alimentation en 24 V pour chauffer l'embout de pénétration. Il est fourni avec un système d'aimant permettant de guider l'embout derrière la plaque de plâtre.
Il existe une version non chauffante pour les passages dans les isolants fibreux.

... *Figure 6* : Le passage des canalisations

bout peut être dirigée à l'aide d'un aimant à travers la plaque de plâtre. Une autre solution consiste à engraver les canalisations pour les faire aboutir au niveau des boîtiers et de reconstituer l'isolant derrière le boîtier.

Pour les isolants fibreux (laine de verre ou laine de roche), il est admis de compresser légèrement l'isolant pour passer les canalisations derrière le complexe. On peut également utiliser une autre version du furet, non chauffante celle-ci, dont l'embout est une pointe en acier et qui permet de réaliser les passages pour les gaines.

Un autre outil, la perche électrique, permet de réaliser des passages pour les gaines.

Il est plus judicieux d'utiliser ces systèmes pour les arrivées de canalisation provenant du sol ou du plafond, jusqu'au premier boîtier. On peut alors poser le complexe en ayant préalablement pris soin d'y glisser la canalisation électrique, ce qui complique un peu la pose. Ensuite, les passages horizontaux, entre prises par exemple, pourront se faire après la pose des complexes.
Dans la plupart des cas, l'utilisation de boîtiers étanches est indispensable, pour

assurer l'étanchéité à l'air. Il est même conseillé de poser un cordon de mastic entre la collerette du boîtier et la plaque de plâtre. Il est également nécessaire de colmater le fond du trou de percement derrière le boîtier soit avec une mousse peu expansive dans le cas de polystyrène ou avec des chutes de laine minérale dans les autres cas.

Il existe une autre solution pour faciliter le passage des canalisations avec une isolation thermique à base de complexes isolants (figure 7). Il s'agit d'un système en polystyrène expansé (PSE) en deux éléments. Un premier élément en forme de vague se colle sur le mur à l'aide de plots de mortier adhésif. Les parties en retrait de la vague permettent de passer tout type de canalisation. Il suffit de les maintenir éventuellement avec des cavaliers en plastique. La seconde partie du système est composée de panneaux de complexe de doublage classique, mais de plus faible épaisseur puisqu'une partie de la vague assure déjà un apport d'isolation. Il est possible de réaliser des saignées hori-

La pose de doublages en deux éléments

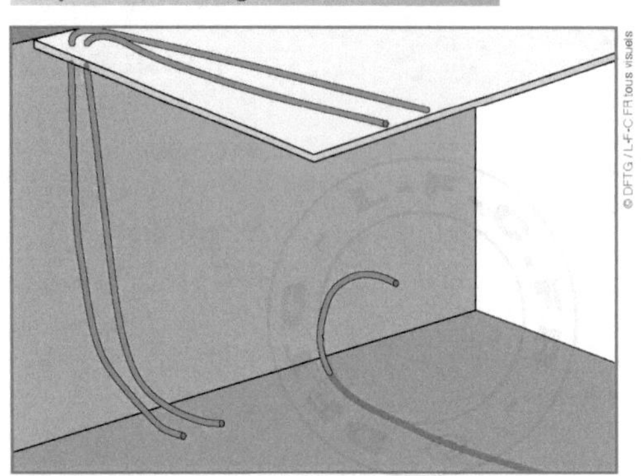

❶ Passez les conduits (vides ou équipés des conducteurs) par le sol ou le plafond, en laissant un décalage par rapport au mur (épaisseur du fond de la vague).

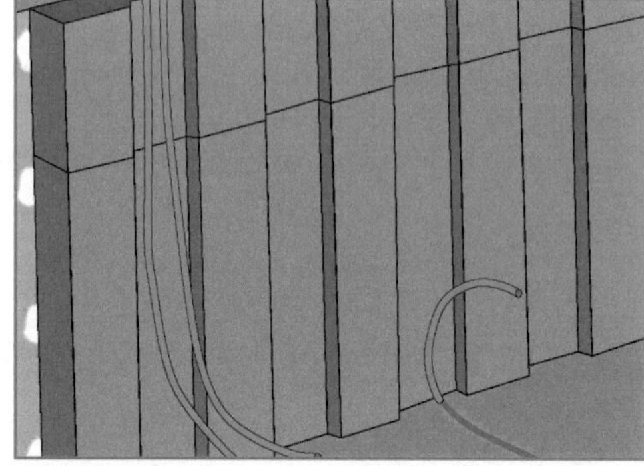

❷ Collez la première partie du doublage (vague) au mur avec des plots de mortier adhésif, comme pour un complexe classique.

❸ Créez des passages horizontaux si nécessaire. Maintenez les conduits avec des cavaliers en plastique. Percez les trous de boîtiers dans les complexes.

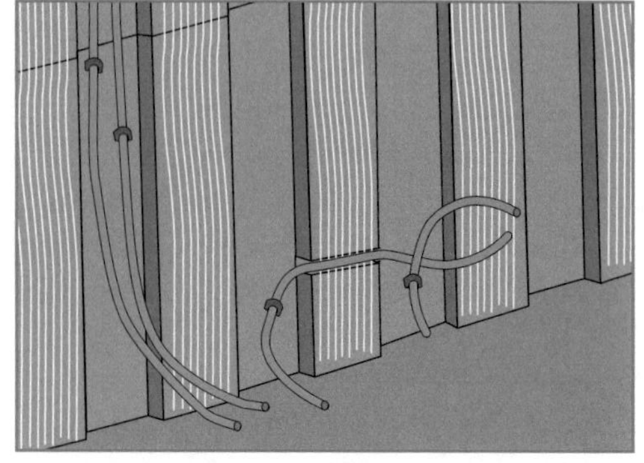

❹ Enduisez les parties saillantes de la vague avec du mortier adhésif sur toute la hauteur du doublage.

Figure 7 : La pose de complexes en deux parties...

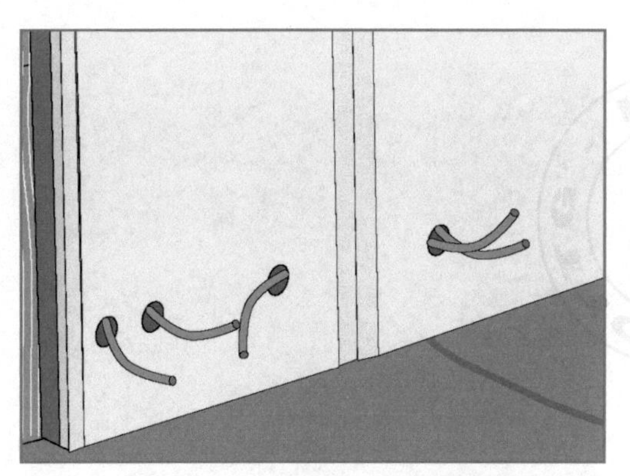

❺ Collez les complexes classiques sur la vague en prenant soin de sortir les conduits par les percements des boîtiers. Laissez sécher.

❻ Réalisez les joints entre les panneaux (enduit et bande de joint). Posez les boîtiers pour cloisons sèches, puis raccordez l'appareillage.

... *Figure 7* : La pose de complexes en deux parties

zontales entre les parties en retrait pour le passage d'un boîtier à l'autre.
Les trous de boîtier doivent être réalisés dans les complexes avant leur collage sur la première partie.
Ensuite, les finitions des joints sont effectuées de façon classique.

Après la pose des complexes, il est interdit de réaliser des saignées dans les plaques de plâtre. Vous effectuerez les raccordements seulement après les finitions des doublages.

Si vous mettez en œuvre des doublages traditionnels, vous pouvez retirer les cales placées sous les complexes après le séchage du mortier adhésif. Le pied du doublage doit être comblé afin d'assurer l'étanchéité à l'air.

Si le sol est fini ou en cas de revêtement de sol mince, comblez l'espace entre le sol et le bord inférieur du doublage en le bourrant avec de la laine minérale ou de la mousse de polyuréthane (figure 8). Préférez la laine minérale si les complexes sont composés de cet isolant et la mousse de polyuréthane dans le cas des isolants alvéolaires. Si l'isolant est fibreux, il est judicieux de parfaire l'étanchéité en réalisant en plus un joint de mastic acrylique souple.
La figure 8 présente la mise en œuvre de panneaux classiques.

Si le sol est brut, plusieurs solutions de mise en œuvre sont possibles (figure 9). Si vous utilisez des complexes à base d'isolant en plastique alvéolaire, vous pouvez découper la plaque de plâtre des complexes sur une hauteur correspondant à celle du sol fini, majorée de 2 cm. Réalisez l'étanchéité en bas des plaques en injectant de la mousse de polyuréthane. Réalisez ensuite les chapes.

Si le complexe possède un isolant fibreux, calfeutrez les bas de plaque avec le même isolant, puis réalisez un joint de mastic souple entre la plaque de plâtre et le sol. Placez ensuite une feuille de polyéthylène en bas des complexes, en la faisant remonter jusqu'à 2 cm au-dessus de la hauteur du futur

La pose d'un doublage avec canalisation électrique

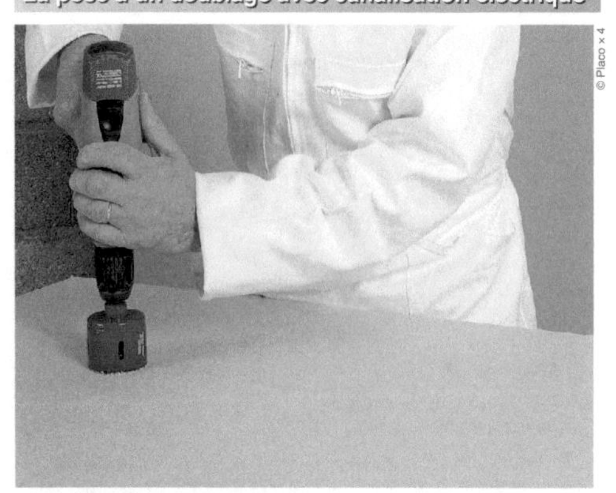

1 Après engravement du conduit dans le mur, percez le trou du boîtier dans le complexe isolant à l'aide d'une scie cloche.

2 Encollez l'arrière du complexe, mettez-le en place en faisant sortir le conduit électrique dans le trou de boîtier.

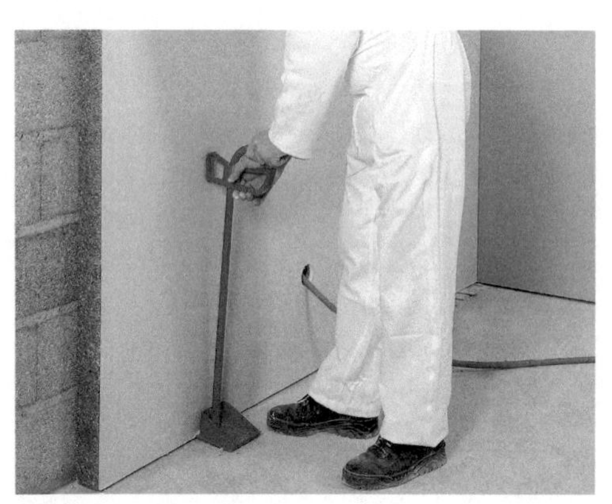

3 Collez la plaque au mur en la faisant buter contre le plafond à l'aide d'un cale-plaque.

4 Après séchage, calfeutrez la base du complexe au moyen d'une mousse expansive.

© Placo × 4

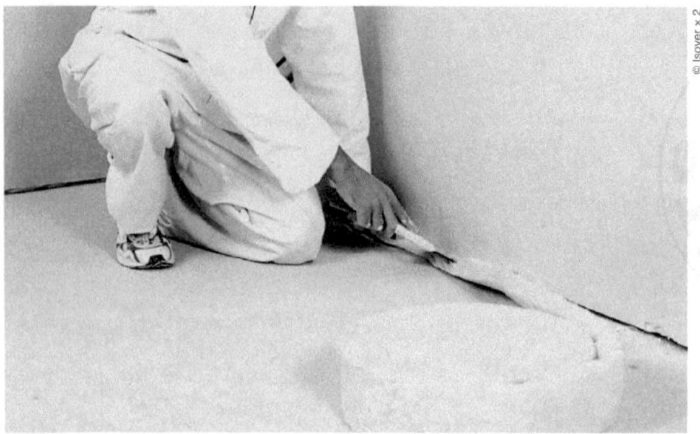

© Isover × 2

Pour les isolants fibreux, vous pouvez utiliser de la laine de calfeutrement en rouleau que vous insérerez sous le complexe à l'aide d'un couteau de peintre, par exemple.

Figure 8 : Exemple de mise en œuvre de panneaux de complexes isolants

Le traitement des rives basses des complexes

Pièces sèches sur sol fini

Solution 1

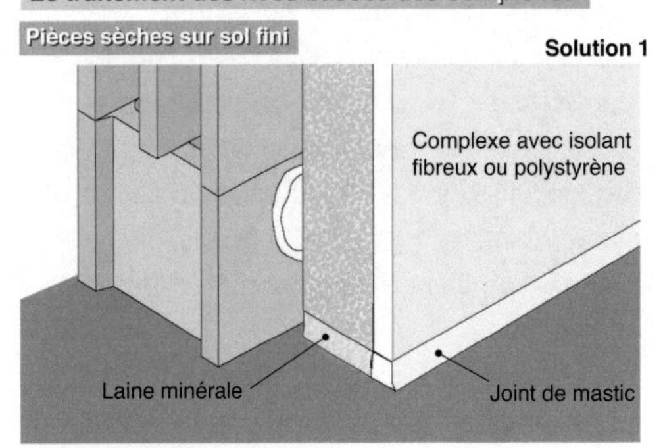

Bourrage de laine minérale et joint de mastic acrylique

Solution 2

Complexe avec isolant polystyrène

Mousse expansive de polyuréthane

Bourrage avec mousse de polyuréthane

Pièces sèches sur sol brut

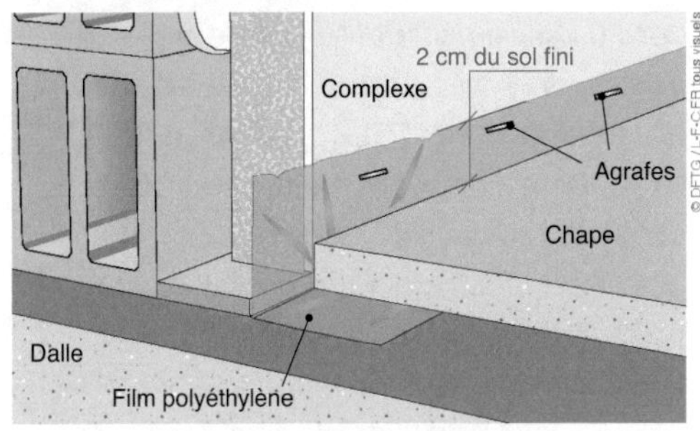

Protection avec film polyéthylène de 100 microns

Pièces humides locaux privatifs (EB ou EB+P)

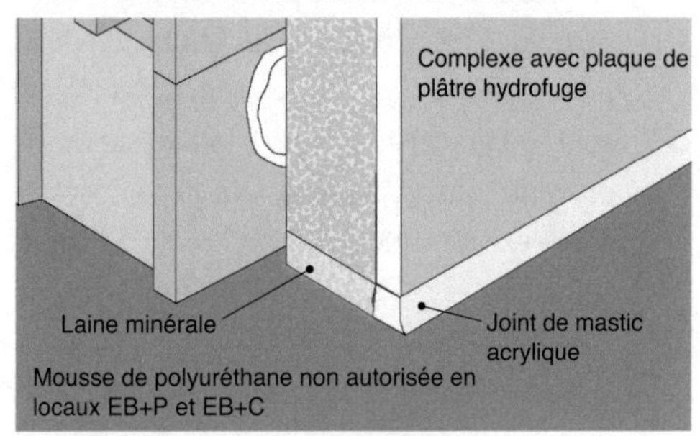

Utilisation de complexes isolants avec plaque de plâtre hydrofuge

EB : locaux moyennement humides
EB+P : locaux humides à usage privatif
EB+C : locaux humides à usage collectif

Pièces humides locaux collectifs (EB+C)

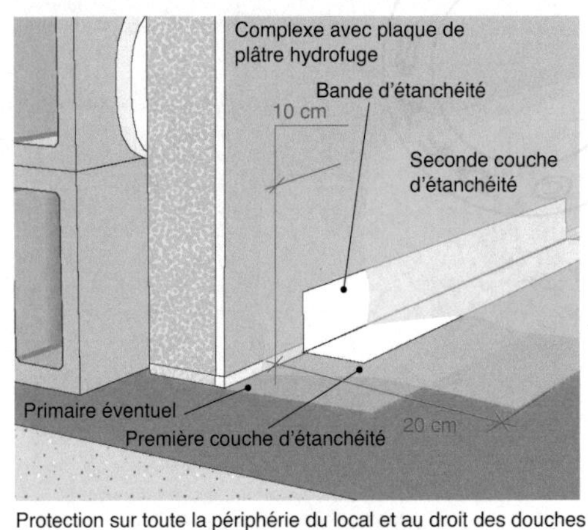

Protection sur toute la périphérie du local et au droit des douches et baignoires sur une hauteur minimale de 10 cm

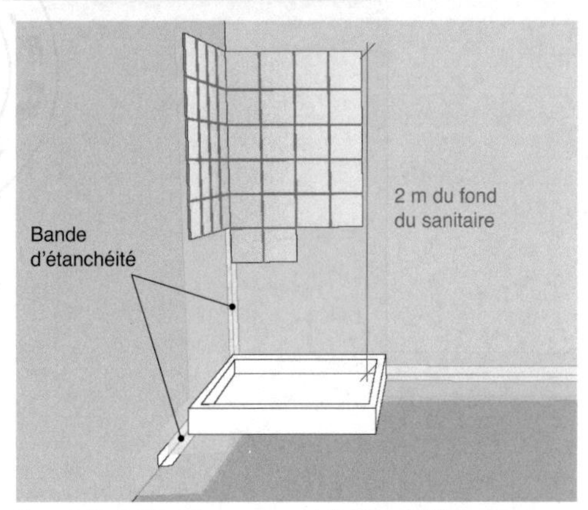

En complément, appliquez un produit d'étanchéité sous la zone carrelée en noyant des bandes d'étanchéité dans les angles.

Figure 9 : Le traitement des pieds de cloison

sol fini et avec un retour sous la future chape. Vous pouvez agrafer le film sur les plaques de plâtre, il sera masqué par les plinthes. Procédez ensuite à la réalisation des chapes. Cette solution est également valable avec un isolant plastique et évite la découpe de la plaque de plâtre en bas des panneaux. En revanche, le comblement de l'espace situé sous le complexe s'effectue avec de la mousse de polyuréthane.

Dans les pièces humides, comme la salle de bains, le garage ou le cellier non chauffé, utilisez des complexes avec plaque de plâtre hydrofuge. Si le sol est déjà fini, calfeutrez, puis réalisez systématiquement un joint souple d'étanchéité, entre la plaque de plâtre et le sol. Si le sol est brut, utilisez toujours un complexe avec plaque de plâtre hydrofuge et respectez les mêmes dispositions que précédemment.

Dans le cas d'une pièce qui change de destination, par exemple pour devenir une pièce humide, il convient de recouvrir les complexes classiques et le sol de deux couches de produit d'étanchéité liquide. Marouflez une bande d'étanchéité à la jonction entre le complexe et le sol. Les mêmes dispositions doivent être adoptées pour les pièces humides des locaux collectifs, même avec des complexes hydrofuges.

En ce qui concerne le traitement des angles, rentrants ou saillants, il n'y a pas de contraintes particulières, si ce n'est le respect de la continuité de l'isolant et de la plaque de plâtre (figure 10).

Dans un angle rentrant, les deux complexes doivent se chevaucher. Les bords des plaques ne doivent pas s'arrêter juste à leur intersection. Vous pouvez également découper la plaque de plâtre sur l'épaisseur du complexe en retour. Un pont thermique ponctuel est créé par la plaque de plâtre, cependant il n'est pas très important. Le dernier complexe d'une série avant l'angle du

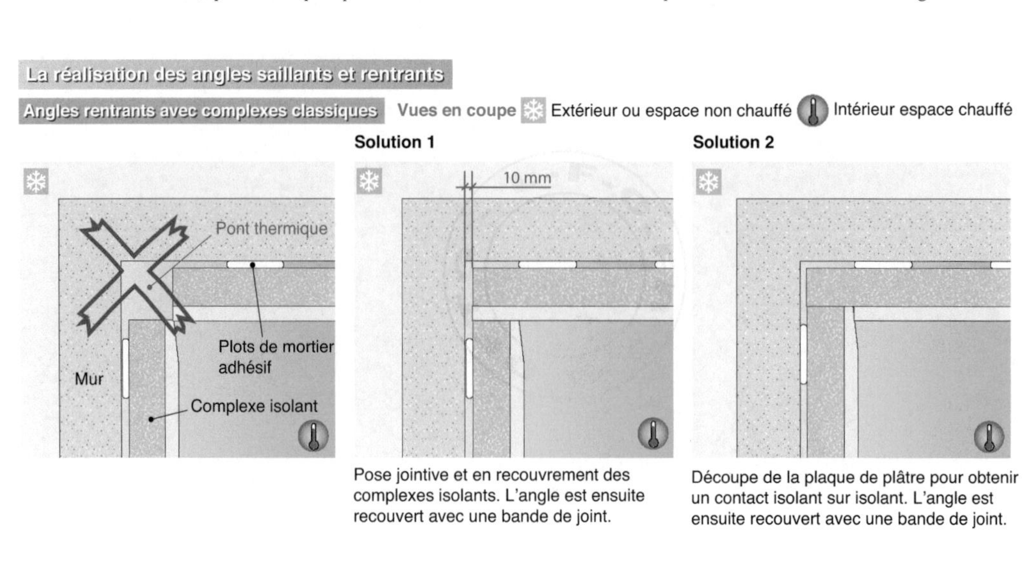

Pose jointive et en recouvrement des complexes isolants. L'angle est ensuite recouvert avec une bande de joint.

Découpe de la plaque de plâtre pour obtenir un contact isolant sur isolant. L'angle est ensuite recouvert avec une bande de joint.

Figure 10 : Le traitement des angles...

Angles saillants avec complexes classiques

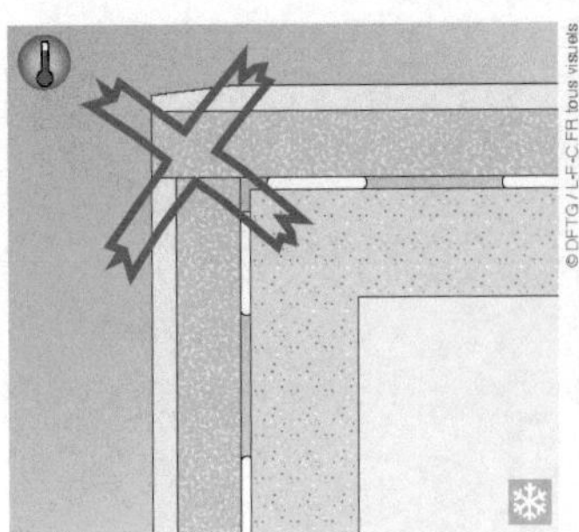

Difficultés pour l'habillage de l'angle

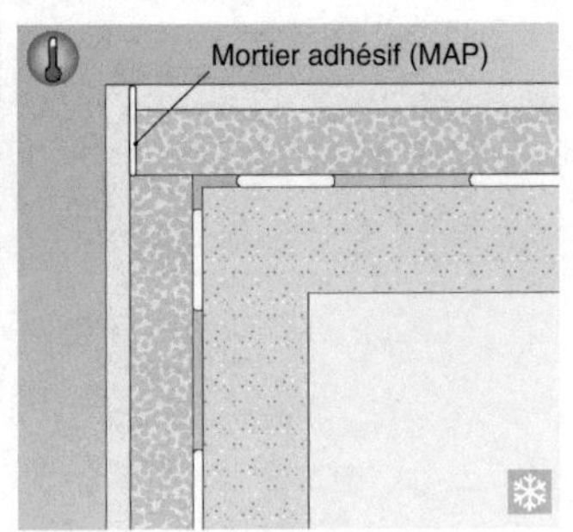

L'isolant est retiré sur la hauteur de l'un des complexes. L'angle est ensuite recouvert avec une bande de joint renforcée.

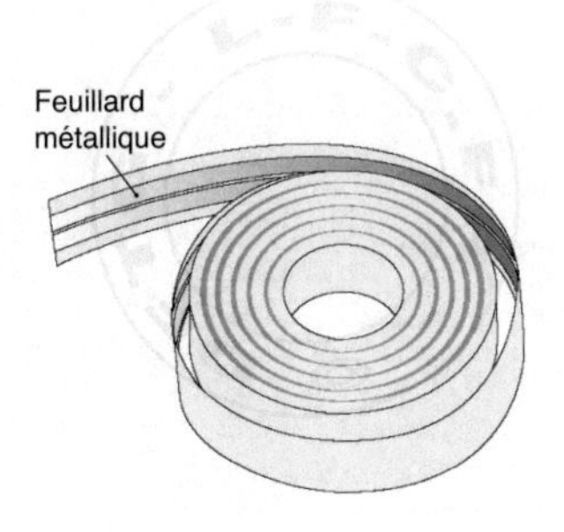

Bande papier armée pour protection des angles saillants

Angle avec complexes en deux parties

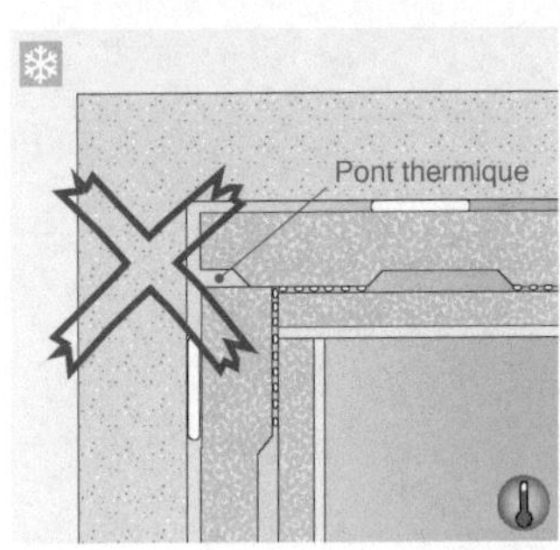

Angles rentrants : utilisez la partie la plus épaisse de la vague pour le raccord.

Angles rentrants : même principe

... *Figure 10* : Le traitement des angles

mur nécessite souvent d'être recoupé. N'oubliez pas dans ce cas de respecter un écart de 10 mm minimum entre le mur et le bord du complexe.

Dans un angle saillant, il est impératif de découper une portion d'isolant de l'un des deux complexes, sur une épaisseur correspondant à l'épaisseur totale d'un complexe, afin que les deux panneaux s'imbriquent parfaitement, parement contre parement. Utilisez du mortier adhésif pour coller les deux complexes entre eux au niveau de l'angle. Pour protéger l'angle contre les chocs, posez une bande de papier armée ou une cornière métallique ou plastique, marouflée dans de l'enduit.

Pour les complexes en deux parties, les recommandations sont similaires, mais plus simples puisque la vague ne dispose pas de plaque de plâtre.

Des dispositions particulières doivent être adoptées dans le cas de faux-plafonds, isolés ou non, posés avant ou après les doublages et selon le type de plancher (figure 11), afin d'assurer une continuité de l'isolation. Il est néanmoins préférable de poser les

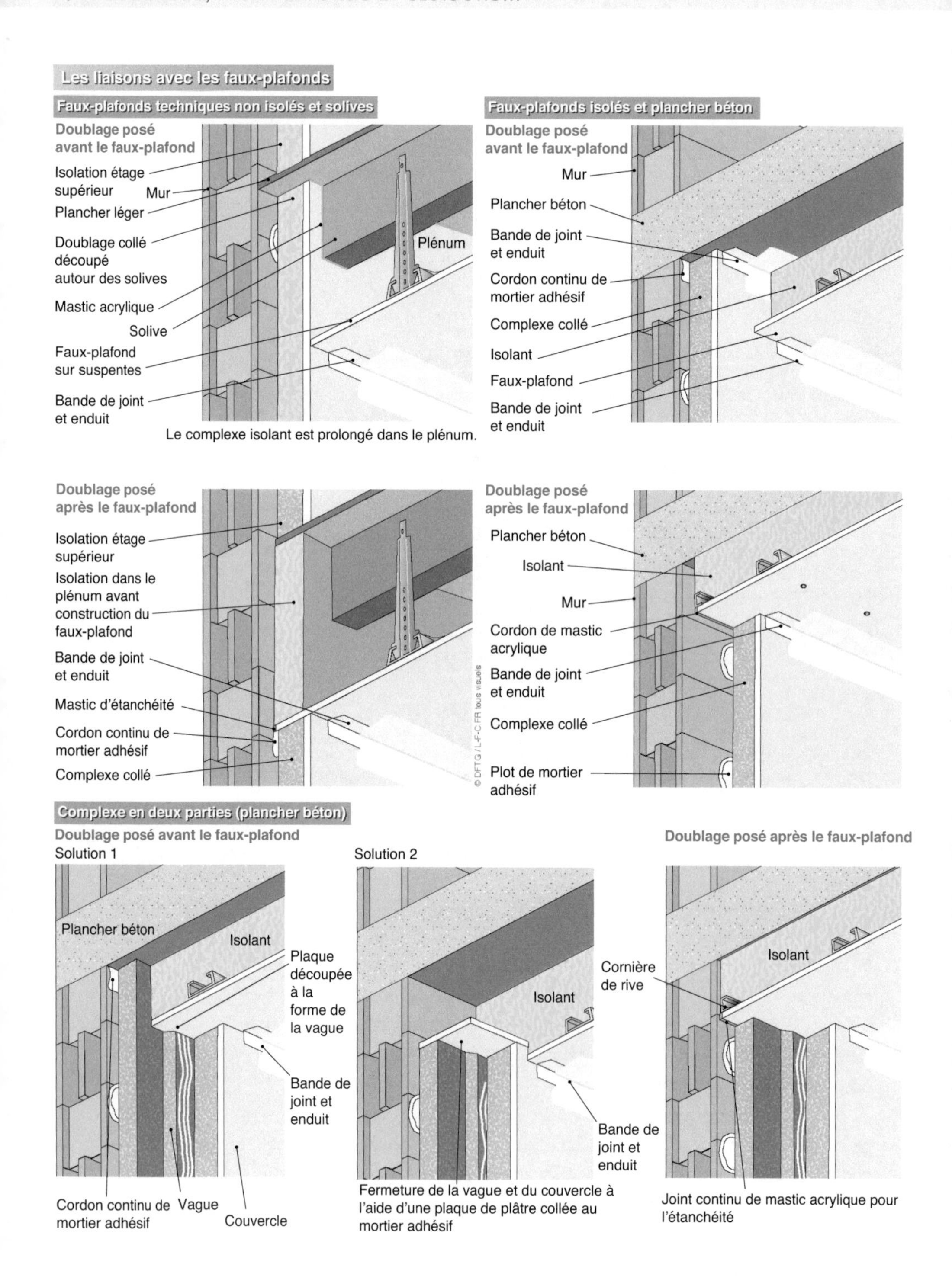

Figure 11 : La liaison avec des plafonds rapportés

doublages avant de réaliser le faux-plafond.

Dans le cas d'un plafond léger avec des solives, posez les doublages en contact avec le plafond, en ayant pris soin de découper l'emplacement des solives. Réalisez un joint d'étanchéité avec du mastic acrylique au niveau du plafond et des solives. Vous pouvez ensuite poser le faux-plafond (isolé ou non).

Si le faux-plafond est posé avant, la partie située dans le plénum en contact avec le mur extérieur doit être isolée avec un isolant de performances au moins équivalentes à celle du doublage (que le faux-plafond soit isolé ou non). Un joint d'étanchéité au mastic doit être réalisé entre le bord du faux-plafond et le mur.

La liaison entre le complexe et le faux-plafond est masquée par une bande de joint et de l'enduit.

L'autre exemple de la figure présente des faux-plafonds isolés avec un plancher lourd. Les dispositions à prendre sont similaires à celles en présence d'un plancher léger.

Pour les doublages en deux parties, il est possible de poser la vague jusqu'au plafond, puis le faux-plafond et ensuite le couvercle du complexe. L'isolant du faux-plafond est positionné contre la vague. Une autre solution consiste à fermer le dessus du complexe avec une plaque de plâtre collée au mortier adhésif. L'isolant du plafond étant alors prolongé jusqu'au mur. Si le faux-plafond a été installé avant, le complexe s'arrête au faux-plafond.

Si elle ne s'impose pas, la mise en œuvre sur ossature bois ou métallique est à éviter car plus longue et contraignante que la pose collée. De plus, elle limite l'épaisseur disponible pour l'isolant. Si les murs présentent des défauts trop importants pour le collage, il existe d'autres solutions plus évolutives, comme l'isolation derrière ossature métallique ou une contre-cloison (voir paragraphes suivants).

Le doublage avec ossature métallique et plaque de plâtre

Cette technique de mise en œuvre consiste à poser un isolant intérieur sur un mur donnant sur l'extérieur en réalisant une contre-cloison légère. Celle-ci se compose d'une ossature métallique recouverte de plaques de plâtre. Cette solution offre la liberté de choisir le type d'isolant et son épaisseur, en fonction des performances thermiques recherchées. On utilise des isolants fibreux, en panneaux semi-rigides, afin d'éviter les risques de tassement, ou des panneaux d'isolant alvéolaire. C'est la solution à privilégier pour des murs irréguliers.

Il existe de nombreux systèmes d'ossature métallique propres à chaque fabricant d'isolant ou de plaques de plâtre. De manière générale, l'ossature se compose de montants verticaux, communément appelés fourrures, disposés à intervalles réguliers entre des profilés horizontaux fixés au sol et au plafond. Les profilés peuvent avoir plusieurs appellations comme lisses, rails, coulisses de rive ou être de simples cornières. Les éléments d'ossature sont en acier galvanisé. Deux grands principes coexistent : les ossatures autoportantes du sol au plafond et les ossatures à appuis intermédiaires (figure 12).

Le choix de l'une ou l'autre des solutions se fera selon plusieurs critères : la hauteur des murs à doubler, la possibilité ou non d'une fixation sur la paroi, l'emprise au sol de l'ossature et le prix de revient.

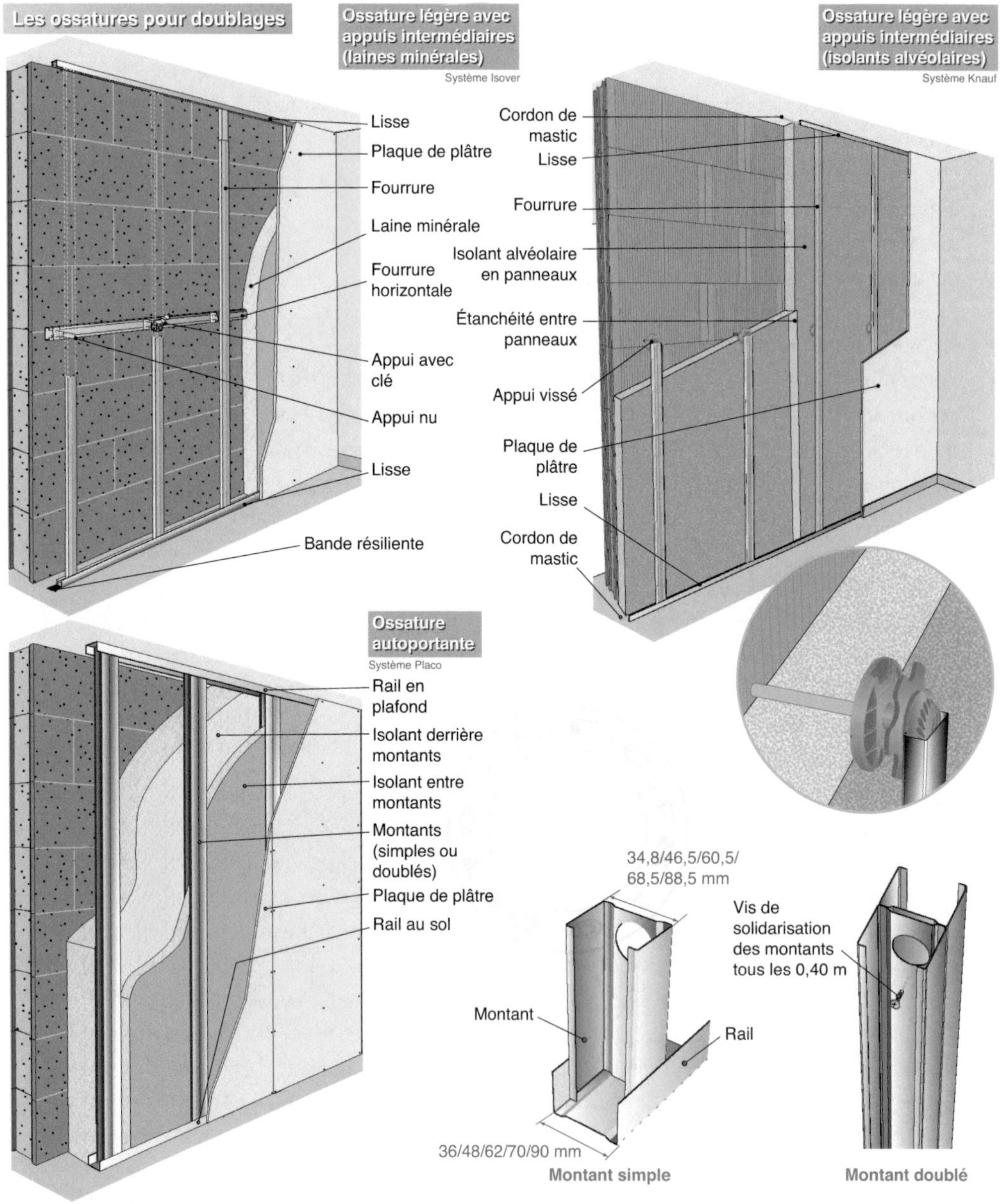

Les ossatures pour doublages

Ossature légère avec appuis intermédiaires (laines minérales)
Système Isover

Lisse
Plaque de plâtre
Fourrure
Laine minérale
Fourrure horizontale
Appui avec clé
Appui nu
Lisse
Bande résiliente

Ossature légère avec appuis intermédiaires (isolants alvéolaires)
Système Knauf

Cordon de mastic
Lisse
Fourrure
Isolant alvéolaire en panneaux
Étanchéité entre panneaux
Appui vissé
Plaque de plâtre
Lisse
Cordon de mastic

Ossature autoportante
Système Placo

Rail en plafond
Isolant derrière montants
Isolant entre montants
Montants (simples ou doublés)
Plaque de plâtre
Rail au sol

34,8/46,5/60,5/68,5/88,5 mm
Montant
Rail
36/48/62/70/90 mm
Montant simple

Vis de solidarisation des montants tous les 0,40 m
Montant doublé

Hauteur limite des ossatures autoportantes (profilés en tôle 6/10 mm)								
Type de rail	Profilé de 48 mm simple		Profilé de 48 mm doublé		Profilé de 70 mm simple		Profilé de 90 mm simple	
Montant	Entraxe 0,40 m	Entraxe 0,60 m	Entraxe 0,40 m	Entraxe 0,60 m	Entraxe 0,40 m	Entraxe 0,60 m	Entraxe 0,40 m	Entraxe 0,60 m
1 × BA 13	2,80 m	2,60 m	3,30 m	3,00 m	3,60 m	3,20 m	4,10 m	3,70 m
2 × BA 13	3,30 m	3,00 m	4,00 m	3,60 m	4,20 m	3,80 m	4,90 m	4,40 m

Figure 12 : Les ossatures pour doublages

» *Les ossatures autoportantes*

Les ossatures autoportantes comportent des rails horizontaux et des montants verticaux. La largeur possible des ossatures est de 48, 62, 70 ou 90 mm. Il s'agit du même type d'ossatures que celles utilisées pour la réalisation de cloisons séparatives. Les montants sont pourvus de percements permettant le passage des gaines électriques. Plusieurs combinaisons sont possibles pour intégrer l'isolant. L'isolation sera continue si vous placez l'isolant entre le mur et l'ossature. Cependant l'épaisseur de l'ossature ne comporte pas d'isolant, d'où la perte de place non négligeable.

L'autre possibilité consiste à placer l'ossature contre le mur, puis à installer les panneaux isolants entre les montants. Cette solution présente l'avantage de limiter la perte d'espace, toutefois on crée de nombreux ponts thermiques ponctuels au niveau des fourrures et cela ne permet pas d'utiliser une grande épaisseur d'isolant.

Enfin, la troisième solution, la plus intéressante, consiste à placer l'isolant en deux couches. La première est située entre le mur et l'ossature, la seconde, entre les montants de l'ossature. Ainsi, vous optimisez l'épaisseur des doublages en comblant d'isolant tout l'espace disponible. De plus, les ponts thermiques ponctuels sont fortement diminués.

En ce qui concerne la hauteur, le maximum possible dépend de plusieurs critères : la taille des montants, du type de montants (simples ou doublés), de l'espacement entre les montants et du nombre de plaques de plâtre superposées. En effet, si l'on double les plaques de plâtre, la rigidité de la contre-cloison est plus grande, ce qui permet d'aller plus haut. La hauteur peut aussi être augmentée, éventuellement, par l'utilisation de pattes de scellement.

Prenons l'exemple de montants de 48 mm, les plus courants. Dans le cas de profilés simples, avec une plaque de plâtre BA 13 et un entraxe de 60 cm, la contre-cloison peut atteindre une hauteur sous plafond maximale de 2,60 m (DTU 25-41 Ouvrages en plaques de parement en plâtre – Plaques à faces cartonnées). Si l'on place deux épaisseurs de plaques de plâtre, la hauteur maximale passe à 3 m. Avec un entraxe de 0,40 m et une plaque de parement, on atteint 2,80 m. Avec deux épaisseurs de plaques, la hauteur maximale passe à 3,30 m.

Il est possible de doubler les profilés de 48 mm, en les vissant dos à dos. Dans ce cas, avec un entraxe de 0,60 m et une plaque de plâtre de parement, la hauteur maximale est de 3 m. Pour atteindre 4 m, il faut doubler les plaques de plâtre et adopter un pas de 0,40 m. Il est même possible d'atteindre une hauteur de 7,50 m, en ajoutant des pattes de scellement. Cependant, cette solution revient à appliquer la technique avec appuis intermédiaires, moins onéreuse, détaillée au paragraphe suivant.

Dans un souci d'économie, vous pouvez abouter les profilés simples. Pour cela, utilisez des chutes de montant, de 30 cm au minimum, que vous solidariserez avec les montants à joindre par vissage. Celui-ci s'effectue sur les deux ailes du profilé avec huit vis autoperceuses. Prenez soin de décaler les aboutages d'une rangée sur l'autre.

En maison individuelle, on utilise principalement la technique des ossatures avec appuis intermédiaires. Dans ce cas, la réalisation des cloisons légères s'effectue au moyen d'ossatures autoportantes (voir plus loin, notamment les points particuliers de mise en œuvre).

» *Les ossatures avec appuis intermédiaires*

Les systèmes avec appuis intermédiaires comprennent des fourrures en forme de U, d'une section comprise entre 45 et 47 mm de largeur environ pour une épaisseur de 17 ou 18 mm. La face la plus large sert de support de vissage pour les plaques de plâtre. Le schéma de l'ossature est similaire aux structures autoportantes. Deux profilés horizontaux sont installés au sol et au plafond, avec des fourrures verticales dont l'entraxe est de 0,60 m. Selon les systèmes proposés par les fabricants, les lisses horizontales peuvent être de simples cornières ou des profilés en U. Dans les lisses en U, un profil spécial permet d'exercer une pression comme un ressort pour coincer la fourrure. Dans tous les cas, dans un souci de compatibilité des éléments entre eux et pour la solidité de l'ossature, n'utilisez que les produits d'un même fabricant.

Les appuis intermédiaires permettent de renforcer la structure. Selon les systèmes et le nombre d'épaisseurs de plaques de plâtre, la hauteur des lignes d'appui par rapport au sol est comprise entre 1,25 et 1,60 m. Le doublement des épaisseurs de plaques autorise des hauteurs plus grandes. Néanmoins, en maison individuelle, une seule couche de plaques de plâtre est suffisante. Les appuis peuvent être montés sur une fourrure horizontale.
Les appuis sont réglables, ils permettent ainsi de positionner les fourrures parfaitement d'aplomb. De plus, ils ménagent un espace entre l'isolant et les plaques de plâtre, utile pour le passage des réseaux (on respecte ainsi la réglementation en passant les canalisations du côté chaud de l'isolant).
La lisse basse est généralement posée sur une bande résiliente.

Les systèmes d'ossature avec appuis intermédiaires sont plus légers, rapides à poser et moins onéreux que les ossatures autoportantes. Elles sont parfaitement adaptées pour les maisons individuelles.
Les appuis permettent d'embrocher les panneaux semi-rigides d'isolants fibreux, en revanche, ils ne conviennent pas pour des isolants alvéolaires (PSE, PUR).
Pour ce type de panneaux isolants, on utilise un autre système d'appuis constitués d'une cheville avec vis de grande longueur (140, 180 ou 220 mm) sur laquelle on installe une platine (en matière isolante) pour serrer le panneau d'isolant, puis une embase à vis et un écrou dont la tête permet le montage des fourrures.
Le système d'embase et d'écrou permet de régler l'espace entre l'isolant et la plaque de plâtre pour le passage des réseaux (de 31 à 45 mm).

L'installation du système est un peu différent de celle d'une ossature légère sur appui. On débute par la pose des panneaux isolants sur le mur, puis on trace l'emplacement des chevilles (à une hauteur de 1,35 m du sol, tous les 0,60 m), et l'on perce panneaux et mur. L'ensemble vis plus cheville est ensuite installé au travers de la platine, puis l'embase et l'écrou sur la platine. Selon l'espace souhaité derrière l'isolant, on règle les appuis, pour définir l'emplacement des lisses hautes et basses. Les fourrures s'installent entre ces lisses et sont clipsées dans les écrous des appuis.

Il peut être nécessaire de renforcer l'étanchéité à l'air avec de la mousse PU entre les panneaux, le sol ou le plafond. Ce système est valable pour les hauteurs d'étage jusqu'à 2,70 m. Pour des hauteurs plus importantes, il faut ajouter des lignes d'appuis tous les 1,35 m.

Pratiquement tous les fabricants d'isolants ou de système d'ossature proposent leur système. Les figures 13 et 14 présentent des exemples de solutions disponibles sur le marché.
Le premier système comporte des lisses en U avec profil de serrage pour les fourrures, des fourrures munies d'une éclisse réglable et des appuis en matière isolante.
Pratiquement tous les fabricants proposent des appuis isolants. Les systèmes métalliques avec une tige filetée et des cavaliers créaient de nombreux ponts thermiques ponctuels.
Ce système est compatible avec des hauteurs sous plafond de 2,80 m. Les fourrures télescopiques permettent de régler la hauteur de 2,40 à 2,80 m.
On fixe une fourrure horizontale mécaniquement à 1,35 m du sol contre le mur. Son profil permet d'accueillir les tiges d'appui par simple emboîtement. La longueur de l'appui dépend de l'épaisseur de l'isolant à utiliser. La gamme est vaste : 45, 75, 100, 120, 140, 160 et 200 mm.
Les tiges d'appui sont pourvues d'un crantage à la moitié de leur circonférence. Elles accueillent les clés d'appui que l'on installe par simple glissement et que l'on verrouille en effectuant un quart de tour, pour provoquer le blocage dans le cran. Il est ainsi très aisé de régler précisément la profondeur, pour des fourrures parfaitement d'aplomb. De plus, le système reste facilement démontable. On place un premier appui à environ 10 cm de l'extrémité, puis le second à 0,60 m. Ensuite on les pose avec un entraxe de 0,60 m.
L'extrémité de l'appui est pointue, ce qui permet d'embrocher facilement les panneaux d'isolant.
Une variante d'appui polyvalent pour la rénovation permet la fixation directe de l'appui sur une paroi à l'aide de vis et de chevilles ou un emboîtement dans une fourrure. On les utilise en cas de mur irrégulier.

L'étanchéité à l'air (et à la vapeur d'eau) d'une paroi est un critère de qualité important à respecter pour optimiser l'isolation de la paroi et éviter tout désordre dû à la condensation, qui nuirait aux performances de l'isolant et pourrait créer des dégradations. L'étanchéité à l'air est exigée par les réglementations et les labels.

Autrefois, on collait un pare-vapeur sur l'ossature métallique sous la plaque de plâtre. Cette solution présentait l'inconvénient d'exposer le pare-vapeur aux percements effectués dans la plaque de plâtre. Les fabricants ont équipé leurs systèmes d'appuis de solu-

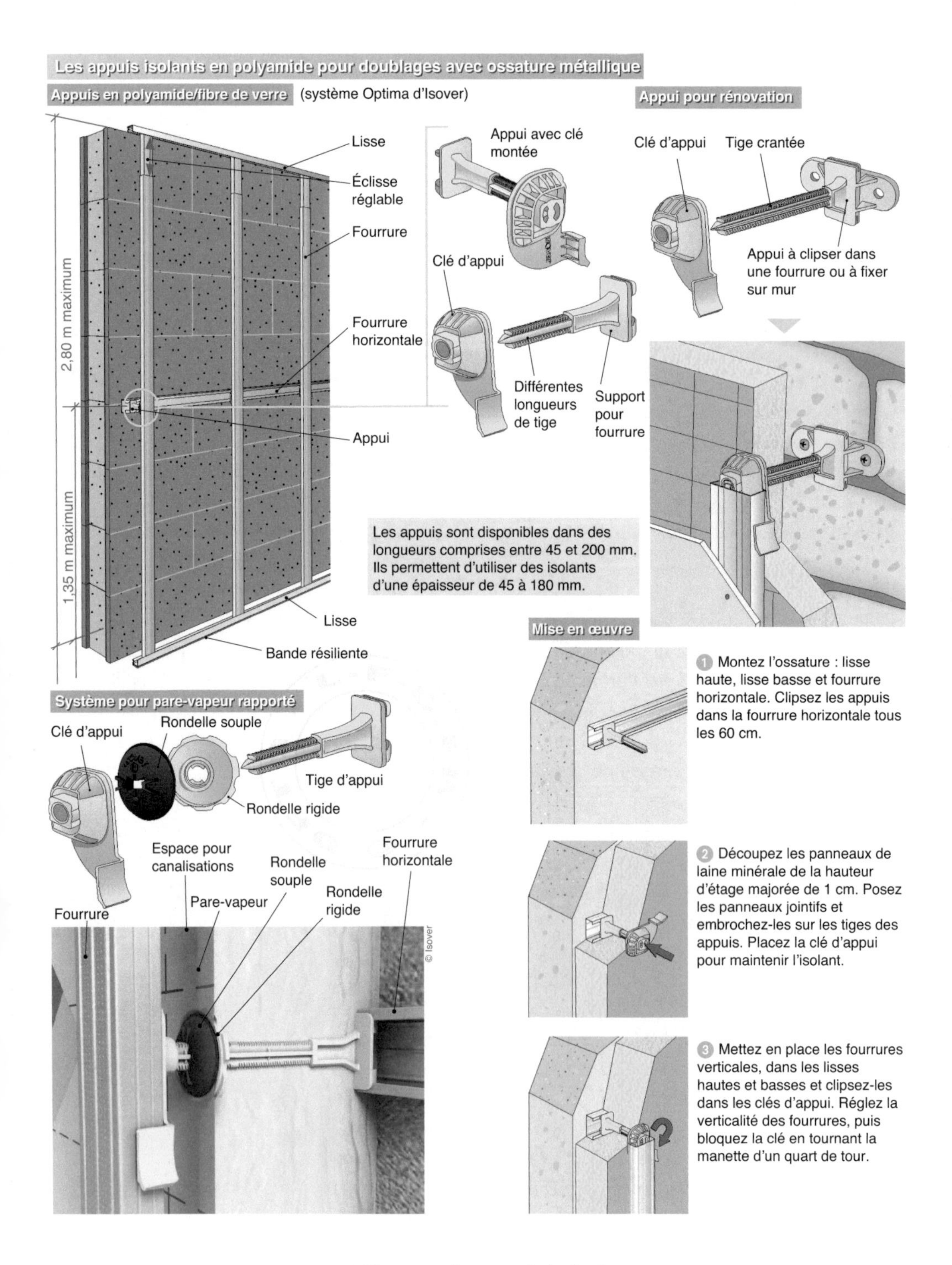

Figure 13 : Les appuis isolants

tions permettant d'installer une membrane pare-vapeur directement sur l'isolant, tout en ménageant un espace avec la plaque de plâtre pour passer des gaines électriques, sans avoir à percer le pare-vapeur. Une sorte d'espace technique est ainsi créé.
Dans ce système, l'appui pour pare-vapeur possède deux rondelles supplémentaires. La première, rigide, est utilisée pour maintenir les panneaux d'isolant, puis embrocher la membrane pare-vapeur. La seconde rondelle est souple. Elle assure l'étanchéité du pare-vapeur en le coinçant contre la première. On glisse les rondelles sur la tige de l'appui, puis on les fixe en effectuant un quart de tour.

Si nécessaire, on peut encore améliorer l'étanchéité en enduisant le percement du pare-vapeur de mastic d'étanchéité avant d'installer la rondelle souple. On monte ensuite la clé d'appui sur l'extrémité de la tige.

On peut choisir la largeur de l'espace technique en utilisant des appuis plus ou moins longs. Un minimum de 3 cm est nécessaire pour leur pose.

Un autre système est constitué d'appuis en PVC recoupables (figure 14). Il n'existe donc qu'un seul modèle pour des épaisseurs d'isolant entre 60 et 150 mm. Ce type d'appui possède une base universelle. On l'emboîte dans la fourrure horizontale, mais on peut également la fixer mécaniquement directement sur une paroi ou encore la sceller à l'aide d'un plot de mortier adhésif pour complexes de doublage.
La tige de l'appui est munie de filetages et de parties sécables pour pouvoir les recouper à la longueur choisie.
Il faut compter au moins 15 mm pour pouvoir visser la tête de l'appui. Celle-ci reçoit la fourrure verticale par emboîtement. Comme dans le cas précédent, on embroche les panneaux d'isolant sur la tige d'appui, puis on visse la tête et on la règle avant de recevoir la fourrure. L'épaisseur de la tête permet de ménager un espace technique entre l'isolant et la plaque de plâtre pour passer les canalisations. En revanche, elle ne possède pas un système spécifique pour la pose et l'étanchéité d'un pare-vapeur. Ce type de système d'ossature peut convenir pour une hauteur d'étage de 2,70 à 3 m avec une seule rangée d'appui. Une hauteur jusqu'à 4,50 m peut être envisagée avec une seconde rangée d'appuis.

Les appuis sont installés tous les 0,60 m (hauteur 2,70 m) ou tous les 0,40 m (hauteur de 3 m) ou si l'on veut renforcer la structure, par exemple, si elle doit accueillir un carrelage.

Le dernier système d'appuis présenté est pourvu, comme dans le premier exemple, d'une tige filetée sur deux moitiés de sa circonférence. Il est composé de matériaux isolants pour éviter les ponts thermiques. Il existe un modèle pour la rénovation avec fixation directe au mur par vis et chevilles. Il permet d'utiliser des isolants de 30 à 220 mm d'épaisseur selon la longueur d'appui choisie. Le modèle classique est équipé d'une tige avec une extrémité à emboîter dans une fourrure horizontale et un système de clé sur lequel on emboîte la fourrure. Ce système n'offre pas un dispositif spécifique pour installer une membrane pare-vapeur. Celle-ci devra être fixée sur les fourrures.

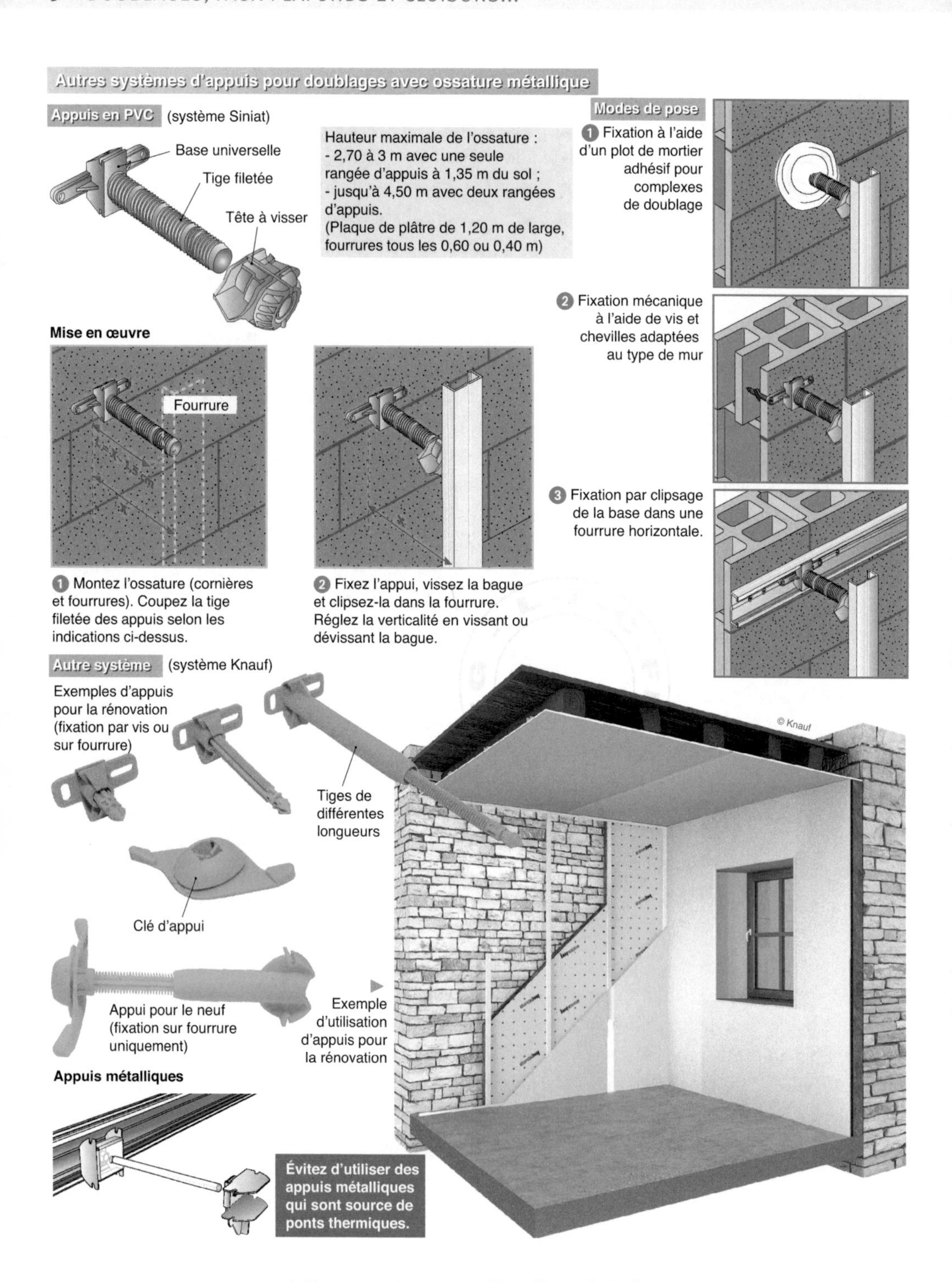

Figure 14 : Autres modèles d'appuis isolants

» *Les ossatures sans fourrures*

Il existe également d'autres systèmes (pour les isolants fibreux) encore plus économiques et rapides qui ne nécessitent pas de fourrures verticales (figure 15).

Ces solutions propriétaires emploient des plaques de plâtre spécifiques.

Le premier système présenté nécessite des plaques de plâtre d'une largeur de 90 cm (contre 120 cm pour les plaques classiques) et de 16 mm d'épaisseur (locaux domestiques) ou 19 mm.

Leur épaisseur renforce la structure. Les fourrures sont remplacées par des appuis fixés sur la paroi en lignes horizontales à 90 cm d'entraxe et espacées verticalement de 90 cm. L'ossature conserve juste deux lisses haute et basse sous forme de cornières. Les appuis sont constitués de deux pièces isolantes en forme de L montées tête-bêche. La première partie se fixe à la paroi. Elle est munie de stries vers son extrémité. L'autre partie est striée en sous-face, ce qui permet de régler précisément la largeur de l'appui. On la fixe sur la première partie à l'aide de vis, une fois le réglage déterminé. On installe les panneaux d'isolant fibreux horizontalement entre les lignes d'appuis.

Les plaques de plâtre sont ensuite directement vissées sur les appuis.

Le second système présenté est basé sur des plaques de plâtre de dimensions standards

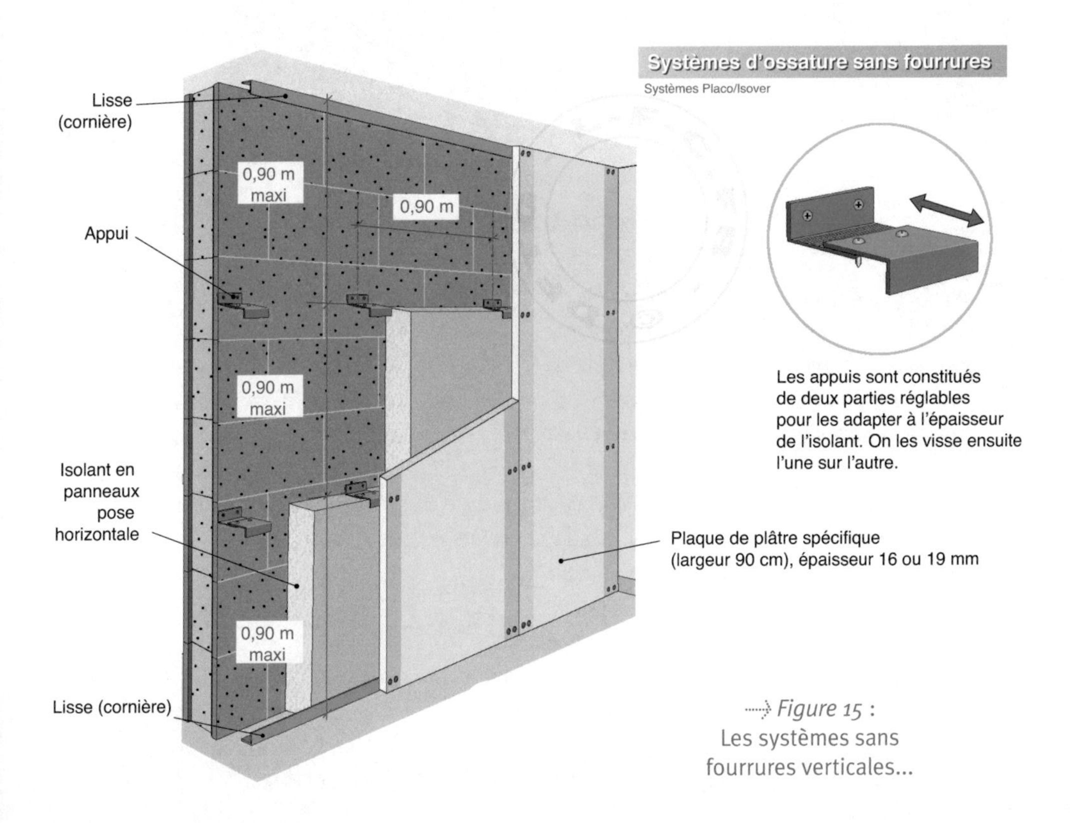

Figure 15 : Les systèmes sans fourrures verticales...

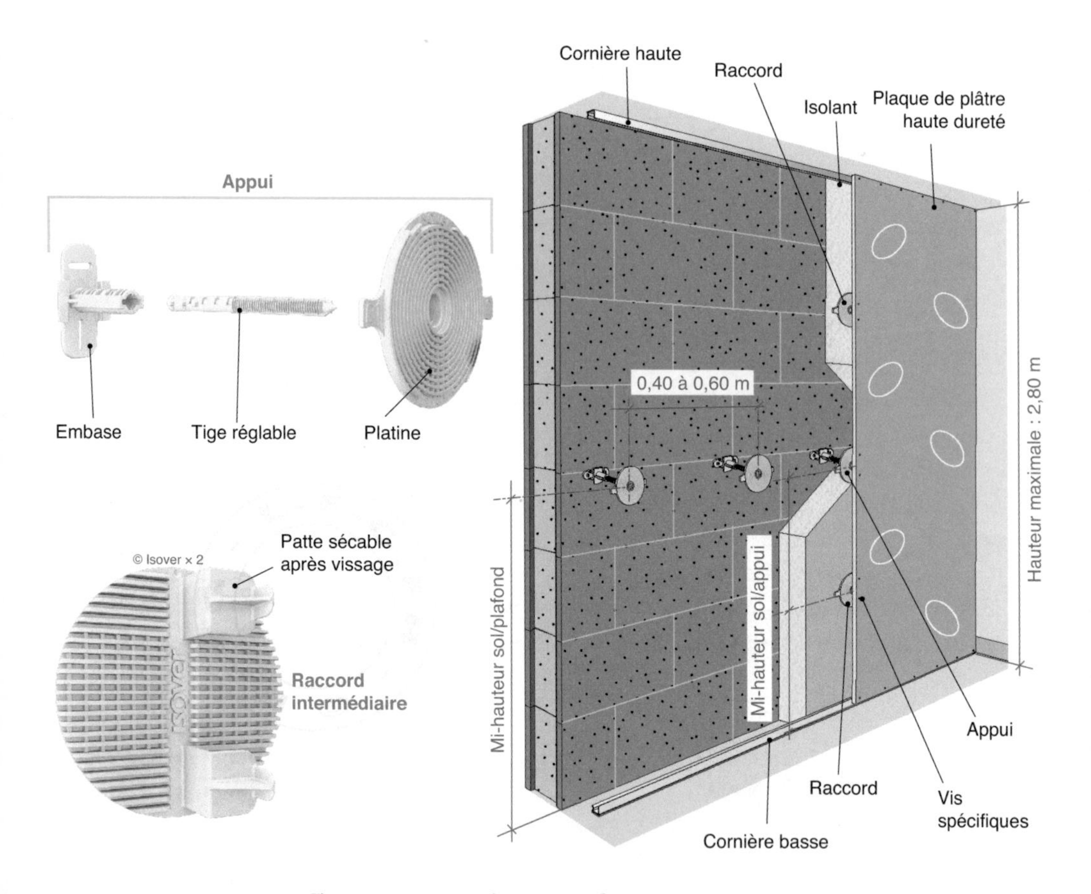

... *Figure 15* : Les systèmes sans fourrures verticales

mais à haute dureté. La hauteur maximale de ce doublage est de 2,80 m. Il nécessite l'installation de cornières haute et basse et l'utilisation d'appuis réglables spécifiques et d'appuis intermédiaires (raccord intermédiaire).

Les appuis sont constitués d'une embase à fixer mécaniquement au mur, d'une tige réglable et d'une platine circulaire. Ils sont installés tous les 0,40 ou 0,60 m à mi-hauteur entre le plafond et le sol. Lors de la pose des plaques, celles-ci sont vissées sur les cornières et les appuis. On installe ensuite les raccords intermédiaires à mi-hauteur entre la rangée d'appui et sol et plafond. Ils disposent de deux pattes qui permettent de les maintenir dans la plaque de plâtre pendant le vissage et qui sont ensuite cassées pour accueillir la seconde plaque. Ces systèmes ne permettent pas la pose d'un pare-vapeur rapporté. Le passage des conduits électriques peut se faire entre la plaque de plâtre et l'isolant, en comprimant légèrement ce dernier.

» *La mise en œuvre d'une isolation avec ossature*

La mise en œuvre des systèmes présentés ci-dessus est assez aisée et à la portée de tout bon bricoleur. Pour un résultat optimal, apportez-y le plus grand soin.

Au moyen du cordeau à tracer, effectuez le traçage au sol de l'implantation de l'ossature (figure 16). Il dépend de l'épaisseur de l'isolant et du type de mise en œuvre des menuiseries extérieures, qui peuvent être au nu du mur intérieur ou avec des tapées, en rénovation.

Attention, tracez seulement l'emprise de l'ossature. En effet, pour un affleurement parfait, notamment au niveau des menuiseries, il ne faut pas inclure dans le tracé l'épaisseur de la plaque de plâtre, soit 12,5 mm environ, mais retirer cette valeur pour déterminer le bon positionnement de l'ossature. Reportez le tracé au plafond au moyen d'un fil à plomb.

Après avoir pris soin de vérifier le sens de pose, qui peut être différent selon le type de profilé, fixez mécaniquement la lisse basse au sol. Sur une dalle en béton, vous pouvez avoir recours au pistoscellement. Vous pouvez aussi réaliser cette fixation avec des vis et des chevilles, ou des chevilles à frapper, par clouage, voire par collage si la nature du sol le permet. Placez une fixation tous les 0,60 m.

Placez sous la lisse une bande résiliente, avant de la fixer pour désolidariser la contre-cloison.

En cas de pose sur sol fini dans une pièce humide, appliquez un joint souple sous la lisse, qui servira également pour l'étanchéité à l'air, puis réalisez classiquement un joint d'étanchéité entre le bord inférieur de la plaque de plâtre et le sol. Dans ce type de locaux, utilisez des plaques de plâtre hydrofuges.

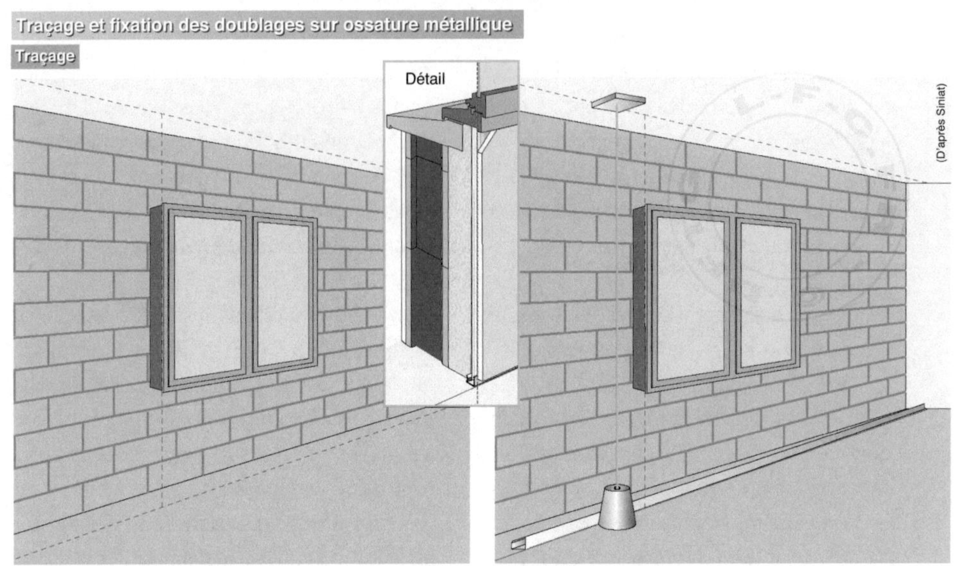

1 Matérialisez l'implantation de l'ossature au sol et au plafond. Prenez comme plan de référence la largeur de la tapée des menuiseries moins l'épaisseur du parement. En rénovation, prévoyez des tapées intérieures.

2 Marquez la ligne de départ au sol à l'aide d'un cordeau traçeur. Reportez-la au plafond à l'aide d'un fil à plomb ou d'un niveau laser. Matérialisez-la de la même façon que pour le sol.

Figure 16 : Le traçage et la fixation des ossatures...

Lisse ou cornière de départ

Pièces sèches

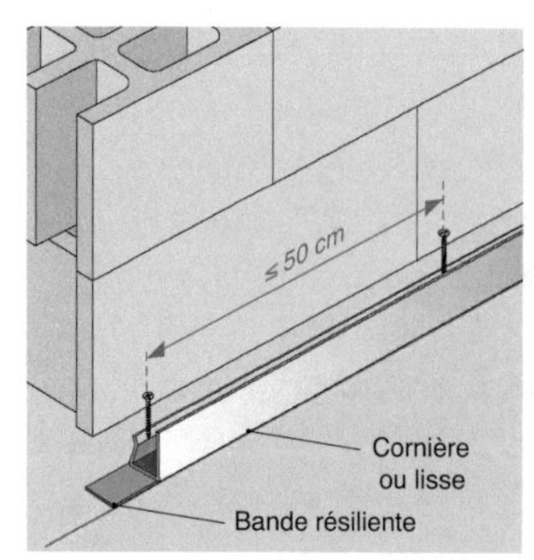

Les lisses (ou cornières) sont fixées au sol soit mécaniquement (chevilles à frapper ou pistoscellement), tous les 0,50 m maxi, soit par collage, si le support est lisse et propre. Pour parfaire l'étanchéité à l'air, intercalez une bande résiliente entre le sol et la lisse. Un joint souple doit également être intercalé entre le sol et la lisse dans les pièces humides peu exposées pour assurer l'étanchéité à l'eau.

Pièces humides (classées EB+ privatifs)

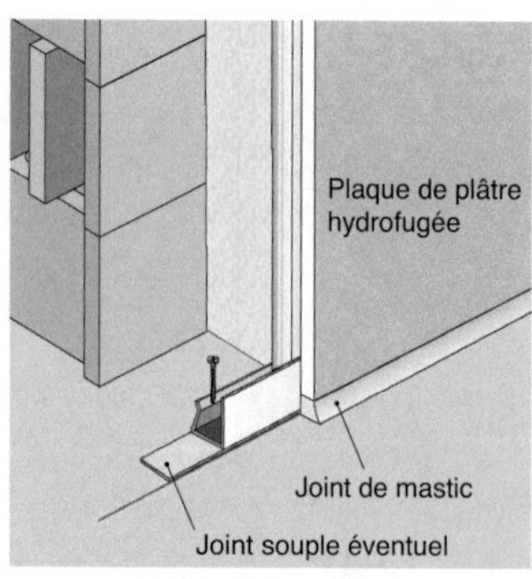

Les lisses (ou cornières) sont fixées au sol comme précédemment. Vous pouvez intercaler éventuellement un joint souple. Utilisez uniquement des plaques de plâtre hydrofugées, puis renforcez l'étanchéité au sol en réalisant un joint de mastic.
Pour les locaux collectifs, appliquez une sous-couche de protection à l'eau (sous le carrelage, sur la plaque de plâtre) et associée en pied ainsi que dans les angles rentrants à une bande d'étanchéité.

Départ sur sol brut

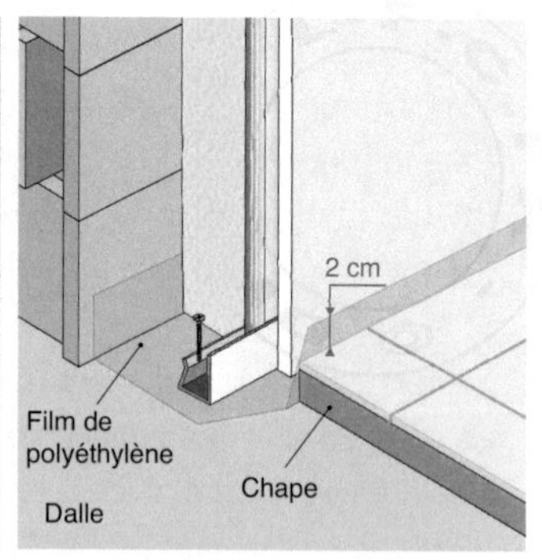

Avant de poser l'ossature métallique sur un sol brut, il est nécessaire d'intercaler un film de polyéthylène ou de polyane de 100 microns d'épaisseur, sous la lisse. Le film doit être remonté à 2 cm au-dessus du sol fini. Il peut être agrafé en partie haute pour être maintenu lors de la réalisation de la chape.
Utilisez des plaques de plâtre standards dans les pièces sèches ou hydrofugées pour les pièces humides.

... *Figure 16* : Le traçage et la fixation des ossatures

Si le sol est brut, disposez un film de polyéthylène sous la lisse. Faites-le passer également sous l'isolant et remonter contre le mur et contre la plaque de plâtre, sur une hauteur supérieure d'au moins 2 cm à celle du sol fini. Ce film sera masqué par les plinthes.

En cas de changement de destination d'une pièce, de sèche à humide, remplacez si possible les plaques de plâtre standards par des plaques hydrofuges. Sinon, appliquez une étanchéité liquide sur les parois à carreler, derrière le bac à douche et autour de la baignoire, ainsi que sur une hauteur de 0,10 m en périphérie de toute la pièce. Appliquez une seconde couche du produit en prenant soin d'y noyer une bande d'étanchéité dans les angles. Dans les locaux humides collectifs, appliquez une couche d'étanchéité sous carrelage, en plus des plaques hydrofuges. Vous pouvez faire de même dans les endroits particulièrement exposés comme les douches, au-dessus des baignoires ou dans un hammam afin de garantir une étanchéité parfaite.

Fixez mécaniquement les lisses hautes au plafond, tous les 0,60 m (figure 17 et 18). Si le plafond est en plaques de plâtre, fixez la lisse dans l'ossature du plafond au moyen de vis autoperceuses. Vous pouvez aussi fixer dans les plaques de plâtre en utilisant des chevilles à expansion. Si le plafond est en hourdis, utilisez également des vis avec chevilles expansives dans les parties creuses.

Attention, n'oubliez pas qu'il est interdit de percer dans les poutrelles.

La pose d'une ossature métallique pour doublage

❶ Fixez les lisses hautes et basses. Sous un faux-plafond, vissez les coulisses dans l'ossature du plafond ou utilisez des chevilles dans les plaques de plâtre. Fixez la lisse basse.

❷ Mettez en place les tiges d'appui sur la fourrure horizontale. La longueur de la tige de l'appui doit être en rapport avec l'épaisseur de l'isolant. Placez un appui tous les 60 cm.

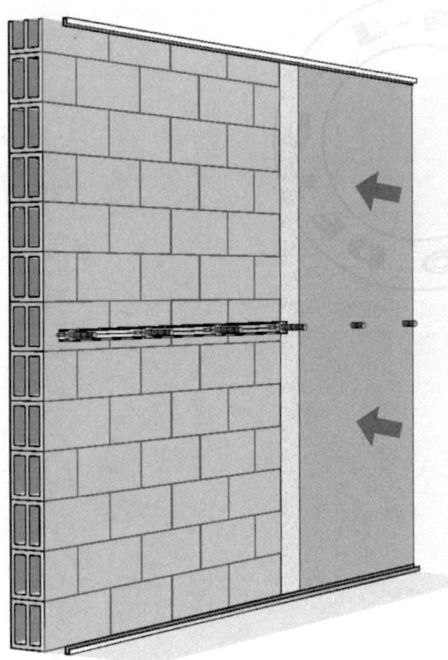

❸ Découpez les panneaux de laine minérale à la hauteur du sol au plafond majorée de 1 cm. Embrochez-les sur les tiges des appuis. Posez les panneaux parfaitement jointifs.

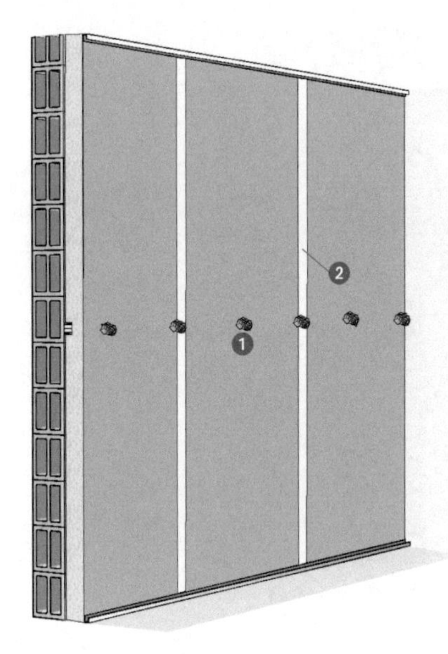

❹ Bloquez les panneaux de laine minérale avec les clés des appuis ❶. Assurez la continuité du pare-vapeur de l'isolant avec des bandes de ruban adhésif ❷.

Figure 17 : La pose d'une ossature métallique pour doublage...

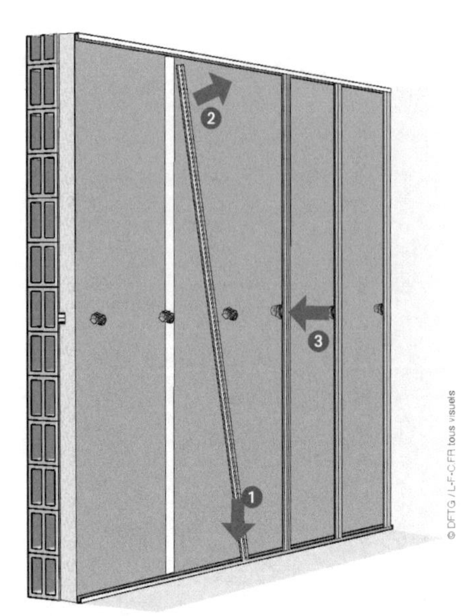

⑤ Coupez les fourrures à la longueur indiquée par le fabricant. Insérez la fourrure dans la lisse basse ❶. Faites-la pivoter ❷ pour l'enclencher dans la lisse haute. Clipsez-la ensuite sur la clé de l'appui ❸.

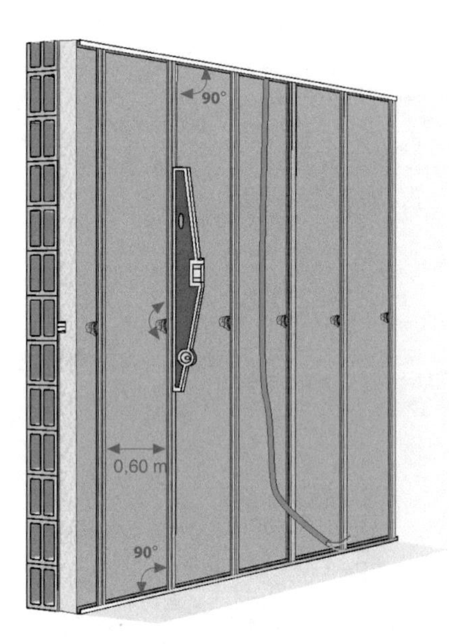

⑥ Réglez l'aplomb des fourrures en jouant sur les appuis.

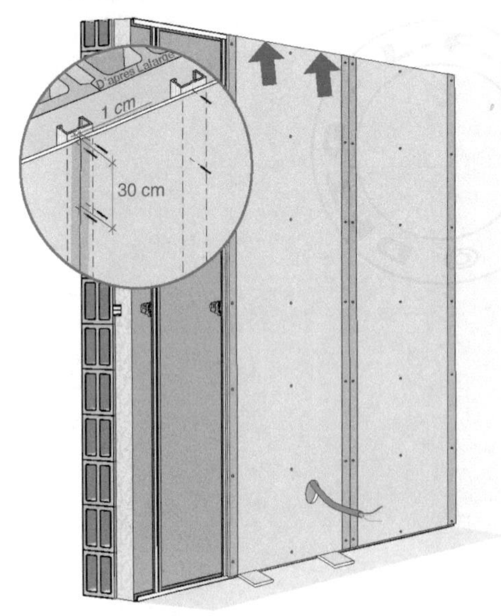

⑦ Découpez les plaques de plâtre (cutter ou scie égoïne) à la hauteur sol/plafond diminuée de 1 cm. Posez les plaques jointives (sur des cales), pour les faire buter au plafond, puis vissez-les.

⑧ Réalisez les finitions : enduit et bandes de joints sur les raccords entre plaques et enduit sur les têtes de vis des fourrures intermédiaires.

... *Figure 17* : La pose d'une ossature métallique pour doublage

Fixez mécaniquement la lisse horizontale sur la paroi, à la hauteur recommandée par le fabricant, puis disposez les appuis, débarrassés de leur tête, à intervalles réguliers (toujours 0,60 ou 0,40 m).

Pour une mise en place parfaite, découpez les panneaux d'isolant sur une hauteur correspondant à celle du sol au plafond, majorée de 1 cm. Ils doivent être jointifs, embrochés dans les tiges des appuis et maintenus par la tête des appuis.
Un pare-vapeur est nécessaire dans la majorité des cas. Les isolants avec pare-vapeur intégré, bien que très répandus, sont déconseillés. En effet, ils n'offrent pas une protection correcte au transfert de vapeur d'eau par convection, notamment aux jonctions avec les parois où persistent des ponts de vapeur. Solidariser les lés avec de l'adhésif pare-vapeur est une bonne précaution, mais ne résout pas le problème. Cette solution est satisfaisante uniquement pour les pièces sèches ou pour les habitations disposant d'un bon système de ventilation. La meilleure solution consiste à utiliser un isolant sans pare-vapeur, puis à poser une membrane pare-vapeur indépendante continue sur l'ossature métallique ou mieux sous l'ossature métallique (voir plus loin). Il peut s'agir d'une feuille de PE, de PP ou, mieux, d'un pare-vapeur hygrorégulant.

Pour l'installation des fourrures, découpez-les à la hauteur d'étage moins 1 cm. Rentrez-les légèrement en biais et faites-les pivoter dans les lisses haute et basse. Elles sont maintenues en haut et en bas selon le

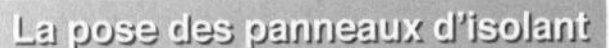

1 Après découpe des panneaux d'isolant, embrochez-les sur les appuis.

2 La mise en place des têtes d'appui permet de maintenir les panneaux d'isolant.

Figure 18 : Exemple de pose de panneaux isolants...

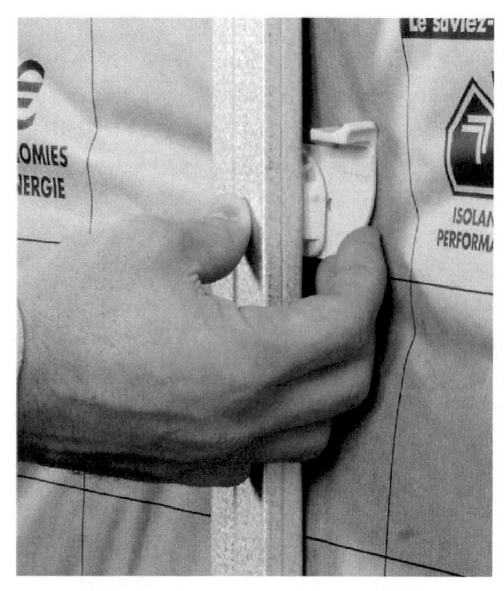

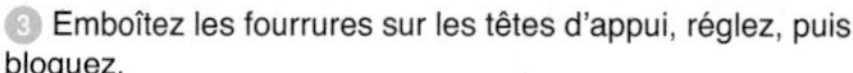

3 Emboîtez les fourrures sur les têtes d'appui, réglez, puis bloquez.

4 Vissez les plaques de plâtre sur l'ossature.

... *Figure 18* : Exemple de pose de panneaux isolants

système choisi (clips, serrage dans les lisses ou vissage). Emboîtez les fourrures dans les têtes d'appui.

À ce stade, vous pouvez passer les gaines électriques entre l'isolant et l'ossature. Vous pouvez procéder également à la pose des éventuels éléments d'ossature supplémentaires destinés à renforcer la structure, aux endroits où seront fixés des éléments lourds. Réglez l'ossature, puis installez les fourrures au pas de 0,60 ou 0,40 m et à 0,10 m des angles, comme indiqué plus loin dans le paragraphe « Le traitement des angles ».

Mettez l'ossature d'aplomb et vérifiez son alignement avec une règle de 2 m : vous ne devez pas constater de défaut supérieur à 5 mm. De même, il ne doit y avoir de faux-aplomb supérieur à 5 mm sur la hauteur d'étage. Lorsque le réglage est terminé, verrouillez la tête des appuis. Stockez les plaques de plâtre à l'abri des intempéries, des chocs et des salissures, obligatoirement à plat, sur des cales de 10 cm de largeur, espacées tous les 0,50 m et d'une longueur égale à la largeur des plaques.

Pendant la manutention, évitez de frotter les plaques les unes contre les autres. Évitez de les poser à terre sur leurs angles. N'utilisez pas les plaques cassées ou fendues, car elles pourraient compromettre la résistance mécanique de l'ouvrage. Néanmoins, vous pouvez réutiliser les parties intactes après découpe.

Après la réalisation de l'ossature, procédez à la pose des plaques de plâtre. Découpez-les à la hauteur d'étage minorée de 1 cm. Pour installer une plaque de plâtre, plaquez son bord supérieur contre le plafond, puis vissez-la sur la structure métallique. Chaque plaque doit être jointive avec la suivante. Ne placez aucune vis à moins de 1 cm des bords, en respectant un pas maximum de 30 cm sur toute la largeur. Utilisez des vis à tête trompette de 25 mm de longueur. Si vous souhaitez installer une seconde épaisseur de plaques, utilisez des vis de 45 mm. Veillez bien à ce que la tête des vis affleure parfaitement la surface des plaques de plâtre. Pour cela, faites des essais de réglage de puissance de votre visseuse pour arriver au couple idéal pour cette opération.

Réalisez ensuite les joints entre les plaques, puis appliquez la finition ou le revêtement de votre choix.

La figure 18 illustre les étapes de pose d'un isolant sur ossature. On constate la rigidité du panneau d'isolant. Les panneaux mis en place sont maintenus par les appuis qui supportent les fourrures et les plaques de plâtre.

» *La pose d'une membrane pare-vapeur*

Il existe deux solutions pour installer une membrane pare-vapeur. La première consiste à l'installer sur l'ossature métallique avant la pose des plaques de plâtre (figure 19). C'est la solution la plus facile à mettre en œuvre, mais pas la plus satisfaisante. En effet, il

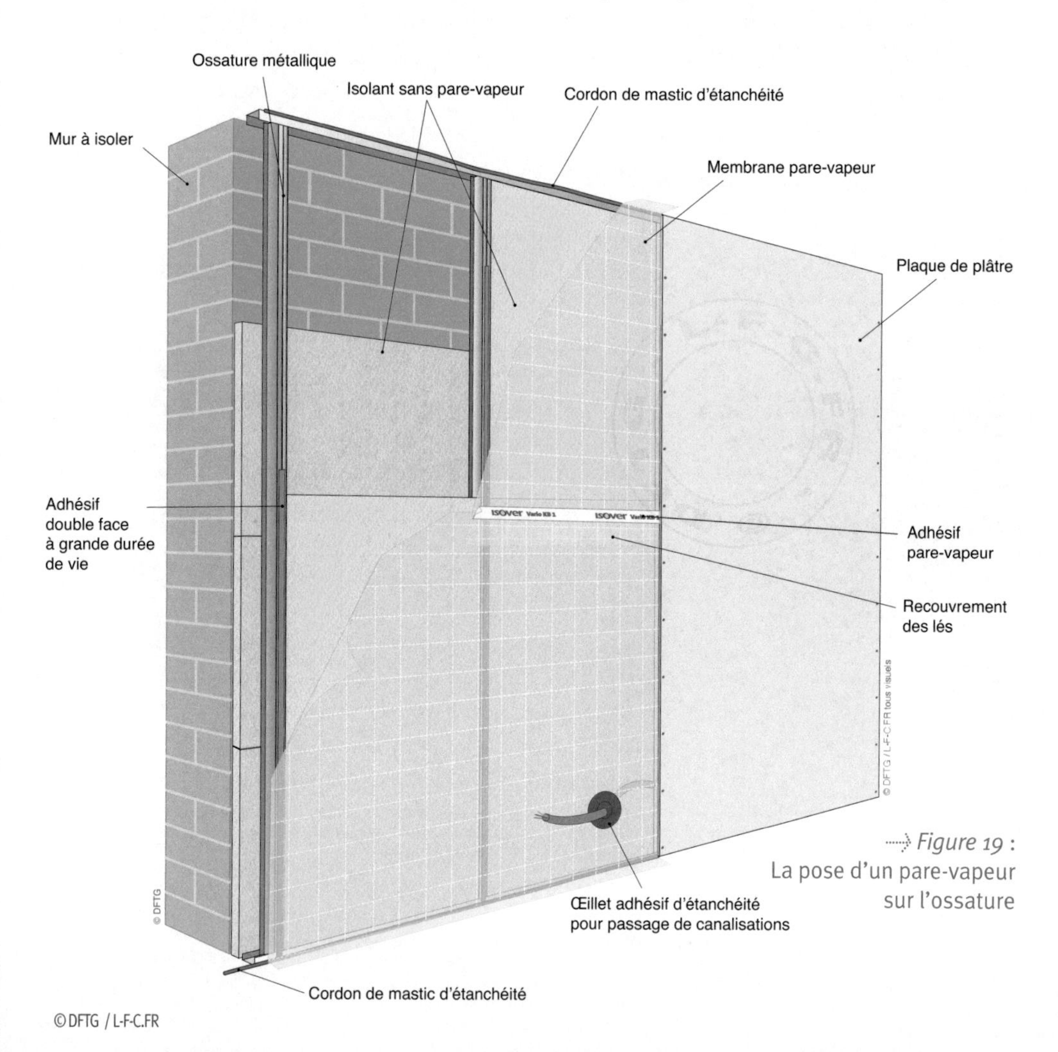

Figure 19 : La pose d'un pare-vapeur sur l'ossature

existe des risques de percement accidentel et le passage des gaines électriques s'effectue entre l'isolant et le pare-vapeur. Toute sortie (pour alimenter une prise, par exemple) doit être étanchée avec un œillet adhésif. Les lés de pare-vapeur sont fixés sur l'ossature à l'aide de double face. Les lés doivent se chevaucher d'au moins 10 cm et être collés entre eux avec de l'adhésif pour pare-vapeur (adhésif longue durée). Au niveau du sol et du plafond, le pare-vapeur est collé avec un mastic d'étanchéité.

La seconde solution consistant à installer un pare-vapeur directement sur l'isolant est l'une des plus performantes actuellement. Elle évite les risques de perforations éventuelles et assure ainsi la pérennité du système. On utilise des pare-vapeur étanches pour les constructions à ossature bois et des pare-vapeur hygrorégulants pour les constructions classiques.

L'installation diffère légèrement par rapport à la solution sans pare-vapeur ou avec pare-vapeur sur ossature (figure 20).
Les opérations de traçage sont identiques quelle que que soit la solution. Avant de poser les lisses haute et basse, on installe de la bande de pare-vapeur avec double-face intégré. On réalise un cordon continu de mastic d'étanchéité sous la lisse basse,

Solution de doublage avec pare-vapeur sous ossature

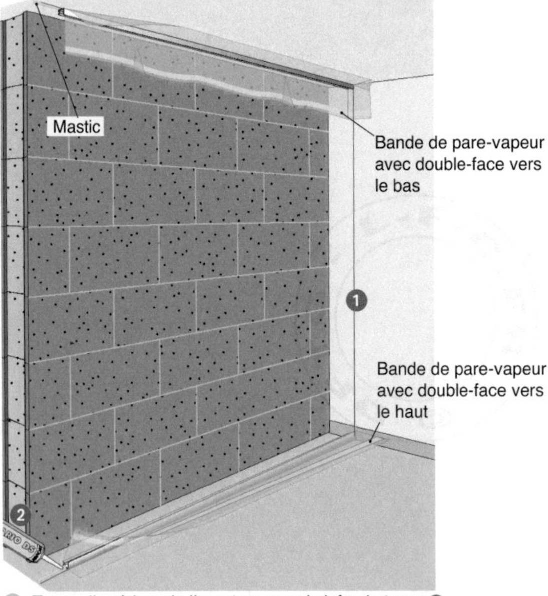

1 Tracez l'extérieur de l'ossature au sol plafond et mur ❶. Réalisez un cordon de mastic d'étanchéité ❷ sous les lisses. Placez une bande de pare-vapeur sur le mastic, puis fixez les lisses.

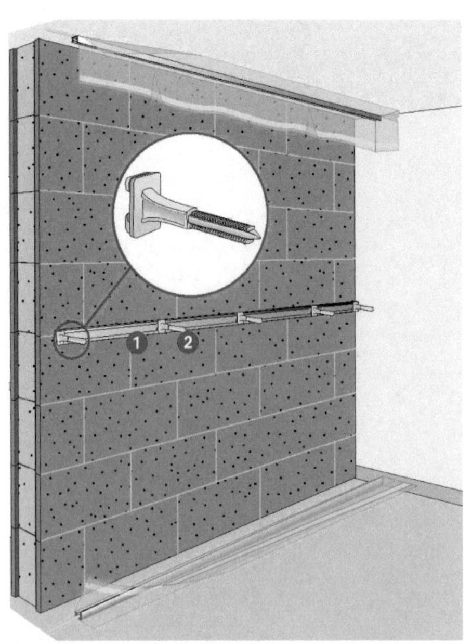

2 Fixez la fourrure horizontale à 1,35 m du sol ❶. Clipsez les tiges des appuis sur la fourrure au pas de 0,60 m ❷.

Figure 20 : La pose d'un pare-vapeur derrière l'ossature...

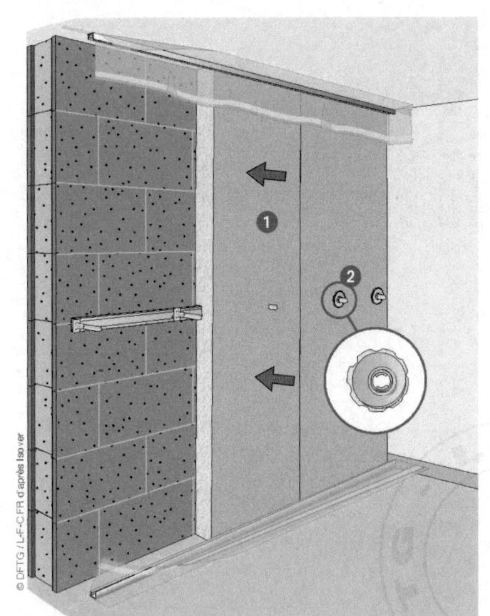

3 Découpez les panneaux d'isolant (un peu plus grands que la distance sol/plafond), puis embrochez-les 1 sur les tiges des appuis. Maintenez-les à l'aide des rondelles

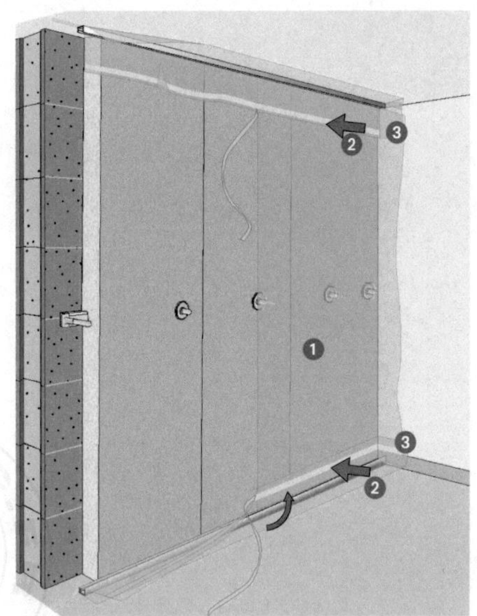

4 Mettez en place les lés de pare-vapeur 1. Retirez la protection du double-face des bandes de pare-vapeur, puis collez-les sur le lé 2, jusque sur le retour d'angle 3.

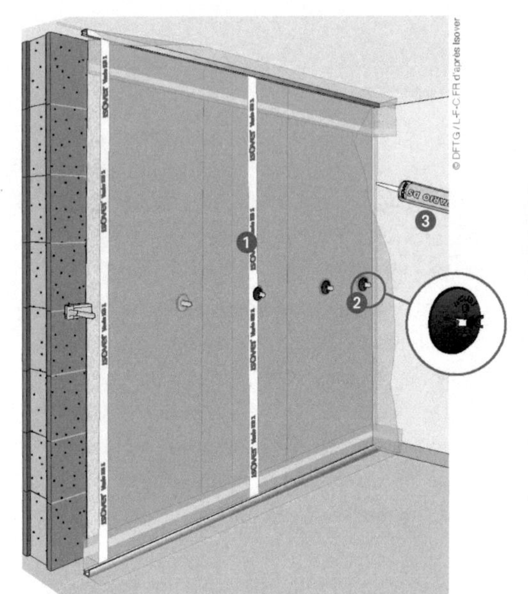

5 Faites chevaucher les lés de pare-vapeur de 10 cm, puis collez-les avec l'adhésif spécifique 1. Embrochez les lés sur les appuis, puis posez les rondelles souples 2. Réalisez un joint de mastic au niveau des retours 3.

6 Placez les clés sur les tiges d'appui (3 cm au moins sont nécessaires).

... *Figure 20* : La pose d'un pare-vapeur derrière l'ossature...

7 Installez les fourrures télescopiques dans la lisse basse, puis introduisez la partie haute dans la lisse du plafond 1. Tournez les clés d'1/4 de tour pour bloquer les fourrures 2 après réglage.

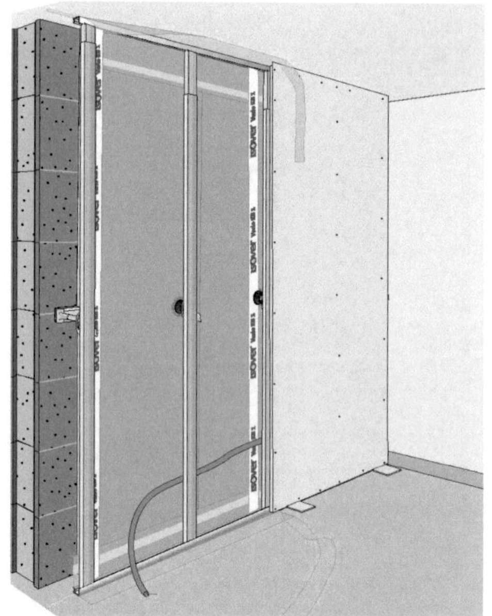

8 Vous pouvez passer les réseaux dans le vide technique. Posez les plaques de plâtre (hauteur sol/plafond moins 1 cm), puis vissez-les. Découpez le pare-vapeur qui dépasse.

... *Figure 20* : La pose d'un pare-vapeur derrière l'ossature

puis on y colle la bande de pare-vapeur avec la partie adhésive, côté intérieur de l'ossature et placée vers le haut. On fixe ensuite mécaniquement la lisse au sol. La bande doit dépasser d'environ 10 cm à chaque extrémité de la lisse (côté des murs).

On procède de façon identique pour la lisse haute, avec la bande de pare-vapeur retombant côté intérieur de l'ossature, bande autocollante vers le bas côté intérieur.

L'étape suivante consiste à installer la lisse horizontale qui va accueillir les appuis intermédiaires. On utilise des appuis permettant la pose du pare-vapeur.

Les panneaux d'isolant sont découpés comme précédemment et embrochés sur les tiges des appuis, puis bloqués avec les rondelles rigides.

Les lés de pare-vapeur doivent être installés avec débordements sur les murs aux extrémités, collés en partie haute et basse avec l'adhésif double face des bandes posées à l'étape précédente.

On les embroche sur les pointes des tiges d'appui et on les rend étanches avec les rondelles souples. On procède ensuite à l'étanchéité sur les côtés avec un cordon continu de mastic d'étanchéité et entre les lés (se chevauchant d'au moins 10 cm) avec du ruban adhésif spécifique.

Après cela, positionnez les clés des appuis, puis bloquez-les après avoir posé et réglé des fourrures. Passez les canalisations des réseaux à cette étape entre le pare-vapeur et les fourrures. Après la pose des plaques de plâtre sur l'ossature, arasez les restes de pare-vapeur.

» *Les points particuliers*

Aux jonctions avec les menuiseries extérieures, il convient d'assurer la continuité du support des plaques de plâtre (figure 21). Pour cela, plusieurs méthodes sont possibles. La méthode utilisée diffère selon le positionnement de la menuiserie par rapport à la maçonnerie : au nu intérieur, en tunnel, en applique du nu intérieur...

Vous pouvez fixer des lisses ou des cornières sur les tapées de la menuiserie, en allège, en imposte et sur les côtés. Fixez les fourrures dans le prolongement des montants de la fenêtre. De chaque côté de la menuiserie, vous pouvez remplacer les cornières verticales sur toute la hauteur par des fourrures. Respectez toujours l'entraxe entre les fourrures (0,40 ou 0,60 m). Celles qui sont situées de chaque côté de la menuiserie seront peut-être excédentaires, mais elles serviront à stabiliser la plaque de plâtre autour de la fenêtre. Les plaques de plâtre ne doivent pas avoir un porte-à-faux supérieur à 10 cm. Découpez les fourrures situées en allège ou en imposte à la hauteur correspondante, moins 1 cm.

Une autre solution consiste à utiliser des connecteurs d'angles. Ils peuvent être métalliques ou à base de matière plastique. Ils permettent d'assembler les fourrures verticales et horizontales. Le système est poly-

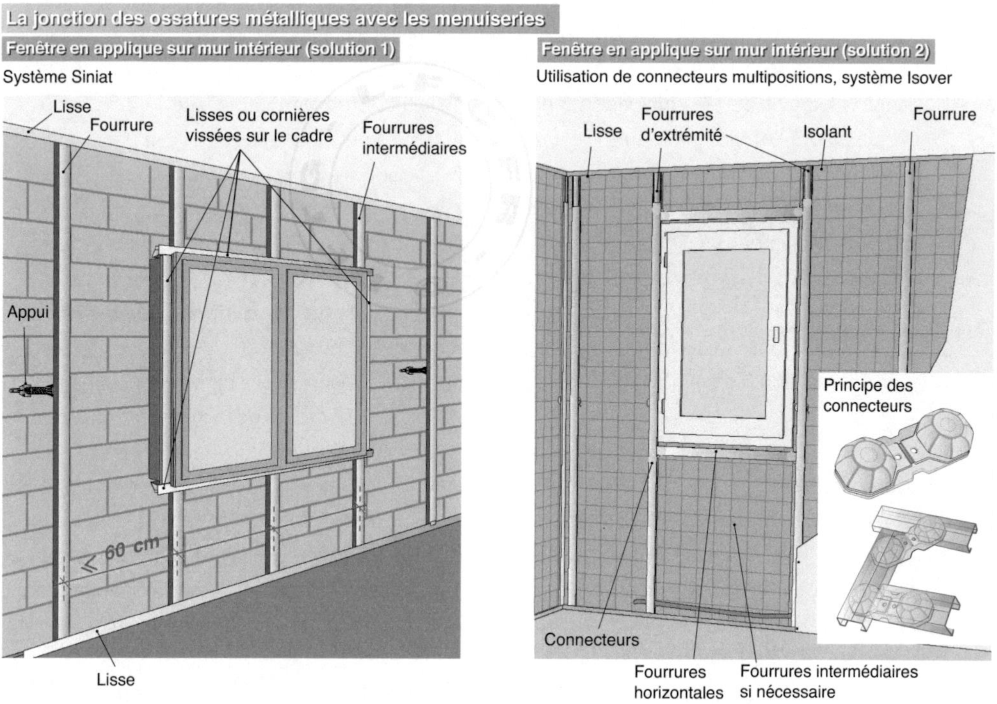

La jonction des ossatures métalliques avec les menuiseries

Fenêtre en applique sur mur intérieur (solution 1)

Système Siniat

Fenêtre en applique sur mur intérieur (solution 2)

Utilisation de connecteurs multipositions, système Isover

Figure 21 : La jonction des ossatures avec les menuiseries...

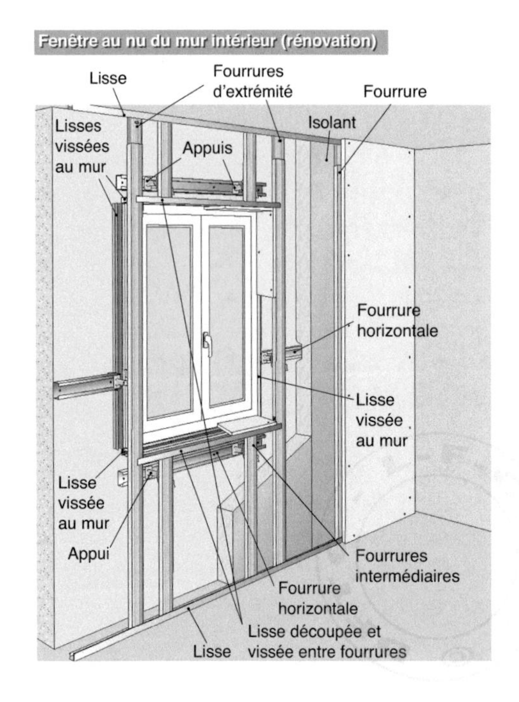

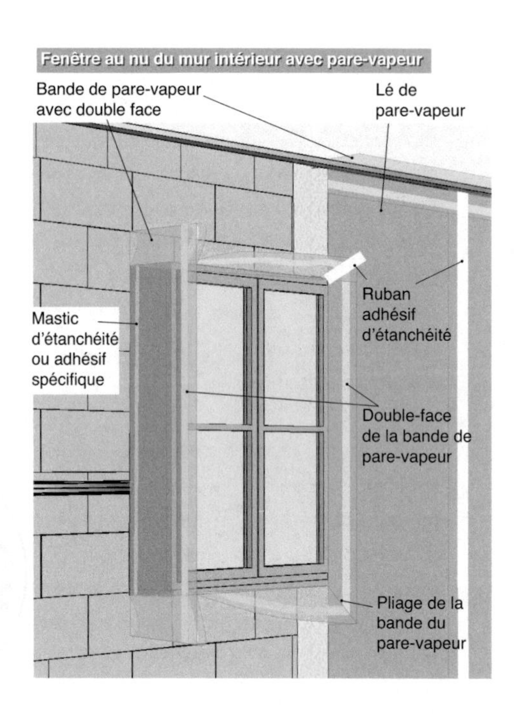

... *Figure 21* : La jonction des ossatures avec les menuiseries

valent et permet de résoudre de nombreux cas de figure, notamment au niveau des pieds-droits des combles. De plus, il devient possible de créer une structure sans prendre appui sur la menuiserie, ce qui peut s'avérer utile lorsque le vissage n'est pas possible, par exemple dans une menuiserie en aluminium ou en PVC. La pose de fourrures en imposte et en allège se trouve grandement facilitée.

Dans tous les cas, faites en sorte que le raccord entre deux plaques de plâtre ne tombe pas sur une fourrure d'extrémité, quitte pour cela à débuter la pose avec une demi-plaque. Pensez à renforcer l'étanchéité à l'air aux jonctions entre les plaques de plâtre et avec l'encadrement de la menuiserie. Pour ce faire, réalisez un joint avec de la mousse de polyuréthane, ou un mastic acrylique. Naturellement, la menuiserie doit avoir été correctement posée et offrir une parfaite étanchéité à l'air et à l'eau (au niveau des raccords avec la maçonnerie).

Dans le cas d'une isolation avec pare-vapeur sous ossature, vous devez prévoir la continuité du pare-vapeur au niveau de l'encadrement de la menuiserie. Utilisez des bandes de pare-vapeur avec bande autocollante intégrée. Côté tapées de la menuiserie, collez la bande avec du mastic d'étanchéité ou du joint adhésif spécifique en entourage. Lors de la pose des lés de pare-vapeur, collez les bandes en entourage avec l'adhésif sur le pare-vapeur. Soignez l'étanchéité en ajoutant si nécessaire du ruban adhésif spécifique.

D'autres points singuliers doivent être traités minutieusement, notamment les angles, qu'ils soient rentrants ou saillants (figure 22).

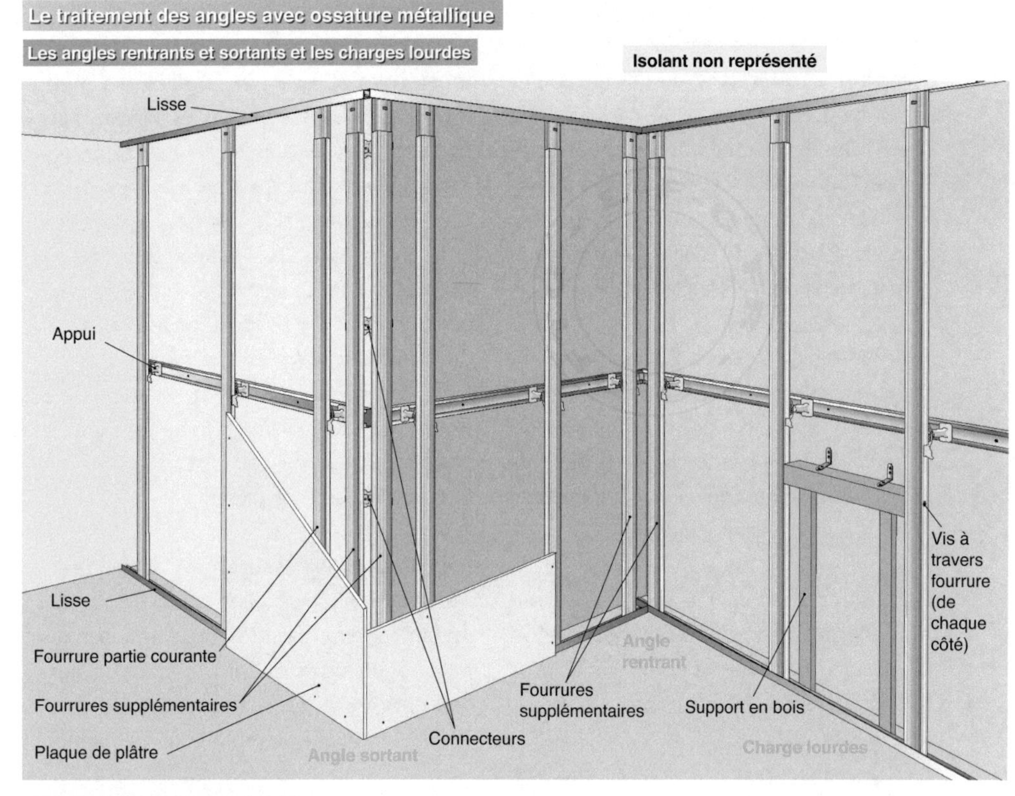

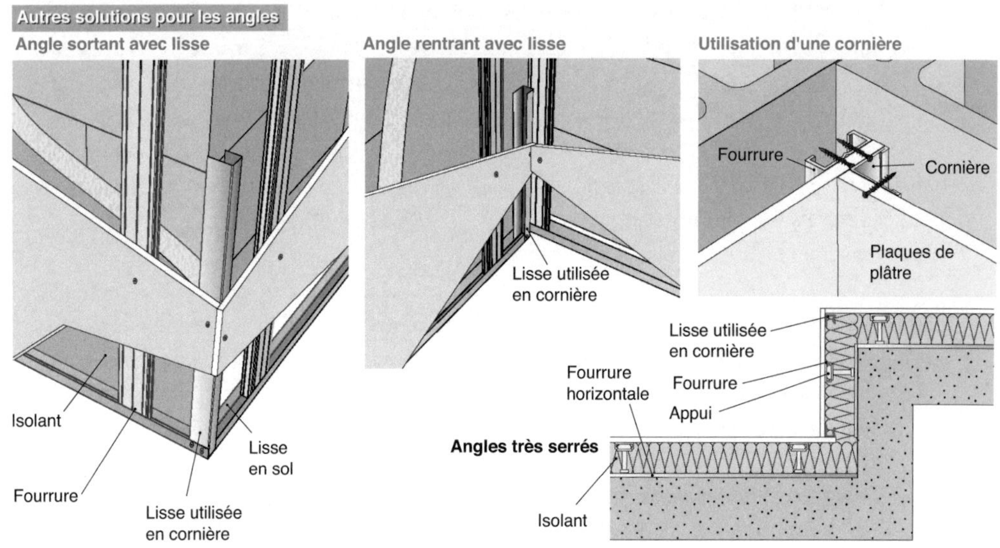

Figure 22 : Le traitement des angles

Dans les angles rentrants, il suffit la plupart du temps, d'installer deux fourrures supplémentaires au plus près de l'angle pour y visser les plaques de plâtre sans porte-à-faux. Ne les éloignez pas de plus de 10 cm de l'angle. Une autre solution consiste à utiliser une lisse ou une cornière en renfort, fixée sur l'une des fourrures de l'angle. Cette solution peut convenir pour les angles très fermés.

Pour les angles sortants, il est absolument nécessaire de renforcer la structure qui pourrait présenter un point faible. Il en va de même pour la bande de papier pour les joints des plaques qui sera d'un modèle armé de feuillards métalliques.

Pour un angle sortant, une solution consiste à installer deux fourrures supplémentaires au plus près de l'angle et de les assembler avec au moins quatre connecteurs pour les solidariser et les rigidifier.
Il est également possible d'utiliser une lisse ou une cornière sur laquelle on visse les extrémités des plaques de plâtre.

Pour les fixations lourdes comme les lavabos, par exemple, on installe des renforts en bois fixés directement au mur et vissés de chaque côté, à travers les fourrures, le tout reposant sur des supports jusqu'au sol.

Pour les sanitaires, on peut également utiliser des bâtis-supports adaptés à une installation sur ossature métallique ou fixés directement à la paroi verticale.

Dans le cas où le doublage aboutit en partie haute sur un faux-plafond non isolé, l'isolant doit être prolongé jusqu'au plancher supérieur (figure 23). Posez la lisse basse, puis embrochez l'isolant sur les appuis. Installez le faux-plafond avec une dernière lisse au niveau de l'isolant. Posez les plaques de plâtre, puis vissez la lisse haute du doublage dans la fourrure d'extrémité du faux-plafond.
Dans le cas d'un plafond isolé par le dessous avec intégration d'un pare-vapeur (plancher léger), il est indispensable d'assurer la continuité du pare-vapeur pour l'isolation des murs. Le plafond rapporté est installé avant le doublage sur ossature et comme précédemment, la dernière fourrure doit être placée de façon à pouvoir y fixer la lisse haute à travers la plaque de plâtre.

Lors de la réalisation du faux-plafond, il est nécessaire de prévoir une retombée du pare-vapeur qui sera raccordée au pare-vapeur du mur avec du ruban adhésif. L'isolation du mur doit être posée jusqu'au contact avec celle du plafond pour éviter tout pont thermique.

En rénovation, dans le cas d'un plancher sur solives, si l'on isole le mur situé en dessous, la pose d'une lisse en partie haute sera insuffisante pour assurer la rigidité de la contre-cloison au niveau des espaces entre les solives et risque de transmettre les bruits et vibrations du plancher léger.

Il est nécessaire d'installer sur le mur, des morceaux de fourrure horizontalement entre les solives en partie haute. Ils seront équipés d'appuis pour fixer un autre morceau de fourrure horizontale inversée.

Des connecteurs permettront de solidariser la partie haute des fourrures verticales aux fourrures horizontales supérieures.

Une fourrure verticale doit être posée au plus près de chaque côté de chaque solive, les autres sont réparties selon l'espace restant.

Faites en sorte que les raccords entre les plaques de plâtre coincident avec une fourrure, en respectant des entraxes de 0,60 ou 0,40 m.

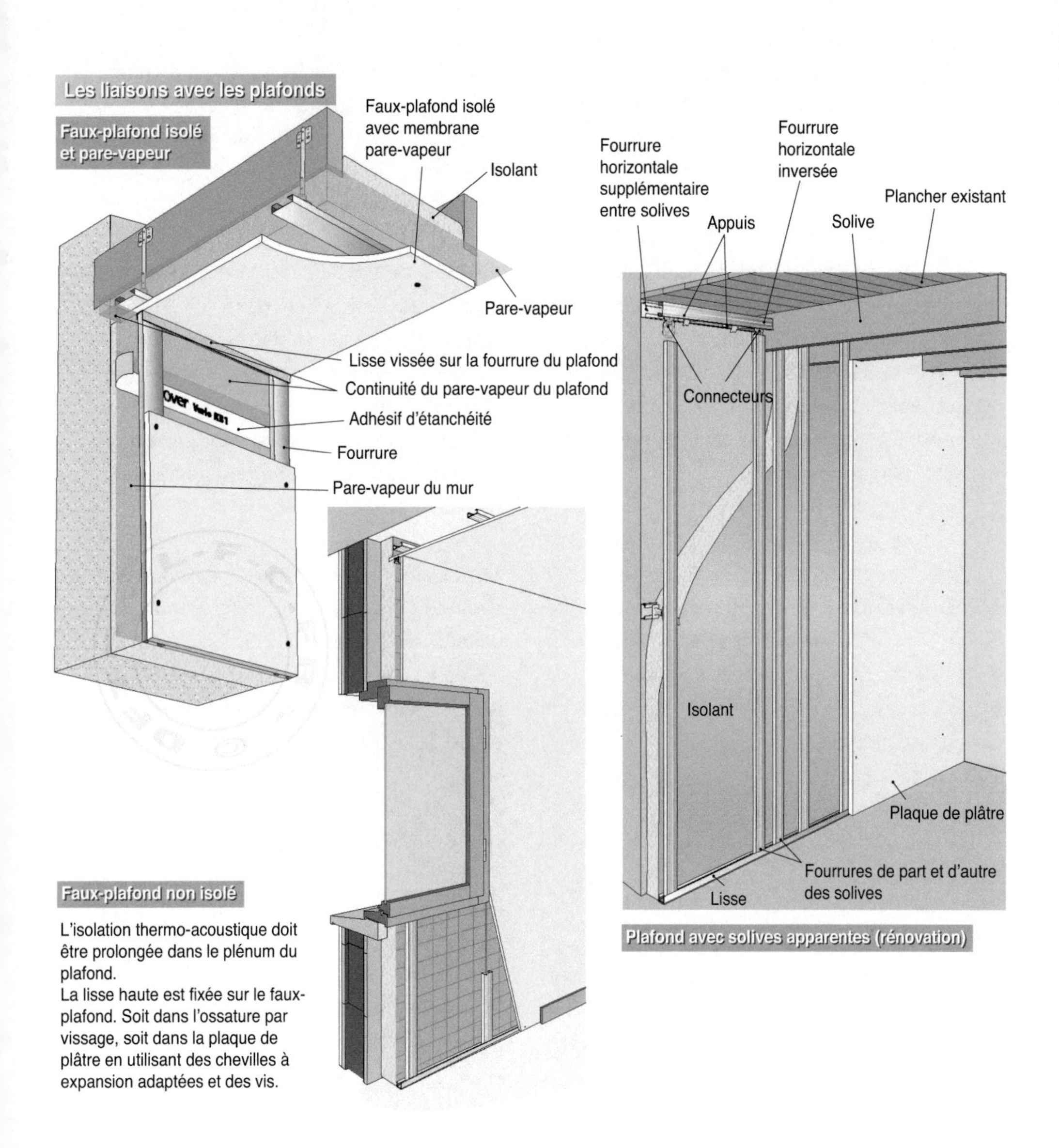

Figure 23 : Les liaisons avec les plafonds

» *L'intégration des réseaux*

L'intégration des réseaux ne provoque pas de ponts thermiques puisqu'ils sont passés du côté chaud de l'isolant et qu'il n'est pas nécessaire de le traverser (figure 24). Néanmoins, les installations électriques sont la cause de nombreuses fuites d'air et mettent à mal l'étanchéité à l'air.

Dans le cas d'un doublage sur ossature sans pare-vapeur rapporté (uniquement le papier kraft de l'isolant), les canalisations cheminent entre l'isolant et l'ossature. Utilisez des boîtiers électriques étanches et renforcez l'étanchéité avec un cordon de mastic continu entre la collerette du boîtier et la plaque de plâtre.

Si vous avez opté pour un système avec un pare-vapeur collé sur l'ossature, passez les canalisations derrière le pare-vapeur. Toute traversée de gaine dans le pare-vapeur doit être étanchée avec un œillet autocollant.
Choisissez le même type de boîtier que celui utilisé précédemment.

Avec un pare-vapeur sous ossature, les canalisations cheminent entre le pare-vapeur et la plaque de plâtre.

Il n'y a donc pas de risques de détériorer l'étanchéité à l'air. Même si l'on peut dans ce cas utiliser des boîtiers normaux pour cloisons sèches, l'utilisation de boîtiers étanches est préférable.

Avec une ossature autoportante, les canalisations cheminent du côté chaud de l'isolant et passent à travers les percements des montants. Ils doivent être équipés de bagues de glissement pour faciliter leur installation. Si un pare-vapeur a été installé sur l'ossature, il faudra traiter l'étanchéité, comme expliqué dans les paragraphes précédents.

Il existe également des systèmes pour passer des gaines électriques en pied de cloison. Il s'agit de supports qui s'intègrent entre la lisse basse et les montants. Ils permettent d'emboîter une plinthe.

Il est possible de réaliser la distribution de l'installation électrique dans les plafonds rapportés. Ainsi, les descentes dans les doublages permettront d'alimenter prises et interrupteurs. Si un pare-vapeur est posé en continu, les canalisations passeront entre le pare-vapeur et l'ossature, dans le faux-plafond et les doublages.

Les canalisations électriques peuvent également être installées dans le sol et remonter dans les doublages. Dans le cas d'une dalle, il n'y a pas de difficultés particulières. Toutefois, les remontées devront se faire du côté chaud de l'isolant.

En cas de chape flottante ou d'isolation sous chape, il est interdit de cheminer dans l'isolant ou dans la chape flottante. On passe alors les canalisations dans une couche de ravoirage placée sous la chape flottante.

Si des alimentations électriques proviennent du sous-sol ou d'un vide sanitaire non chauffé et remontent dans le doublage, il est nécessaire de réaliser une étanchéité au niveau de chaque traversée. De même, du mastic d'étanchéité doit être posé à la sortie de la gaine afin qu'elle ne provoque pas de fuite d'air entre ses deux extrémités.

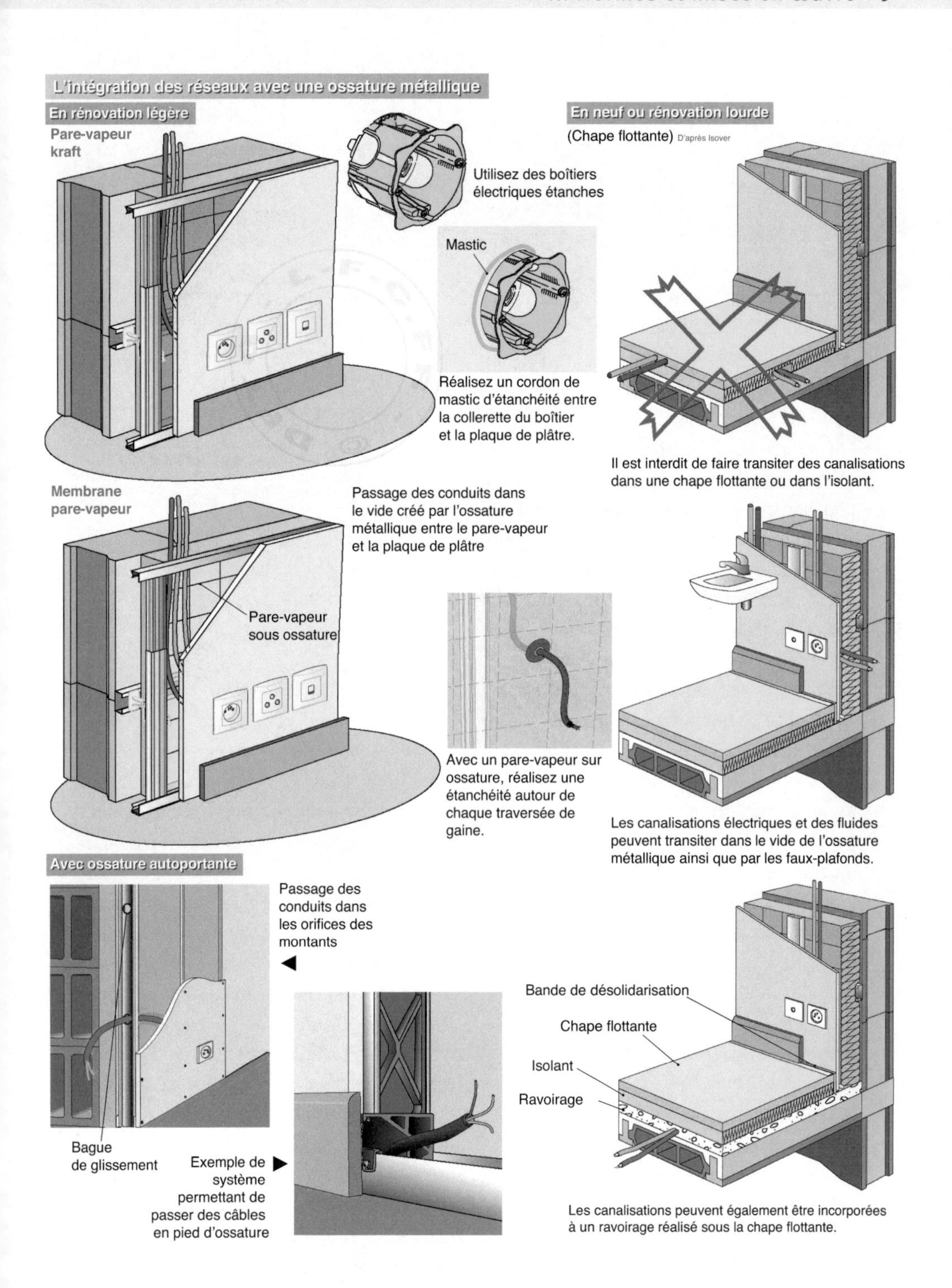

Figure 24 : L'intégration des réseaux

Les finitions des plaques de plâtre

Avant de passer à la finition, rappelons que les parements en plaques de plâtre doivent respecter certaines règles de planéité et d'aplomb (au maximum, un défaut de 5 mm sous une règle de 2 m et 5 mm de faux-aplomb sur la hauteur d'étage). Les joints ne doivent pas être saillants de plus de 1 mm.

Vérifiez que les vis de fixation des plaques de plâtre (vis à tête trompette de 25 mm de long pour une simple épaisseur de plaque) ont été correctement posées (figure 25). Leur tête doit affleurer parfaitement à la surface de la plaque de plâtre. Si une vis est trop enfoncée, elle endommage le parement, n'assure plus un serrage correct et il faut la remplacer. Si elle n'est pas suffisamment enfoncée, elle se verra après les finitions, il faut donc la visser de nouveau.

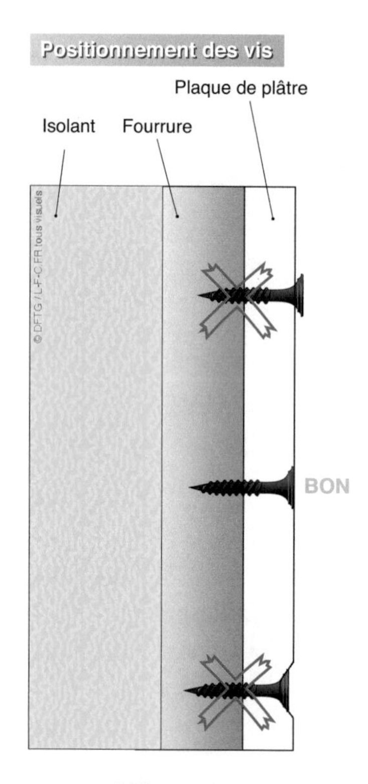

Figure 25 :
Le positionnement des vis de fixation

Avant la réalisation des joints, utilisez du mortier adhésif pour effectuer les divers rebouchages et pour garnir les interstices entre les plaques restées accidentellement non jointives (si ces derniers sont supérieurs à 1 mm).

Apportez le plus grand soin à la réalisation des joints, car l'aspect final de la paroi en dépend. L'exécution est la même pour les complexes de doublage, les plaques de plâtre sur ossature métallique ou les plafonds rapportés en plaques de plâtre sur ossature.

Munissez-vous d'enduit pour plaques de plâtre, prêt à l'emploi ou en poudre, à mélanger avec de l'eau. Préparez plusieurs couteaux à enduire dans différentes largeurs, dont au moins un doit être moins large que la largeur de deux zones amincies bord à bord. Vous pouvez également utiliser un platoir à lame inox pour la finition, si vous maîtrisez cet outil, et des bandes de joint ordinaires en papier (figure 26). Avant de les appliquer dans les angles rentrants ou saillants, pliez les bandes en leur centre. Elles ont une largeur de 50 mm, sont en papier spécial microperforé, offrent une faible reprise d'humidité, mais une forte résistance mécanique. Si les bandes comportent une face avec des marquages, ceux-ci doivent être posés côté plaques de plâtre.

Pour les angles saillants verticaux, utilisez une bande spéciale armée et renforcée par deux bandes flexibles métalliques. Placez l'armature métallique côté plaques. Vous

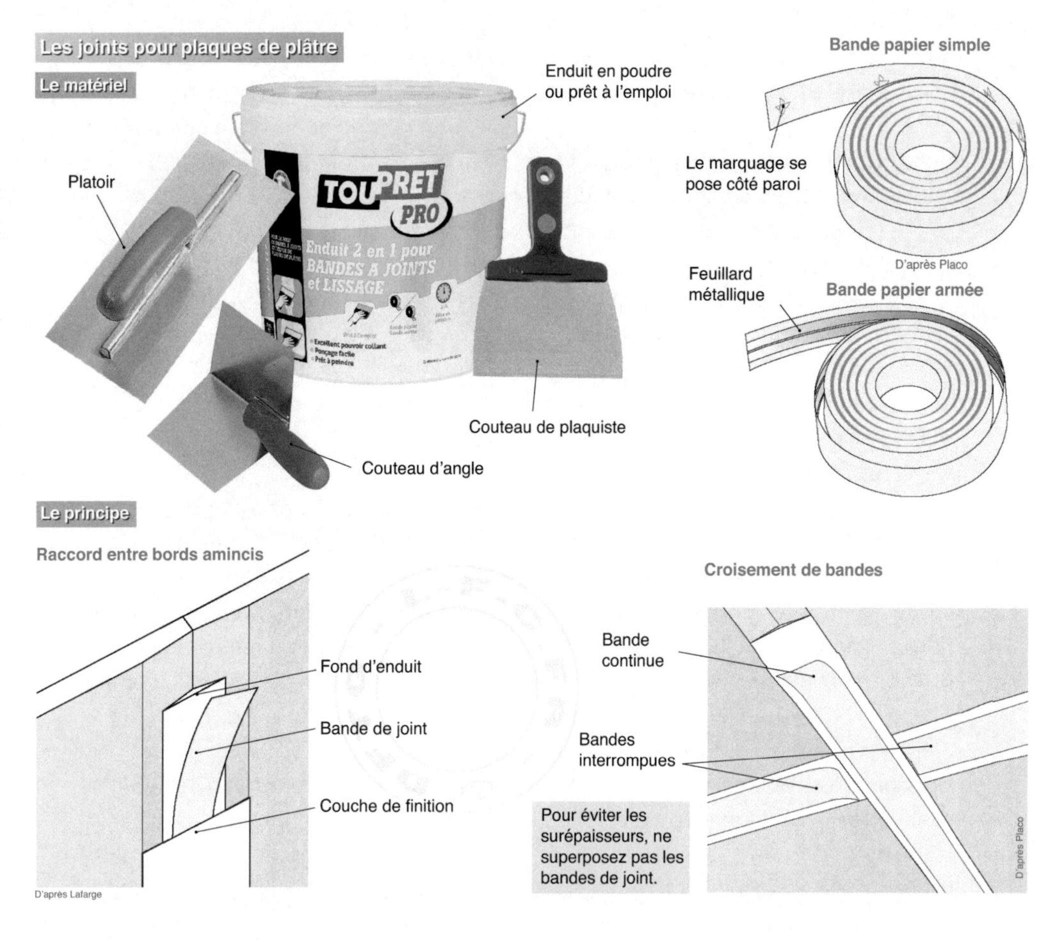

Raccord entre deux bords droits (coupes)

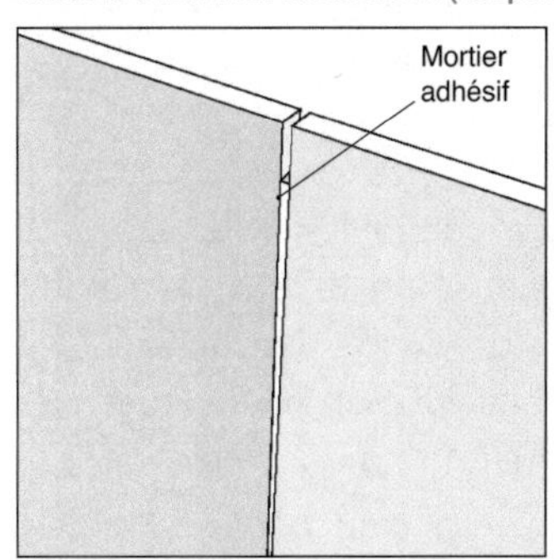

❶ Les plaques doivent être posées jointives. Les jeux supérieurs à 1 mm doivent être comblés au mortier adhésif.

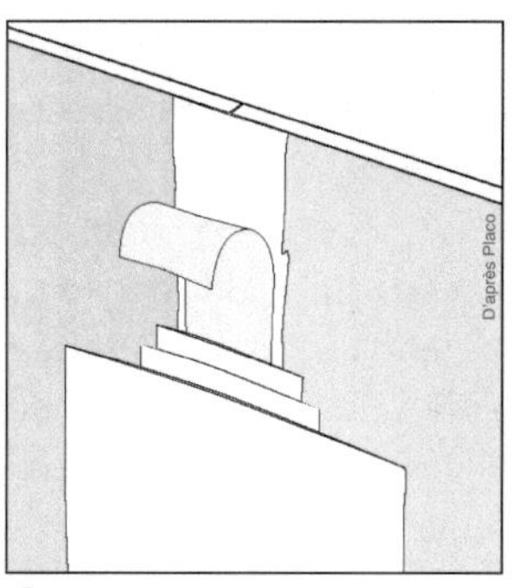

❷ Le joint est traité comme un joint classique mais en élargissant les couches de finition.

Raccord bord aminci/bord droit

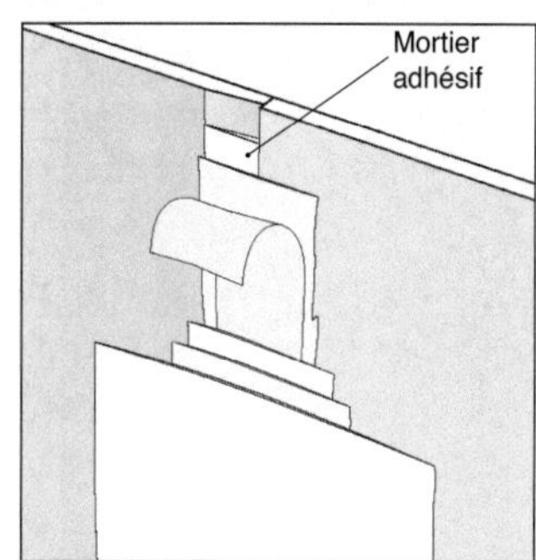

Le bord aminci est comblé au mortier adhésif. Le joint est ensuite traité comme précédemment.

Figure 26 : Les joints des plaques de plâtre

pouvez aussi utiliser des cornières métalliques ou en plastique, à noyer dans l'enduit.

Pour des joints parfaits, noyez toujours la bande dans plusieurs couches d'enduit. C'est elle qui évitera les fissures entre les plaques de plâtre.
En cas de croisement de joints, par exemple au plafond à l'intersection entre quatre plaques, ne chevauchez pas les bandes. L'une d'elles doit être interrompue pour laisser passer l'autre, sans créer de surépaisseur.

Pour les jonctions entre bords non amincis, ce qui doit se produire le moins souvent possible en pose normale, réalisez également un joint sur la liaison entre les deux plaques.
Cependant, il y aura inévitablement une surépaisseur à cet endroit. Vous devrez nécessairement opérer plusieurs passes en élargissant à chaque fois l'emprise de l'enduit. Le joint sera alors moins visible. Dans le cas d'un raccord entre une plaque à bords amincis et une plaque droite, remplissez au préalable la partie amincie de mortier adhésif, puis après séchage, réalisez le joint comme dans le cas de deux bords non amincis.

Ne cherchez pas à réaliser l'opération en une seule passe ni à créer une épaisseur d'enduit que vous poncerez par la suite. Procédez toujours par passes fines et régulières, laissez sécher, égrainez, puis recommencez une nouvelle passe.

Les joints entre plaques de plâtre sont souvent mal réalisés par les néophytes, car ils commettent cette erreur. Il est préférable de ne pas mettre assez d'enduit plutôt que trop. Vous pourrez toujours refaire des passes. Si vous appliquez trop d'enduit, vous tenterez de poncer les joints pour réduire les surépaisseurs, ce qui est long et conduit quasi inévitablement à la détérioration du parement cartonné des plaques de plâtre. Dans ces conditions, vous ne pourrez plus obtenir un état de surface lisse.

De plus, si vous tentez de faire les joints en une seule opération, en travaillant l'enduit frais, vous risquez de déplacer les bandes de joint, avec un résultat non lissé et très irrégulier. Vous pouvez utiliser une lumière rasante pour vérifier la bonne planéité de vos raccords.

Pour réaliser correctement les joints, commencez par appliquer une passe d'enduit à la jonction entre les deux plaques (figure 27). Tracez la position du joint entre les deux plaques avec la pointe du couteau de peintre. Vous avez ainsi un repère pour placer la bande de papier parfaitement dans l'axe.

Déroulez la bande de joint sur l'enduit, de bas en haut, avec le dos de la main. Serrez la bande avec le couteau, cette fois de haut en bas, pour retirer l'excédent d'enduit.

Utilisez un couteau en inox d'une largeur inférieure à l'espace entre les deux bords amincis. La lame doit être inclinée légère-

La réalisation des joints

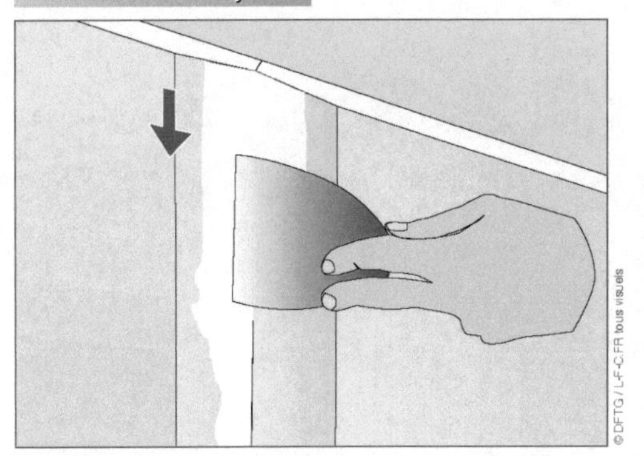

❶ Appliquez une couche d'enduit au couteau à la jontion des deux plaques, sur les bords amincis.

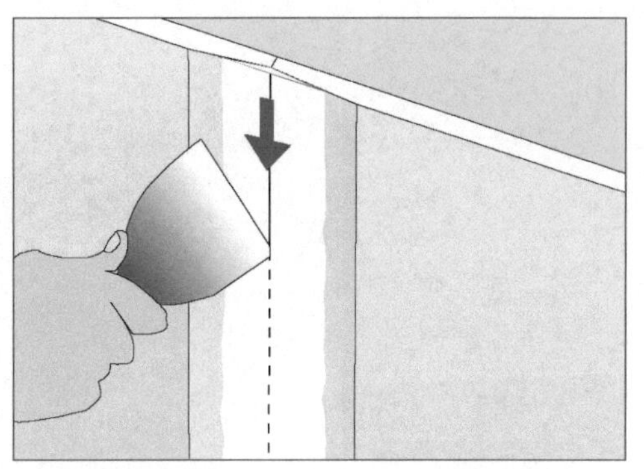

❷ Avec la pointe de la lame du couteau, marquez l'axe du raccord entre les deux plaques, sur toute la hauteur.

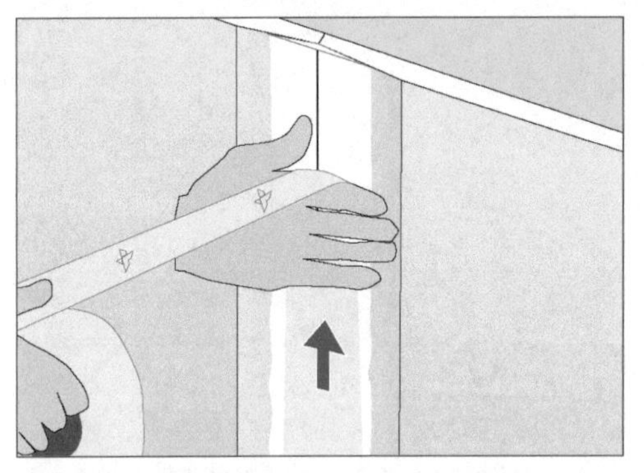

❸ Placez la bande sur l'axe du joint, partie marquée dans l'enduit. Procédez du bas vers le haut.

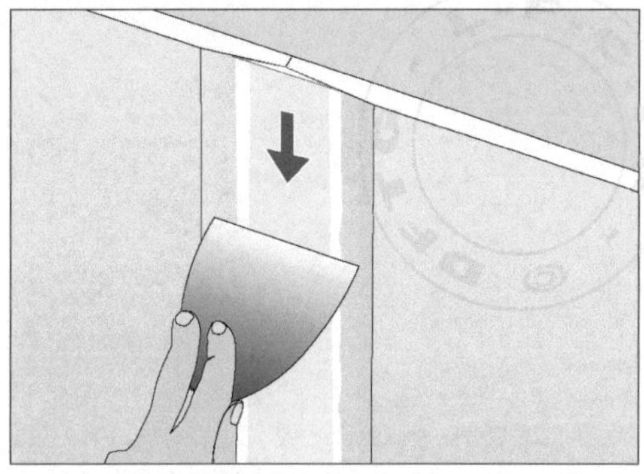

❹ Serrez la bande pour éliminer le surplus d'enduit. Procédez avec la lame du couteau inclinée et de haut en bas.

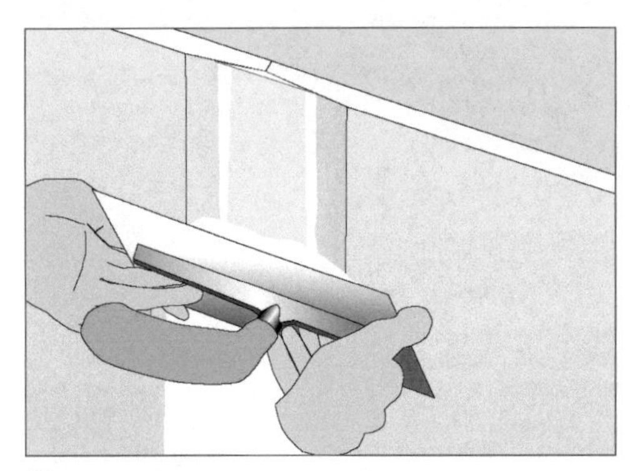

❺ Après séchage (1 à 12 heures, selon le type d'enduit), passez une couche de finition au moyen du platoir en débordant légèrement sur les parties plates.

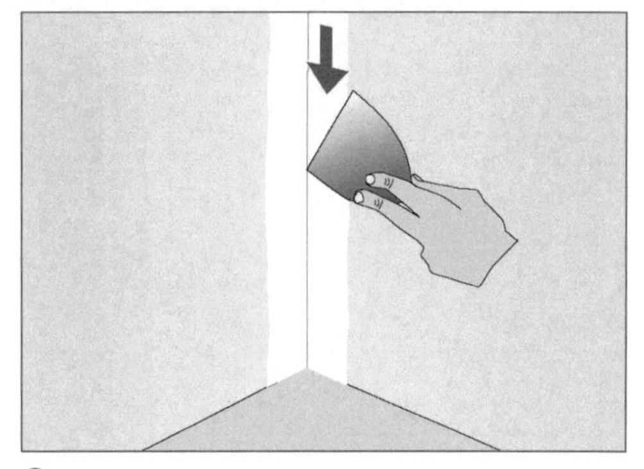

❻ Pour le traitement des angles rentrants, appliquez une couche d'enduit de part et d'autre du raccord.

Figure 27 : La réalisation des joints entre plaques de plâtre...

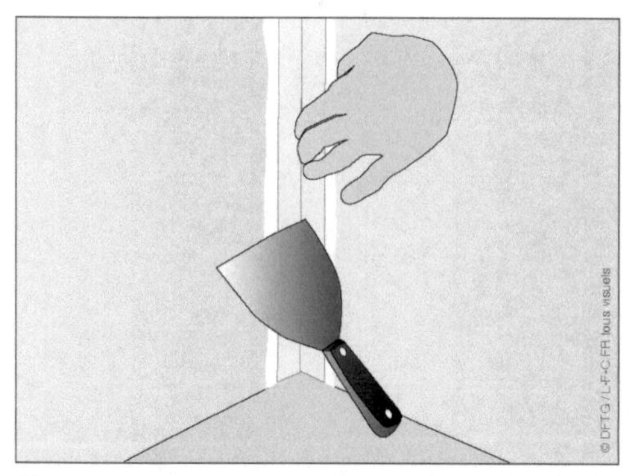

❼ Pliez la bande de joint en son milieu, puis appliquez-la dans l'angle en la serrant avec la lame du couteau. Procédez de la même façon pour l'autre côté.

❽ Appliquez l'enduit de finition au platoir, de bas en haut et sur un seul côté de l'angle dans un premier temps.

❾ Après séchage de l'enduit du premier côté de la bande, procédez de la même façon pour enduire l'autre côté.

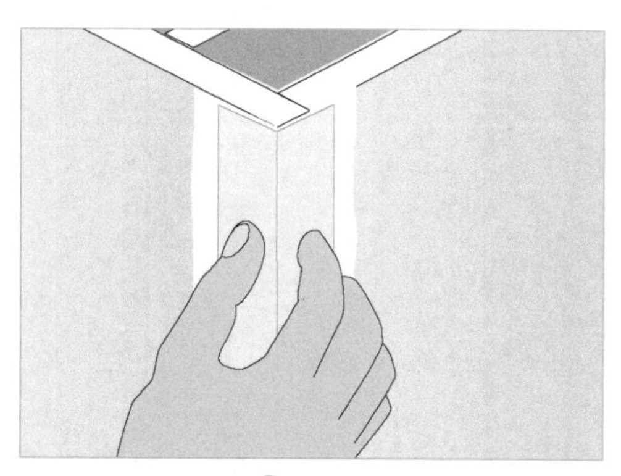

Pour un angle saillant : ① Après enduisage, pliez, puis collez la bande armée (lame d'acier côté enduit).

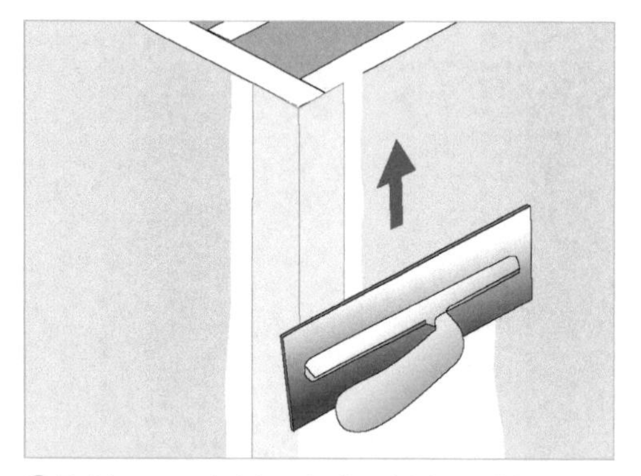

② Enduisez un seul côté au platoir, puis laissez sécher.

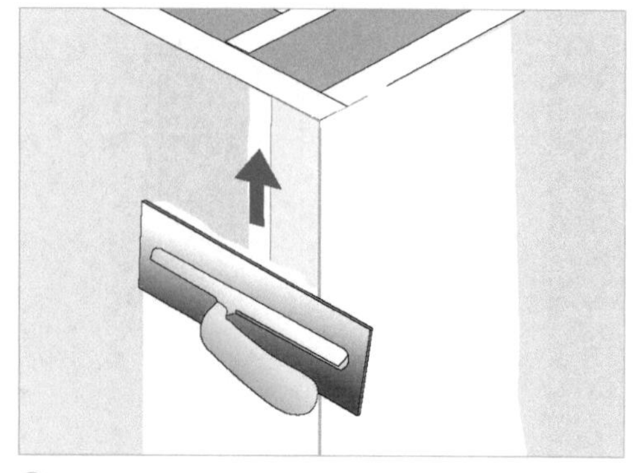

③ après séchage, répétez l'opération sur le second côté de la bande, puis appliquez une couche de finition plus large.

... *Figure 27* : La réalisation des joints entre plaques de plâtre ⇠

ment vers le bas. Avec un angle droit, elle ôterait trop d'enduit, en risquant d'abîmer la bande de joint. Trop inclinée, elle laisserait trop d'enduit. Cette première passe est donc réalisée en creux par rapport à la surface des plaques, ce qui est normal. La bande doit simplement être recouverte d'une fine pellicule d'enduit. En attendant que l'enduit sèche totalement, passez à un autre joint.
Après plusieurs heures de séchage ou idéalement le lendemain, vous pouvez effectuer une nouvelle passe.

Il s'agit de réaliser la couche de remplissage. Pour cela, utilisez cette fois un couteau dont la lame est plus large que la zone amincie, afin de pouvoir prendre appui sur la surface des plaques. Vous pouvez également opter pour un platoir. Appliquez une noix généreuse d'enduit, de bas en haut, en veillant à combler tout le creux créé par les bords amincis, au ras de la surface des parements. Attendez le séchage complet, égrainez, puis appliquez une fine couche d'enduit de finition en débordant sur une largeur de 2 à 5 cm au-delà de la zone amincie. En effet, la précédente passe d'enduit peut présenter un léger retrait au séchage. La couche de finition permet de rattraper cet éventuel manque.

Pour réaliser les joints dans les angles rentrants, appliquez de l'enduit au couteau de part et d'autre de l'angle. Pliez la bande de papier en son milieu, en suivant le trait de pliage. Appliquez la bande dans l'angle. Avec le couteau, ratissez un côté de la bande, puis l'autre. Effectuez une petite passe légère avec l'enduit récupéré en surplus, afin d'humidifier le papier et d'éviter son peluchage. Au moyen du platoir, appliquez une couche de recouvrement sur un premier côté de l'angle. Laissez sécher cette première passe, puis recommencez la même opération sur l'autre côté de l'angle. Procédez toujours de la même manière en effectuant des passes peu chargées en enduit, vous pourrez ajouter des passes si la quantité d'enduit est insuffisante. Encore une fois, ne cherchez pas à réaliser l'angle en une seule opération.

Pour les angles saillants, procédez de la même manière, mais en utilisant une bande de papier renforcée. Appliquez une couche d'enduit de chaque côté de l'angle, pliez la bande et appliquez-la sur l'enduit frais. Serrez la bande d'un côté, puis de l'autre. Recouvrez d'enduit l'un des côtés, laissez sécher, puis appliquez l'enduit de l'autre côté de l'angle. Après séchage complet, appliquez une couche de finition de part et d'autre de l'angle en dépassant plus largement.

Pour renforcer un angle saillant avec une cornière plastique ou métallique, appliquez de l'enduit adapté de chaque côté de l'angle. Plaquez la cornière dans l'enduit frais, de façon à obtenir un angle parfaitement vertical, en vous aidant au besoin d'une règle. Appliquez une couche d'enduit de chaque côté pour recouvrir le profilé, puis laissez sécher. Grattez les bavures, puis passez une ou plusieurs couches d'enduit de remplissage, puis de finition de part et d'autre de l'angle, en laissant sécher entre chaque passe.
Dans tous les cas, passez une ou plusieurs couches d'enduit sur les têtes de vis et sur les petites rayures ou défauts.
Attendez que les joints soient complètement secs avant d'appliquer les finitions, soit au

minimum 48 heures (avec des conditions normales de ventilation et d'hygrométrie). Pour une finition en papier peint, appliquez au préalable une couche d'impression ou une couche diluée de peinture glycérophtalique. Si les plaques sont vendues avec une finition, cette étape n'est pas nécessaire.
Pour la mise en peinture, la qualité dépend, selon le DTU 59-1, du niveau recherché : finition C (élémentaire), finition B (courante) ou finition A (soignée). Dans tous les cas, l'application d'une couche d'impression est nécessaire. Ensuite, appliquez la peinture de finition en deux couches ou, si nécessaire, passez une ou plusieurs couches d'enduit de finition. Cela est impératif pour obtenir un support parfait, notamment si la peinture est brillante.

Si vous souhaitez poser un carrelage, employez une colle adaptée. Pour les joints avec les sanitaires, choisissez un mastic élastomère. L'écart à respecter avec les sanitaires lors de la pose est d'au moins 5 mm. Pour les parois très exposées (douche à jets, hammam...), une sous-couche d'étanchéité sous carrelage est recommandée, en plus de la protection des plaques hydrofuges. Sur les complexes, vous pouvez poser les plinthes en clouant les pointes en biais. Dans les autres cas, la pose par collage est parfaitement adaptée.

En ce qui concerne les fixations d'objets sur les parois en plaques de plâtre, les charges légères, jusqu'à 5 kg, peuvent être réalisées avec des crochets X. Vous pouvez aussi utiliser des vis et des chevilles adaptées (figure 28).

En utilisant des chevilles à expansion ou à bascule, et en respectant un écart minimum de 40 cm entre chaque point, vous pouvez fixer des charges jusqu'à 30 kg. Vous pouvez aussi effectuer un vissage directement dans les fourrures.
Pour des fixations lourdes, si le doublage est déjà posé, optez pour des ensembles vis

Les fixations dans les plaques de plâtre

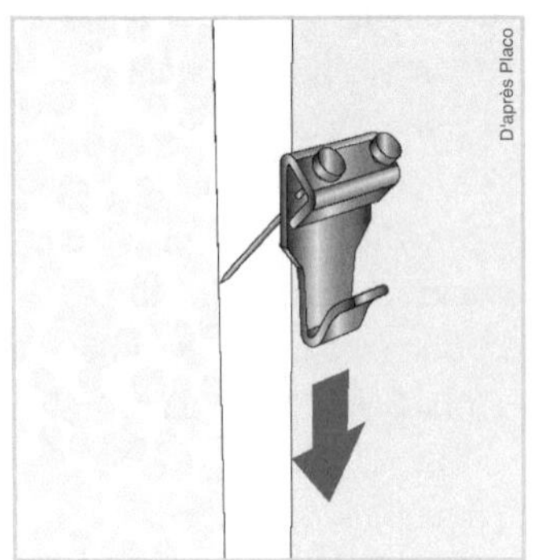

Fixation légère (< 5 kg) : utilisez des fixations de type crochet X.

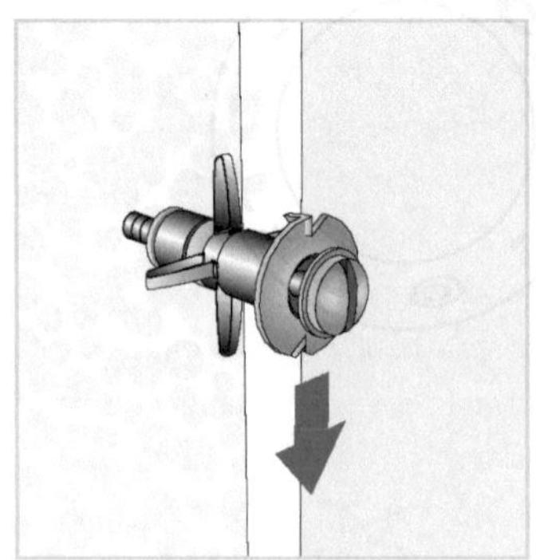
Fixation moyenne (< 30 kg) : utilisez des chevilles métalliques à expansion, avec un entraxe minimal de 60 cm.

Fixation lourde (> 30 kg) : utilisez des ensembles chevilles et vis spéciales se fixant directement dans la maçonnerie.

Figure 28 : Les fixations dans les plaques de plâtre

et chevilles spéciales de grande longueur qui permettent d'atteindre directement la maçonnerie porteuse.

Le doublage avec contre-cloison maçonnée

L'isolation derrière une contre-cloison maçonnée consiste à fixer un isolant sur le mur en contact avec l'extérieur, puis de monter une contre-cloison d'au moins 5 cm d'épaisseur, du sol au plafond. Vous pouvez utiliser divers types d'isolants fibreux (laine de verre, laine de roche ou végétale), en panneaux semi-rigides ou plastique alvéolaire. Les isolants fibreux doivent être accompagnés d'un pare-vapeur. Veillez à en assurer la continuité lors de la mise en œuvre des panneaux isolants.
L'isolant ne doit en aucun cas se tasser, car, une fois la contre-cloison montée, il ne sera plus accessible. Les performances thermiques risqueront alors d'être dégradées. Selon les conditions de mise en œuvre et les fabricants, plusieurs systèmes de fixation sont possibles.

Si les panneaux d'isolant correspondent à la hauteur d'étage, préférez une fixation mécanique ou composée d'éléments de petite taille, par exemple des panneaux de laine de roche de 135 × 60 cm. Dans ce cas, la pose collée ou la fixation mécanique sont possibles. Utilisez un mortier-colle, comme pour les complexes isolants. Néanmoins, la paroi doit dans ce cas être homogène, saine et propre. Étalez 3 ou 4 bandes de colle au dos du panneau pour déposer deux plots de mortier sur chacune. Plaquez et serrez les panneaux verticaux contre le mur, en commençant par la rangée inférieure. Ils doivent être parfaitement jointifs et le pare-vapeur situé du côté chauffé. Vous découperez les panneaux de la rangée supérieure pour les ajuster à la hauteur sous plafond, puis les coller, à joints décalés par rapport à la première rangée. Cette méthode convient pour les panneaux rigides en plastique alvéolaire embrevés.

Ils peuvent également être fixés mécaniquement avec des systèmes traversants, comme les chevilles étoilées. Il faut néanmoins que le diamètre de leur tête soit supérieur ou égal à 90 mm. Placez-les au centre de la moitié supérieure et au centre de la moitié inférieure du panneau, à raison de deux chevilles par panneau. Le mode de pose est similaire à la pose collée (décalage des joints d'une rangée sur l'autre, continuité du pare-vapeur, etc.). Il ne faut pas trop enfoncer les chevilles pour ne pas comprimer l'isolant.

L'emploi de panneaux de hauteur d'étage est plus simple et plus rapide à mettre en œuvre. Il suffit de clouer des pattes de fixation métalliques dans le mur avec des clous à béton dans les joints des petits éléments de maçonnerie. Vous pouvez aussi utiliser des chevilles et des vis adaptées. Pliez les pattes à angle droit, embrochez-y les panneaux d'isolant, puis repliez les extrémités sur l'isolant (figure 29).

Certains fabricants proposent des systèmes légèrement différents utilisant une rosace ou autre système pour bloquer l'isolant. Avant de vous lancer, procurez-vous les fixations adaptées à l'épaisseur de l'isolant choisi.

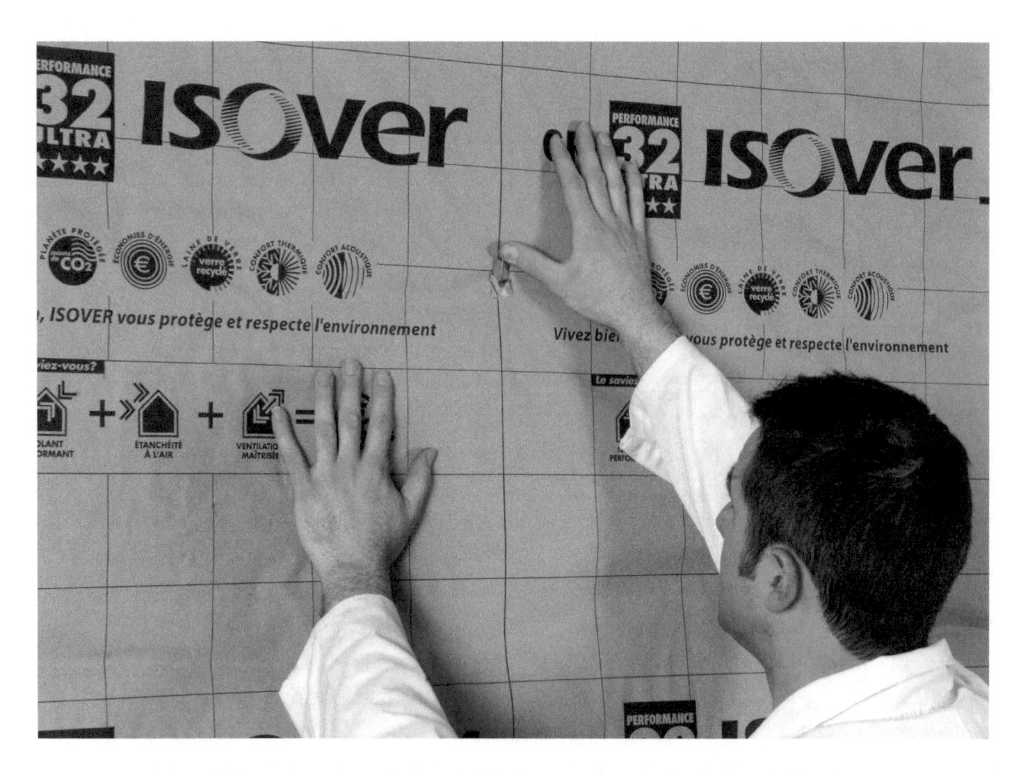

→ *Figure 29* : Le maintien de l'isolant au moyen de pattes de fixation

Commencez par l'installation des pattes de fixation (figure 30). La première patte doit être située à 0,60 m d'un angle ou d'une huisserie, puis au pas de 1,20 m, sur toute la longueur du mur. Réalisez ensuite des lignes de pattes, en respectant le même écartement, à une distance de 0,60 à 0,80 m de la première ligne. Si le mur est en parpaing, et d'une hauteur sous plafond de 2,50 m, posez la première ligne de pattes dans le joint de la troisième rangée, en partant du bas.

Posez une ligne de pattes dans le joint de la troisième rangée en partant du haut, puis une troisième ligne au milieu du mur. Si le mur a une hauteur de 2,70 m, par exemple, prévoyez deux fixations en partie haute et deux fixations en partie basse, par lé d'isolant.

Découpez les panneaux d'isolant semi-rigide à la hauteur d'étage, majorée de 10 à 15 mm. Embrochez-les sur les pattes de fixation. Pliez l'extrémité des pattes ou posez les rosaces, selon les systèmes, pour maintenir l'isolant en place. Ne le comprimez pas trop même s'il doit être parfaitement plaqué au mur. Les panneaux doivent être jointifs, sans espaces au sol ou au plafond. Même si le papier kraft de l'isolant n'est pas un très bon pare-vapeur, il peut être utilisé pour créer un frein aux passages d'air et de vapeur d'eau. Situé du côté chauffé le pare-vapeur doit être continu : utilisez du ruban adhésif pare-vapeur entre les lés. Collez-en également sur les extrémités des pattes métalliques. Aux jonctions avec les maçonneries, découpez des bandes de film PE ou PP, collez-les avec

Isolation par l'intérieur avec contre-cloison

Types de fixation

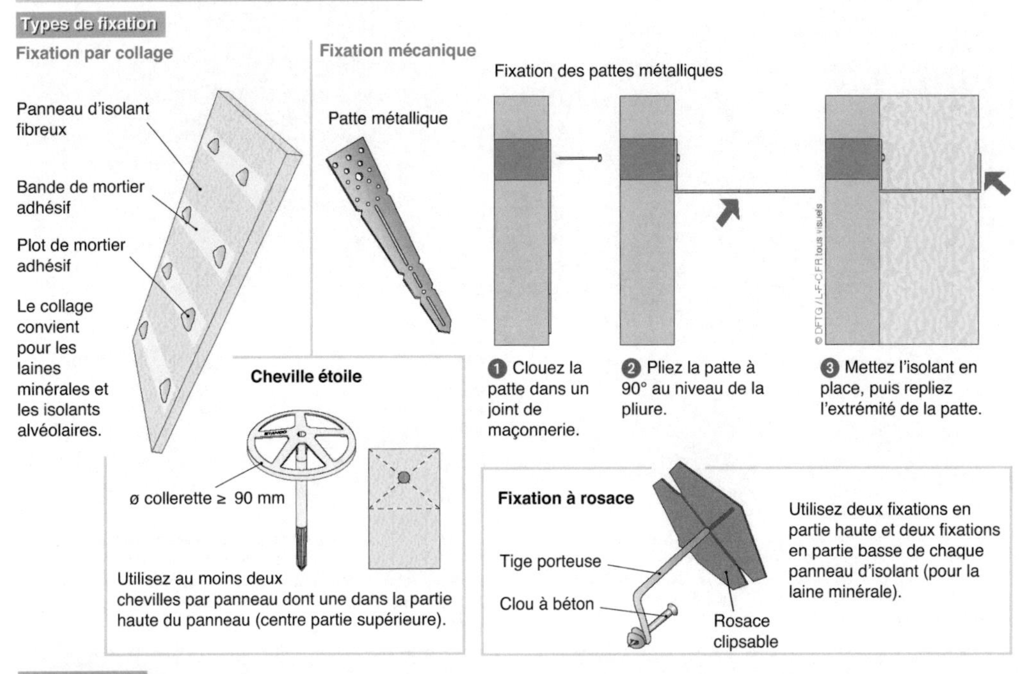

Mise en œuvre

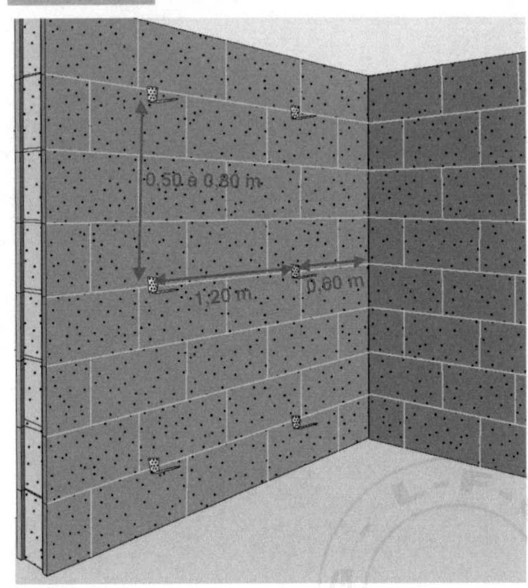

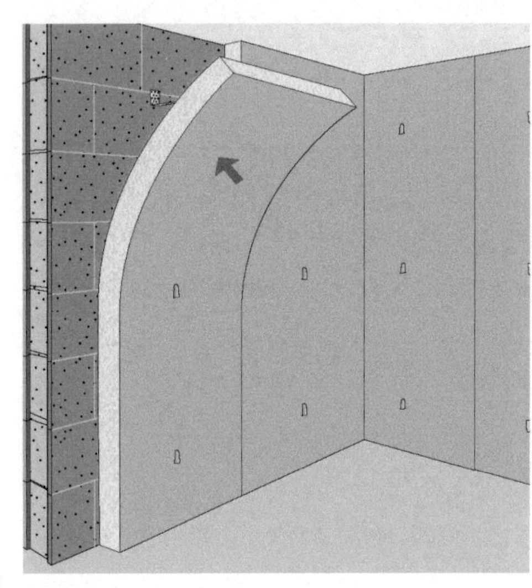

1 Clouez les pattes de fixation dans les joints de la maçonnerie avec des clous appropriés. Démarrez la pose des pattes à 0,60 m d'un angle de la pièce. Posez les fixations tous les 0,60 à 0,80 m. Procédez à la pose d'une seconde rangée espacée de 1,20 m de la première.

2 Les lés d'isolant de 1,20 m de large sont coupés de la hauteur d'étage majorée de 1 cm pour un bon maintien et pour supprimer les courants d'air parasites. Enfichez les panneaux dans les pattes, puis repliez leur extrémité sur l'isolant sans trop le comprimer. Les lés d'isolant doivent être posés parfaitement jointifs.

Figure 30 : L'isolation par l'intérieur avec contre-cloison...

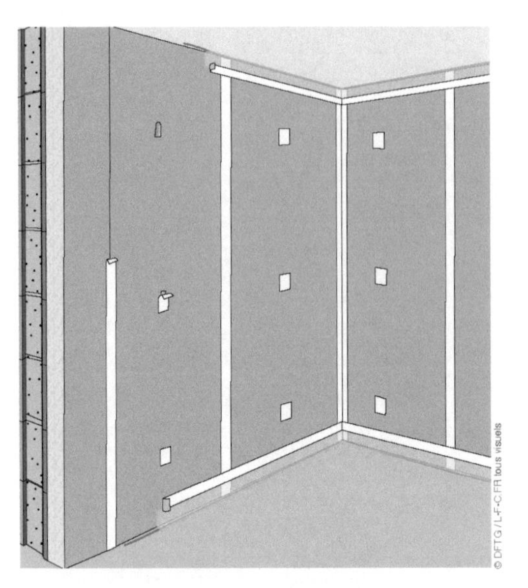

3 Pour assurer la continuité du pare-vapeur, appliquez du ruban adhésif pare-vapeur à la jointure entre les lés et sur l'extrémité des pattes de fixation. En partie haute et basse placez des bandes de PE collées à l'adhésif et au mastic d'étanchéité.

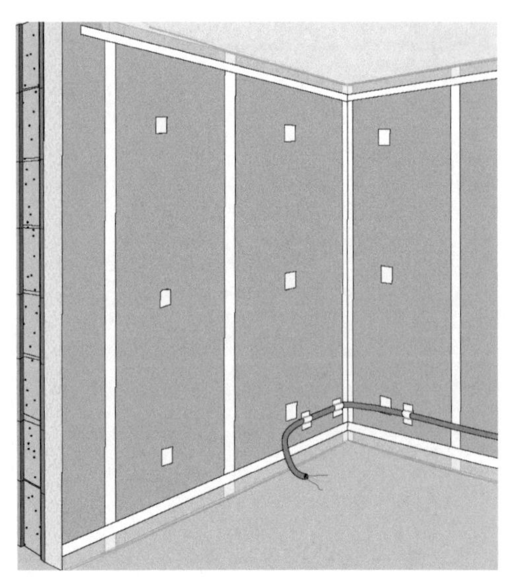

4 À cette étape, vous pouvez installer les gaines électriques de la pièce. Elles peuvent être maintenues avec de l'adhésif. Il est également possible de passer les lignes en engravant la contre-cloison, mais sa faible épaisseur n'autorise pas de longs parcours.

5 Procédez au montage de la contre-cloison. Vous pouvez utiliser des briques plâtrières, des carreaux de plâtre ou de béton cellulaire ou des parpaings de 5 cm d'épaisseur. La paroi en brique doit reposer sur une bande résiliente pour diminuer la transmission des bruits.

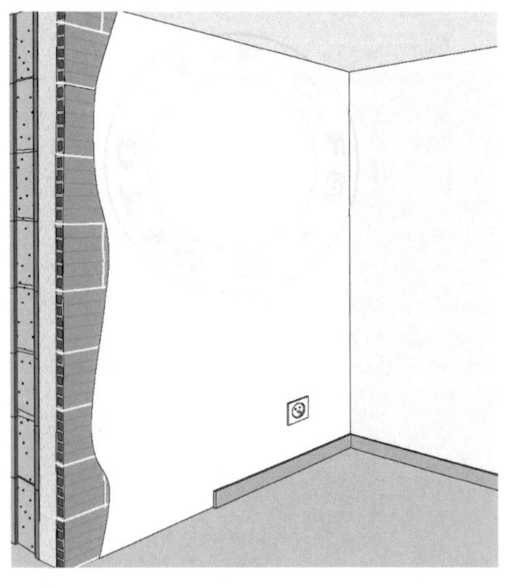

6 Dans le cas d'une cloison en carreaux de plâtre ou de béton cellulaire, la bande résiliente s'installe en partie haute. Procédez ensuite aux finitions (enduit de plâtre sur briques), pose des plinthes, du matériel électrique, des enduits de lissage…

… *Figure 30* : L'isolation par l'intérieur avec contre-cloison

l'adhésif du côté kraft et avec un joint de mastic d'étanchéité sur la maçonnerie. Vous pouvez également utiliser un isolant revêtu de kraft aluminium ou un isolant en plastique alvéolaire qui seront meilleurs pour l'étanchéité à l'air et à la vapeur d'eau. Même si ces dispositions d'étanchéité ne sont pas obligatoires, elles permettent de créer une lame d'air inerte entre la contre-cloison et l'isolant, ce qui améliore encore les performances thermiques.

À cette étape, vous pouvez passer les canalisations des réseaux domestiques. Distribuez les gaines électriques sur l'isolant en les maintenant avec du ruban adhésif, le temps de monter la contre-cloison. Il est difficile de les intégrer dans les contre-cloisons elles-mêmes, du fait de leur épaisseur réduite, sauf si vous employez des éléments de 7 cm d'épaisseur minimum, mais dans ce cas, au détriment du volume habitable.
Veillez à ne pas comprimer l'isolant avec la contre-cloison, respectez un espace de 10 mm. La contre-cloison peut être en briques plâtrières. Pour atténuer les vibrations et les transmissions de bruit, montez-la sur une bande résiliente. Posez les éléments à joints croisés, dans les règles de l'art (NF DTU 20-1 « Ouvrages en maçonnerie de petits éléments – Parois et murs »). Vérifiez la planéité et la verticalité à l'avancement.
Lorsque la contre-cloison est terminée, appliquez un enduit traditionnel au plâtre.

Il est aussi possible de réaliser une contre-cloison en carreaux de plâtre. Dans ce cas, désolidarisez-la du plafond au moyen d'une bande résiliente afin d'éviter la transmission des bruits.

2 Les faux-plafonds

Un plafond rapporté (ou faux-plafond, ou plafond suspendu) est une solution simple et esthétique pour isoler thermiquement et phoniquement un plafond ou la sous-face d'un plancher. En rénovation, c'est aussi un excellent moyen pour dissimuler les canalisations des réseaux domestiques. Dans le cas de constructions neuves avec toitures en fermettes, il remplace le plancher haut et permet la réalisation de l'isolation thermique. Il offre l'étanchéité à l'air, mais pas à la vapeur d'eau. Un pare-vapeur est alors nécessaire. La mise en œuvre doit être conforme au DTU 25.41 – Norme française « NF P 72-203-1 Travaux du bâtiment – Ouvrages en plaques de parement en plâtre – Plaques à faces cartonnées ».

Les éléments d'un faux-plafond

Un faux-plafond est constitué de plaques de plâtre vissées sur des profilés métalliques (les fourrures) qui sont solidarisées au plafond existant (plancher supérieur) à l'aide de suspentes (figure 31).

Choisissez des éléments d'ossature d'un même fabricant pour être sûr de leur parfaite compatibilité et obtenir un ensemble solide.
Pour un faux-plafond classique, l'entraxe entre les fourrures ne doit pas dépasser 0,60 m et l'entraxe ente les suspentes 1,20 m. L'entraxe entre les fourrures doit être adapté à la dimension des plaques de plâtre utilisées. En effet, une jonction entre deux plaques doit obligatoirement s'effectuer sur une fourrure. Si ce n'est pas le cas, une fissure apparaîtra irrémédiablement.
En revanche, si le faux-plafond doit supporter un isolant thermique, l'entraxe entre les fourrures doit être réduit afin de renforcer l'ossature. Les espacements classiques sont compatibles avec un isolant ne dépassant pas 3 kg/m^2. Pour un isolant de poids compris entre 3 et 6 kg/m^2 (laine de roche soufflée, par exemple), l'entraxe des fourrures ne doit pas dépasser 0,50 m et 0,40 m si le poids est supérieur.
Il en va de même avec l'emploi de plaques de plâtre hydrofuges dans des ambiances humides ou de plaques de plâtre plus épaisses (BA 18, par exemple) où l'entraxe est alors limité à 0,50 m également.
En cas de plafond constitué d'un plancher léger (plancher bois) et dans le cadre d'une

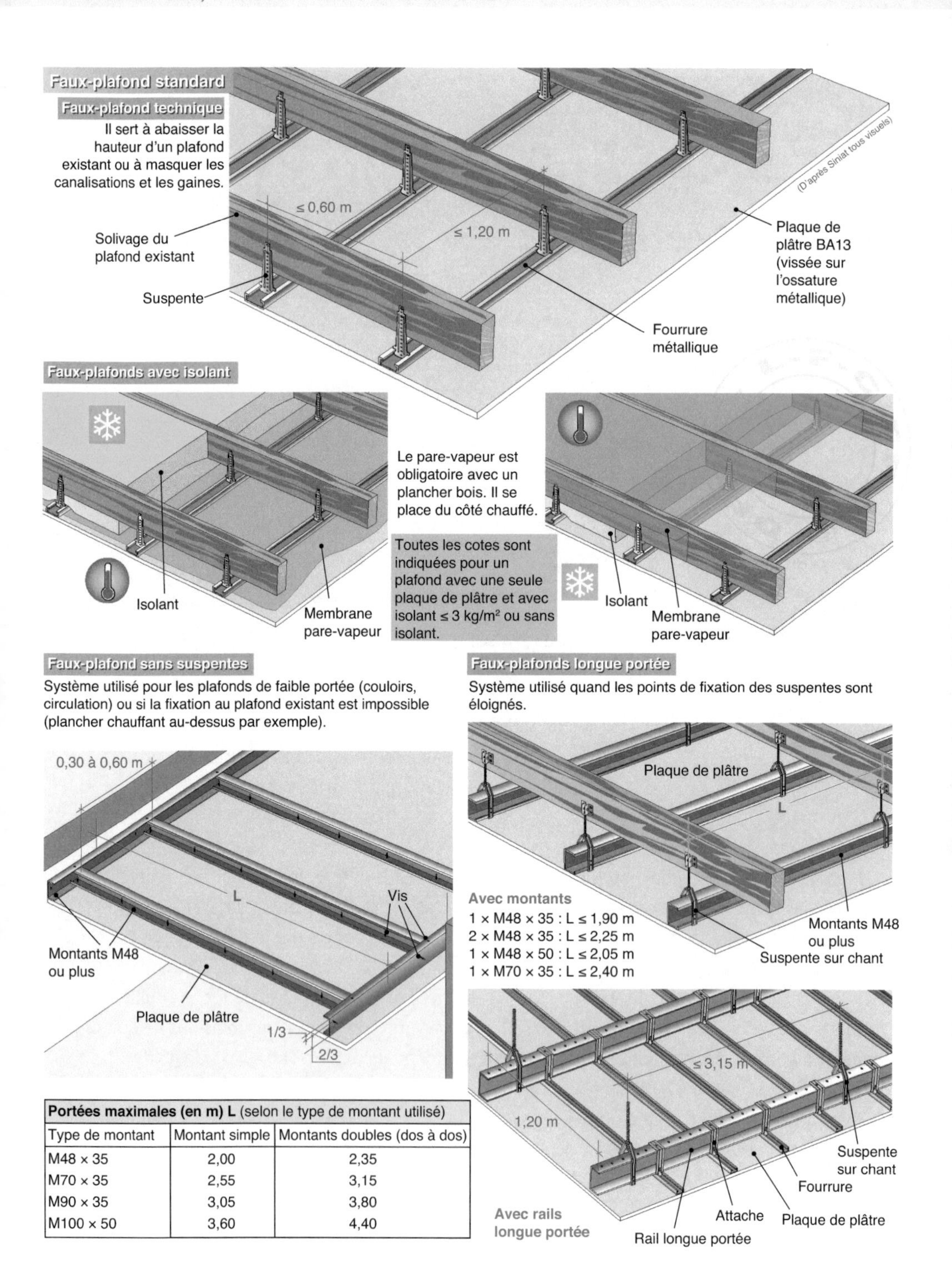

Portées maximales (en m) L (selon le type de montant utilisé)		
Type de montant	Montant simple	Montants doubles (dos à dos)
M48 × 35	2,00	2,35
M70 × 35	2,55	3,15
M90 × 35	3,05	3,80
M100 × 50	3,60	4,40

Figure 31 : Les systèmes de plafonds suspendus

isolation thermique, il est obligatoire de poser une membrane pare-vapeur du côté chauffé.
Un faux-plafond classique convient dans la plupart des cas. Mais parfois, il peut être difficile de respecter un entraxe maximal de 1,20 m entre les suspentes. Plusieurs solutions existent en employant des profilés plus résistants et des suspentes adaptées. Par exemple avec des montants M48 (comme ceux utilisés pour les cloisons), l'entraxe entre les suspentes peut être de 1,90 m maximum, voire 2,25 m si l'on associe deux montants dos à dos vissés l'un à l'autre.
Avec des rails longue portée, l'entraxe entre les suspentes peut être augmenté jusqu'à 3,15 m maximum, pour un entraxe entre rails de 1,20 m maximum.

Dans des cas particuliers, il est possible de poser une ossature sans suspentes. Il peut s'agir de surfaces étroites comme des couloirs ou des circulations ou un plancher haut équipé d'un chauffage au sol, par exemple.

L'ossature est constituée de rails vissés sur les murs (au 2/3 de leur hauteur) entre lesquels prennent place des montants M48, par exemple, espacés de 0,30 à 0,60 m maximum. Avec de simples montants, la portée peut atteindre 2 m, voire 2,35 m en associant des montants dos à dos.
Pour des portées plus importantes, il est nécessaire d'utiliser des montants de taille plus importante. Par exemple avec des montants M100, la portée peut aller jusqu'à 3,60 m, ou 4,40 m avec des montants doublés.

Les plaques de plâtre les plus courantes pour les plafonds rapportés standards sont les BA 13, de 12,5 m d'épaisseur. Elles peuvent aussi être acoustiques ou hydrofuges.
Les dimensions des plaques sont standardisées : 1,20 m de largeur, pour des longueurs comprises entre 2,40 et 3 m. Les plus courantes ayant une dimension de 1,20 × 2,50 m. Les plaques classiques sont pourvues de deux bords amincis (BA). Si elles conviennent parfaitement pour les ouvrages verticaux (cloisons, doublages), leur usage est plus délicat au plafond. Préférez dans ce cas des plaques à quatre bords amincis. Cela simplifie la réalisation de l'ossature, le jointoiement et l'enduit par la suite.

L'ossature métallique d'un faux-plafond se compose de plusieurs éléments : les fourrures, les profilés de rive et les suspentes.
Les profilés de rive se posent en ceinturage de toute la pièce. Il en existe de deux types : les cornières (en forme de L) et les coulisses de rive (en forme de U). Elles sont fixées avec des vis et des chevilles adaptées à la paroi tous les 0,60 m au maximum.
Sur les côtés de la pièce, le profilé de rive permet de fixer la plaque de plâtre entre le mur et la dernière fourrure. Aux extrémités, il permet de faire reposer l'extrémité des fourrures.
Les fourrures de l'ossature métallique sont en tôle d'acier galvanisé (figure 32). Les plus courantes ont une section de 45 × 18 mm pour une longueur de 3 m. Elles sont similaires aux montants utilisés pour l'isolation murale sur ossature métallique. La portée maximale sans support, avec plaque de plâtre, est de 1,20 m. Pour des portées plus longues, comme nous l'avons vu précédemment, vous pouvez utiliser d'autres profilés comme des montants M48.
Pour la découpe des fourrures ou pour un résultat plus rapide et plus soigné, procurez-

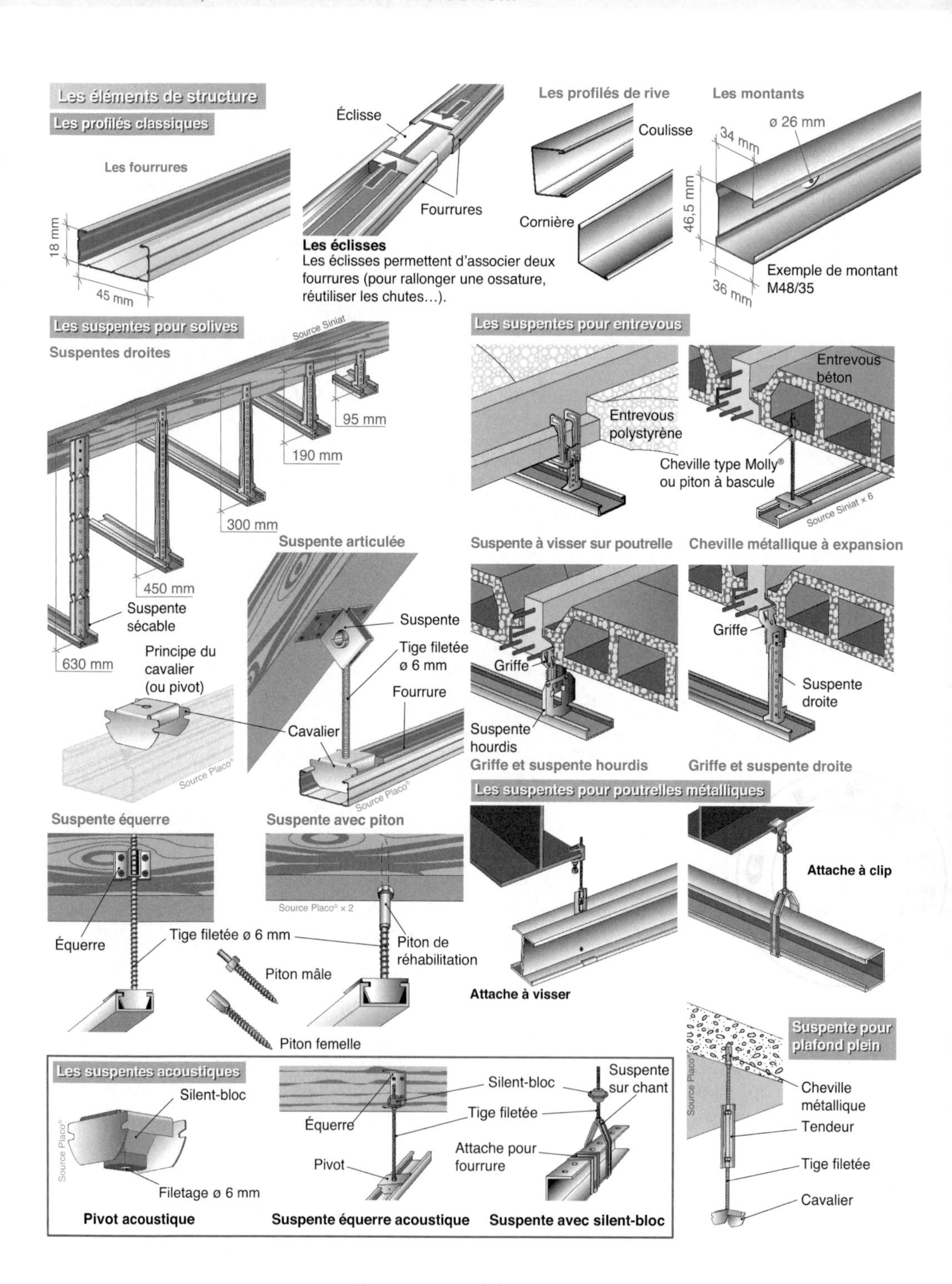

Figure 32 : Les éléments de structure

vous une cisaille grignoteuse. Pour réutiliser les chutes de fourrures, prévoyez des éclisses, conçues pour abouter les fourrures. Elles doivent être décalées d'une rangée à l'autre de fourrures.
Il existe une grande variété de suspentes en fonction du type de support et de la hauteur du plénum désirée (espace entre le plancher haut et le plafond rapporté).

Les suspentes sont destinées à solidariser les fourrures à la structure. Elles sont généralement en acier galvanisé et doivent pouvoir supporter le poids du plafond, majoré d'un coefficient de sécurité. Les suspentes doivent également rendre impossible le soulèvement du plafond en cas de courant d'air. Elles viennent s'emboîter dans la fourrure.

Pour la fixation sur solives, les modèles les plus simples sont les suspentes plates monoblocs. Leur extrémité permet l'emboîtement des fourrures.
Elles existent en plusieurs longueurs : des plus courtes pour une hauteur de 95 mm aux plus longues pouvant atteindre 450 mm (selon les fabricants). Il existe également des modèles sécables qui permettent de disposer de plusieurs hauteurs avec une même suspente. Le seul inconvénient de ces suspentes est qu'elles ne sont pas réglables. Leur pose doit donc être très soignée afin qu'elles soient toutes posées à la même hauteur. La patte de chaque suspente est vissée dans le côté de la solive au moyen de deux vis TTPC 35.
D'autres modèles sont constitués de plusieurs éléments et permettent de répondre à des cas spécifiques. Elles sont constituées d'un support fileté, de tige filetée de 6 mm et d'un cavalier (ou pivot) dont la partie supérieure est filetée également, la partie inférieure permettant l'emboîtement dans la fourrure. L'avantage d'avoir recours à une tige filetée est que l'on peut réaliser un plafond rapporté à la hauteur souhaitée et régler précisément chaque suspente individuellement. Néanmoins, les tiges filetées sont commercialisées en longueur de 1 m et il est nécessaire de les recouper aux cotes nécessaires (scie à métaux ou disqueuse).

Les modèles les plus classiques sont les suspentes équerre, qui se fixent, comme les modèles plats sur le côté des solives grâce à une équerre munie d'une chemise filetée. Elles accueillent une tige filetée sur laquelle se visse le cavalier.
Attention, la tige filetée doit occuper toute la longueur du filetage du cavalier et de la chemise. Une variante, articulée, laisse la tige filetée tourner dans le support, ce qui peut s'avérer fort utile et pratique pour les structures particulières, comme les charpentes inclinées, par exemple. Fixez le support avec quatre vis TTPC 35 ou deux tirefonds de 6 × 30 mm.

Un autre système de suspente est le piton de réhabilitation. Il est constitué d'un piton mâle ou femelle (pour visser la tige filetée) et d'un pivot. Le piton se visse par le dessous d'une solive à l'aide d'une empreinte d'écrou. Il peut être utile dans des cas particuliers, comme un plafond en bacula où les solives ne sont pas apparentes.

Pour les charpentes métalliques, il existe des suspentes spécifiques composées d'une attache spéciale qui s'emboîte à force (ou se visse) sur les ailes des poutrelles métalliques (IPN) d'une épaisseur inférieure ou égale à 8 mm. Elles comprennent une tige filetée et un cavalier. Elles sont le plus souvent utilisées pour des plafonds à longue portée avec des profilés et suspentes spécifiques (suspente sur chant).

Pour les planchers à hourdis en béton ou en terre cuite, utilisez des suspentes adaptées. Elles sont munies d'une griffe qu'il suffit d'enfoncer au marteau entre les hourdis et les poutrelles en béton. Selon la hauteur de plénum souhaitée et selon les modèles, vous pouvez emboîter la fourrure directement sur la griffe pour obtenir entre 40 et 60 mm de plénum, ou adapter une tige filetée ou utiliser une suspente plate pour des hauteurs supérieures. En rénovation, pour un plafond avec hourdis et enduit de plâtre, vous pouvez fixer les suspentes dans la partie creuse des hourdis. Rappelons que les poutrelles ne doivent jamais être percées. Utilisez un système de bascule adapté aux tiges filetées, c'est-à-dire de 6 mm de diamètre. Pour éviter que la tige ne remonte avec le système de bascule, prévoyez une rondelle et un écrou de serrage. Équipez le bas de la tige filetée d'un cavalier d'attache pour fourrure. Le système à bascule s'installe rapidement. Réalisez simplement un percement pour le passage de la bascule, déséquilibrez-la (axe excentré), puis introduisez l'ensemble dans le creux du hourdis. Le système de bascule se met en place automatiquement. Il vous reste alors simplement à serrer. Il est également possible d'avoir recours à des chevilles de type Molly.

Des systèmes d'attache existent également pour les planchers avec des entrevous en polystyrène. Le support vient se fixer sur les poutrelles en béton.

Pour des plafonds pleins en béton, par exemple, vous pouvez utiliser des chevilles métalliques (avec filetage de 6 mm), une tige filetée, un pivot et un tendeur pour permettre le réglage en hauteur (si nécessaire). Il est également possible d'utiliser des suspentes articulées.
Comme nous l'avons vu, le faux-plafond peut également être réalisé pour l'isolation thermique, mais il peut aussi servir à améliorer l'isolation acoustique.
Dans le cas d'un plancher léger, il faut diminuer la transmission des vibrations à travers le plafond rapporté. On a alors recours à des suspentes acoustiques.

Il existe des pivots, des suspentes équerre ou sur chant où le raccordement de la tige filetée s'effectue avec un silentbloc. Pour limiter les transmissions, il faut veiller à réaliser un joint entre les plaques de plâtre et les murs avec un mastic souple et utiliser un isolant spécifique améliorant l'acoustique.

Il existe d'autres systèmes d'ossature destinés spécifiquement à l'isolation thermique pour les combles ou les plafonds rapportés dans le cas de constructions neuves avec une charpente industrielle (figure 33). Ces systèmes se composent de fourrures, comme pour les plafonds rapportés traditionnels mais associées à des suspentes spécifiques en matériau isolant afin de ne pas créer de ponts thermiques. De plus, avec l'obligation d'installer une membrane pare-vapeur (cas des planchers légers et des combles), ces suspentes sont également prévues pour faciliter l'installation de la membrane, en assurant une bonne étanchéité. La plupart des fabricants d'isolants proposent des systèmes adaptés.

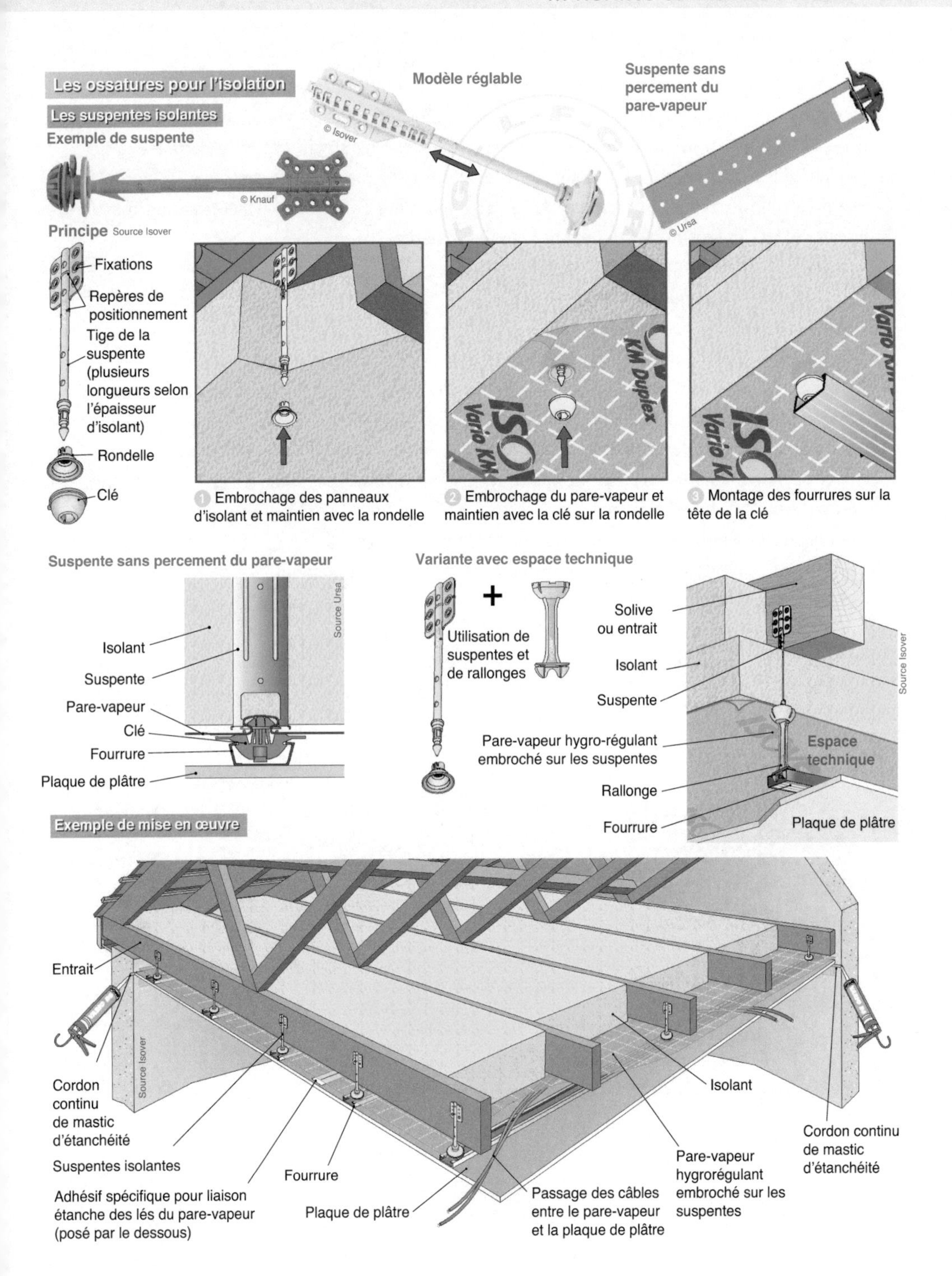

Figure 33 : Les ossatures pour l'isolation

Il existe des suspentes de différentes longueurs selon l'épaisseur de l'isolant à mettre en œuvre. Elles peuvent être réglables ou non. Elles disposent d'une tige sur laquelle vient s'embrocher l'isolant, d'une rondelle pour le bloquer et accueillir le film pare-vapeur et d'une clé venant solidariser l'ensemble et dont la rainure permet d'y emboîter une fourrure. Certains modèles permettent de fixer le pare-vapeur sans le percer, ce qui améliore encore l'étanchéité.

Avec ces systèmes, le pare-vapeur est installé juste au-dessus des fourrures. Il est possible de passer des canalisations électriques entre l'ossature et la membrane sans risque de la percer. Mais pour passer des conduits de taille plus importants, comme ceux d'une VMC, l'espace est insuffisant. Sur certains modèles de suspentes on peut ajouter une rallonge qui permet de créer un espace technique.

Le pare-vapeur doit être étanché pour bien jouer son rôle. Les lés doivent se chevaucher d'au moins 10 cm et être assemblés entre-eux avec un adhésif adapté. La liaison avec les murs doit être étanchée avec un mastic adapté.

L'outillage spécifique

Pour réaliser un faux-plafond, employez un outillage adéquat. Fixer les plaques avec un simple tournevis est une solution à proscrire : tenir une plaque en hauteur tout en vissant serait long et pénible. Utilisez une visseuse de plaquiste. Sa tête spéciale permet de maintenir la vis. Le réglage du couple évite le percement de la plaque en fin de vissage. Vous pouvez également utiliser une visseuse classique avec ou sans fil, mais il faut positionner chaque vis avant de l'en-

Les visseuses de plaquiste

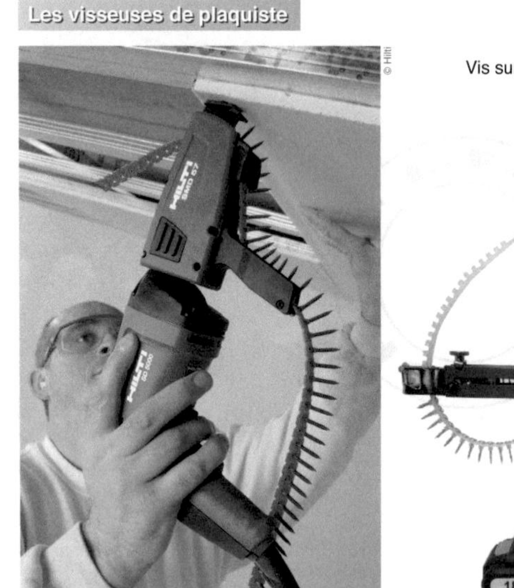

Visseuse filaire avec chargeur automatique

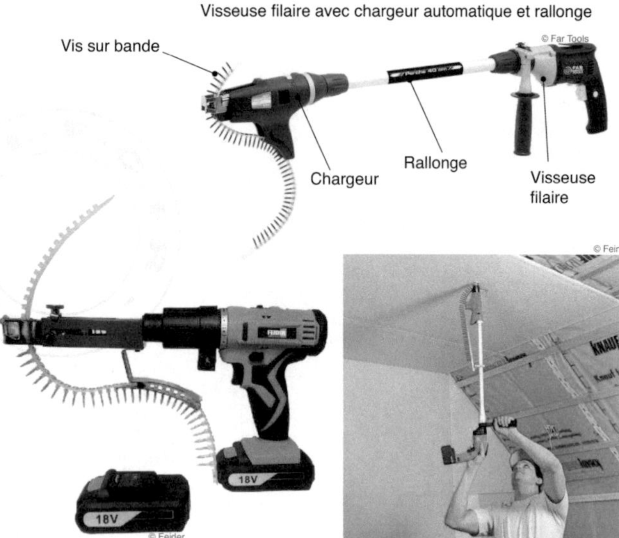

Visseuse sans fil avec chargeur automatique

Utilisation d'un système avec rallonge

Figure 34 : Les visseuses de plaquiste

foncer (utilisez un embout magnétique). Il se peut également que la vis dérape au moment de l'appui.

Pour les travaux de plus grande ampleur, il existe également des visseuses avec chargeur automatique (figure 34). Le chargeur se monte sur la visseuse (parfois avec un accessoire) et emploie des vis montées sur une bande en plastique. La tâche est donc grandement simplifiée et très rapide. Chaque appui et relâchement de la tête du chargeur fait monter la vis suivante. Il n'y a pas de risque de dérapage ou de vissage en biais.
Certains fabricants proposent également des rallonges pour des visseuses avec chargeur. Avec cet accessoire, vous pouvez visser les plaques directement depuis le sol sans avoir besoin d'un escabeau. Il faut bien entendu que la plaque soit maintenue en place pendant le vissage avec un lève plaque. Ces matériels sont destinés aux professionnels, donc assez chers, mais la location peut être une solution pour de petits chantiers. Pour un plafond à simple parement, utilisez des vis TTPC (c'est-à-dire des vis autoperceuses à tête trompette à pointe clou) de 25 ou 30 mm.

Pour maintenir les plaques au plafond avant le vissage, vous avez deux possibilités. La plus simple consiste à procéder à deux intervenants, chacun utilisant un escabeau.Mais cette tâche est longue et pénible car les plaques de plâtre sont assez lourdes. Si vous êtes seul, la solution la plus efficace, la plus rapide et la plus souple consiste à utiliser un lève-plaques (figure 35). Il permet d'élever les plaques ou les coupes de plaque et de les maintenir contre la structure le temps du vissage. Il peut être utilisé également pour des structures inclinées comme dans les combles. Acquérir un lève-plaques peut être retable si vous avez une grande surface à réaliser sur une période de temps longue (vous pourrez le revendre par la suite).

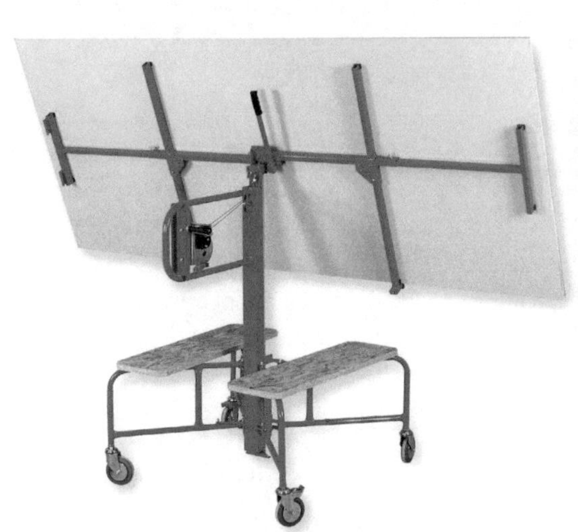

Figure 35 : Le lève-plaques

Les points singuliers

La liaison entre le mur et le plafond rapporté doit toujours s'effectuer sur un profilé. Comme nous l'avons vu précédemment, vous pouvez utiliser une cornière ou une coulisse de rive (figure 36). Le profilé doit être posé de niveau en ceinturage de la pièce. Il définit la partie basse de l'ossature. Le dessous des fourrures doit être de niveau avec ce profilé. Dans la partie ou les fourrures sont parallèles au profilé de rive, la distance entre la première fourrure et le mur ne doit pas dépasser l'entraxe maximal entre fourrures (0,60 m maximum ou moins).

Après fixation des plaques de plâtre, réalisez un joint d'étanchéité entre le bord des plaques et le mur avec un mastic acrylique afin d'assurer l'étanchéité du plafond. Le principe est similaire avec une cornière ou une coulisse de rive.

Dans la partie où les fourrures sont perpendiculaires au profilé de rive, elles doivent venir y reposer. La distance entre la dernière suspente et le profilé de rive ne doit pas dépasser l'entraxe des suspentes (1,20 m en général).

Il est nécessaire de solidariser l'extrémité des fourrures au profilé de rive pour qu'elles ne bougent pas en translation ou ne se soulèvent pas lors du vissage des plaques. Avec des cornières, vous devez visser l'extrémité de la fourrure dans la cornière avec une vis à métal autoperceuse (de type TRPF de 3,5 × 9,5 mm). Avec des coulisses, découpez la lèvre supérieure, puis repliez-la dans la fourrure. Dans tous les cas, veillez à laisser un espace d'au moins 5 mm entre l'extrémité de la fourrure et le fond du profilé pour laisser un espace de dilatation.

La réalisation des faux-plafonds en plaques de plâtre ne doit pas intervenir avant que la construction ne soit hors d'eau et hors d'air, c'est-à-dire à l'abri des intempéries et menuiseries posées. En cas de pointe d'humidité, ventilez le local. Un défaut de ventilation ou un excès d'humidité pourraient entraîner des déformations irréversibles. Réalisez les joints entre les plaques aussitôt après la pose du plafond. Dans les régions venteuses, la pression qui s'exerce sur les plafonds peut provoquer des grincements structurels. Pour pallier ce problème, supprimez le jeu entre les suspentes et les rails en le comblant avec de la mousse expansive.

L'isolation thermique des murs doit donc s'effectuer logiquement après la pose du faux-plafond. Si le plénum n'est pas entièrement isolé, vous devez isoler la partie du mur en contact avec l'extérieur avec un isolant présentant les mêmes performances d'isolation que l'isolant des murs.

Dans le cas d'un plafond isolé, si vous utilisez un film pare-vapeur, vous pouvez le fixer sous les fourrures avec du double face spécifique à cet usage ou le fixer sur des suspentes adaptées. Au niveau du mur, le film est collé avec un mastic d'étanchéité. Après la pose des plaques de plâtre, il est arasé ou raccordé avec le pare-vapeur de l'isolation du mur (ossature métallique et plaques de plâtre). La pose d'un doublage s'effectue après la pose du plafond. Le raccord entre le doublage et le plafond est alors masqué par une bande de joint pliée et de l'enduit.

Première ligne de fourrures

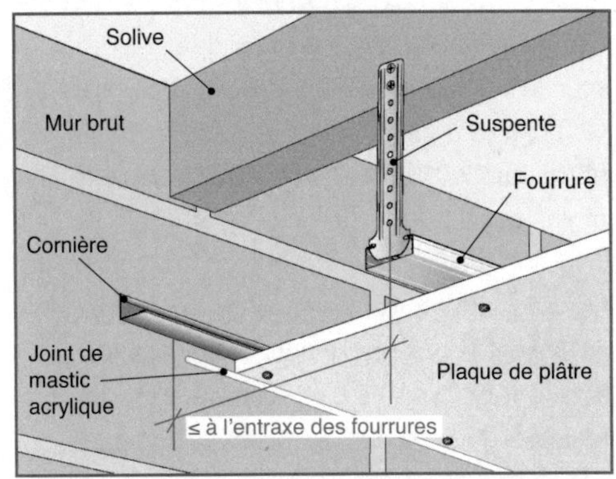

La première ligne de fourrures doit être placée à une distance inférieure ou égale à l'entraxe courant (0,50 m dans cet exemple). Utilisation d'une cornière au niveau du mur.

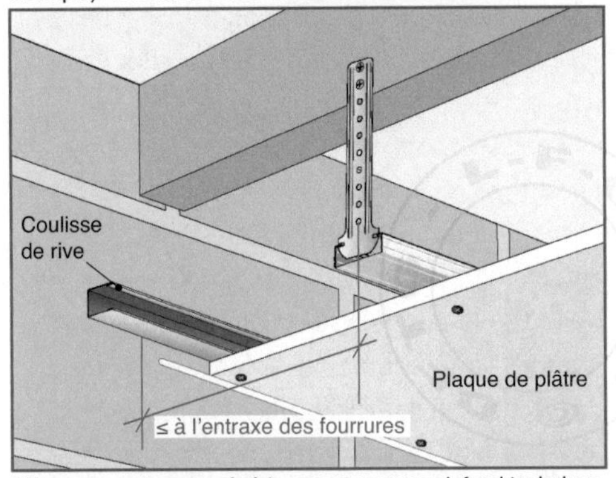

Même exemple que précédemment pour un plafond technique (sans isolation), mais utilisation d'une lisse de rive. Lisse ou cornière sont obligatoires en ceinturage de la pièce.

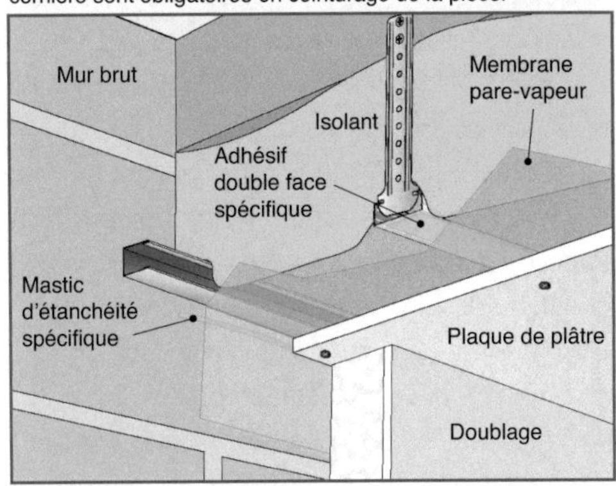

Exemple avec un faux-plafond isolant. Une membrane pare-vapeur est installée du côté chauffé sous l'ossature et collée aux murs et aux fourrures.

Extrémité des fourrures

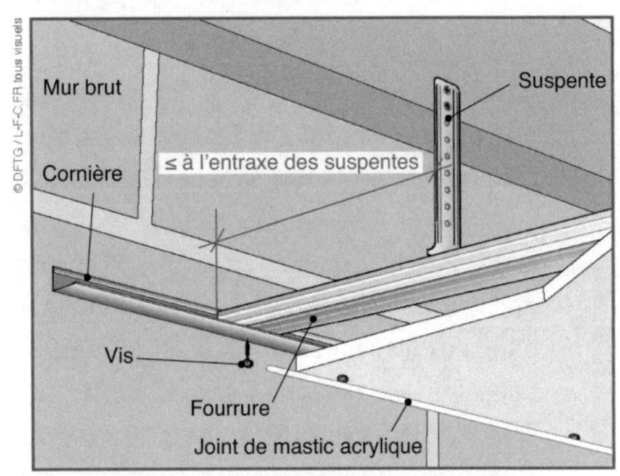

L'extrémité des fourrures est vissée sur une cornière. La dernière suspente doit être placée à une distance inférieure ou égale à l'entraxe des suspentes (1,20 m dans cet exemple).

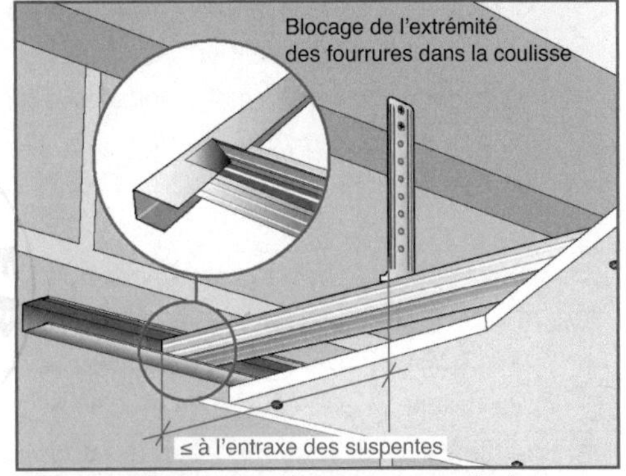

Avec une coulisse de rive, découpez une encoche dans sa partie supérieure et repliez-la dans la fourrure.

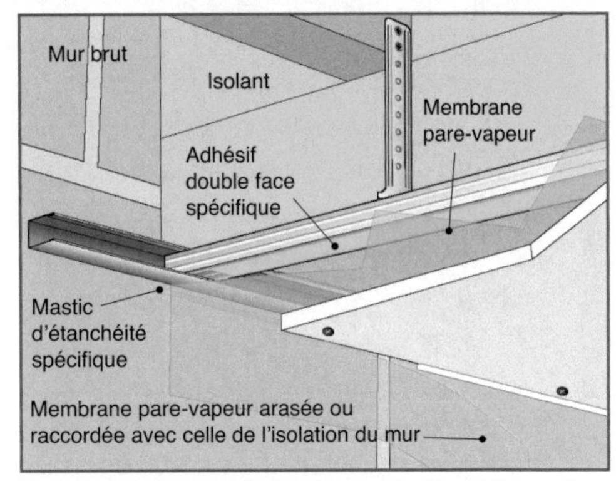

Traitement de l'extrémité de l'ossature identique à l'exemple ci-contre pour un plafond isolé avec pare-vapeur.

Figure 36 : La liaison avec les murs

Le calepinage

Vous devez ensuite réaliser un calepinage (calcul de la disposition des éléments) pour définir l'emplacement des lignes de fourrures en fonction du type de plaques que vous allez utiliser, de leur dimension, de la géométrie de la pièce et du mode de pose en limitant au mieux les chutes de plaques recoupées. Rappelons que l'entraxe entre fourrures ne doit pas dépasser 0,60 m et 1,20 m entre suspentes (plafond technique ou avec isolant léger) et qu'un raccord entre deux plaques (dans le sens de la largeur) doit obligatoirement s'effectuer sur une fourrure.
Le plafond doit être parfaitement réalisé pour ne pas présenter de défauts avec une lumière rasante.

Les plaques se posent perpendiculairement aux rangées de fourrures. Avec des plaques de 2,50 m, l'entraxe des suspentes à partir du mur de départ doit donc être de 0,50 m, la dernière ligne de fourrures à l'autre extrémité de la pièce ne devra donc pas être supérieure à cet entraxe. Il sera peut être nécessaire de poser une fourrure supplémentaire pour respecter cet espacement avec un entraxe plus faible. Si vous utilisez des plaques plus grandes ou plus petites, vous devrez adapter les entraxes entre fourrures. Tout ce positionnement doit être déterminé par le calepinage.

Avec des plaques à quatre bords amincis de 2,50 m vous pouvez poser vos lignes de fourrures suivant les entraxes précédemment indiqués (figure 37). La technique recommandée est de poser les plaques à joints décalés pour un meilleur rendu. Attention, lors de la pose des bandes de joints, elles ne devront pas se chevaucher à l'intersection des plaques pour ne pas créer de surépaisseur. Mais il est également possible de poser les plaques à joints droits. À vous de déterminer quelle solution permettra de faire le moins de pertes lors des découpes.

Les plaques à quarte bords amincis permettent également la pose des plaques parallèlement à l'ossature. Dans ce cas, l'entraxe entre les fourrures doit être de 0,40 m afin de s'adapter à la largeur des plaques soit 1,20 m.

L'ossature est plus compliquée avec des plaques à deux bords amincis. En effet, les liaisons des bords droits créeraient des surépaisseur lors de la pose des bandes de joint. Il est donc nécessaire de poser deux lignes de fourrures intermédiaires à un demi entraxe de part et d'autre de la fourrure où s'effectue le raccord entre deux plaques. La fourrure au niveau de ce raccord devra être posée deux millimètres plus haut que les autres afin de créer un creux pour recevoir la bande de joint. Réalisez des passes d'enduit plus larges pour masquer le raccord. La pose des plaques s'effectue alors à joints droits.

Si le plafond franchit un joint de dilatation du bâtiment ou s'il y a un changement de support, il est nécessaire de l'interrompre. Pour cela, placez une ligne d'ossature de part et d'autre de la ligne de rupture. Réalisez le raccord entre les plaques de plâtre avec un couvre-joint fixé uniquement sur un côté des plaques. L'autre bord est laissé libre pour permettre la dilatation. Il permettra les mouvements différentiels des structures sans provoquer de fissures dans le plafond. Cette précaution vaut également en cas de

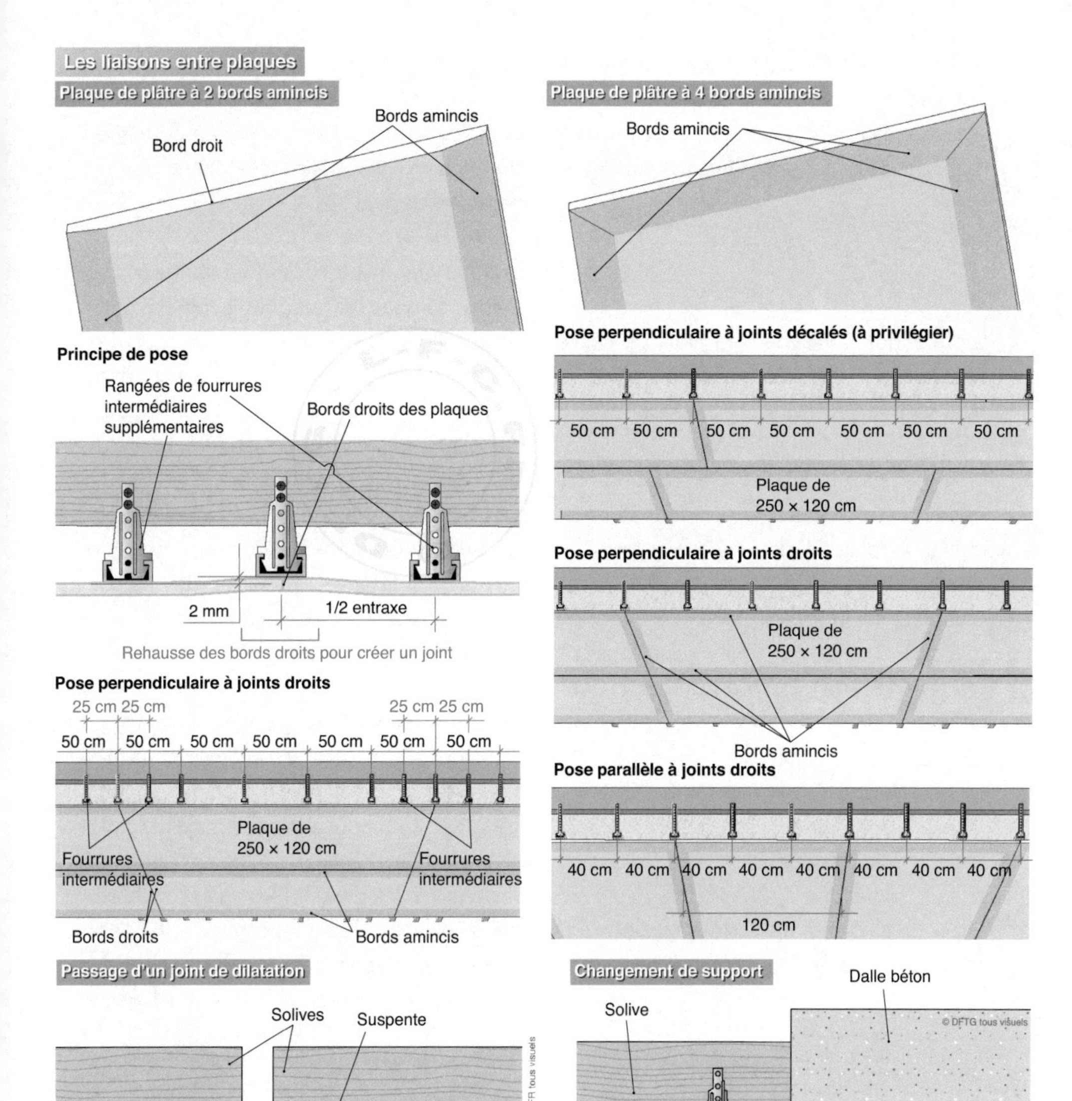

Cette solution permet le franchissement des joints de dilatation de la construction. Vous pouvez également utiliser des profilés de dilatation prévus à cet effet.

Cette solution permet de s'affranchir des mouvements de structures de différentes natures. Il doit être utilisé également en cas de comportements différents d'une même structure (maison en L) ou pour les plafonds d'une longueur supérieure à 15 m.

Figure 37 : Les liaisons entre plaques

comportement différent d'une structure de même nature, par exemple dans le cas d'un solivage dans une maison en L, et pour les plafonds d'une longueur supérieure à 15 m.

La liaison avec les parois

En ce qui concerne les cloisons, elles peuvent être montées avant ou après la réalisation du plafond suspendu. Néanmoins, si des performances acoustiques sont recherchées, il est préférable de les monter avant. En effet, si elles sont montées après le plafond, les transmissions des bruits aériens entre les deux pièces contiguës va se propager par le plénum du plafond. Il peut être alors nécessaire de placer une couche d'isolant phonique dans le faux-plafond.

Si les cloisons sont montées après, des dispositions doivent être prises pour la liaison avec le plafond.

Dans le cas d'une cloison légère en plaques de plâtre, assurez la jonction avec le plafond en fixant un rail dans les plaques de plâtre avec des chevilles à expansion, ou vissez-le dans les fourrures de la structure porteuse du plafond avec des vis à métal auto-perceuses (figure 38).

Dans le cas d'une cloison en carreaux de plâtre, comblez sa partie supérieure avec de la colle à carreaux de plâtre. Masquez la jonction entre plafond et cloison avec des bandes de joint. Si le plafond est acoustique, réalisez un joint avec un mastic souple.

Le rôle d'un plafond rapporté est aussi d'assurer l'étanchéité à l'air, c'est pourquoi il est indispensable de réaliser des joints étanches avec les parois verticales, même si un doublage collé est prévu sur les murs.

Un faux-plafond en plaques de plâtre cartonné n'offre pas les mêmes caractéristiques de résistance mécanique qu'un plafond plein. Pour y pratiquer des accrochages, il convient de respecter certaines règles. Pour les charges jusqu'à 3 kg, utilisez des chevilles à bascule, à ressort ou des chevilles à expansion.

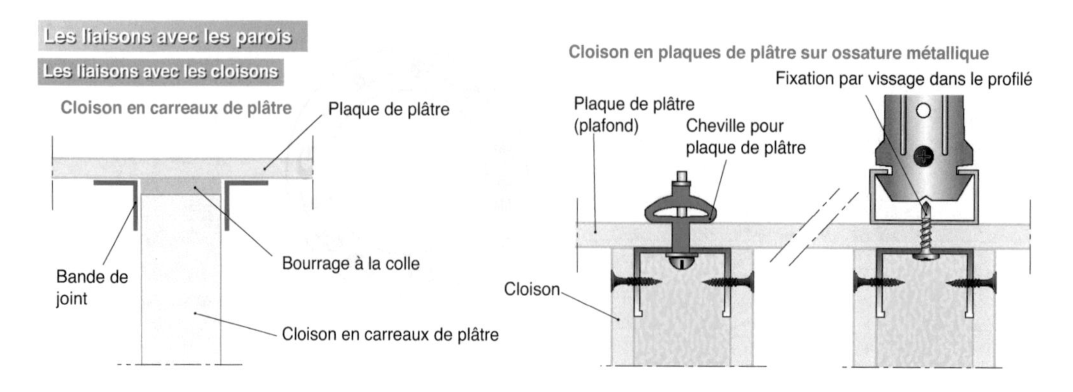

Figure 38 : Les liaisons avec les parois...

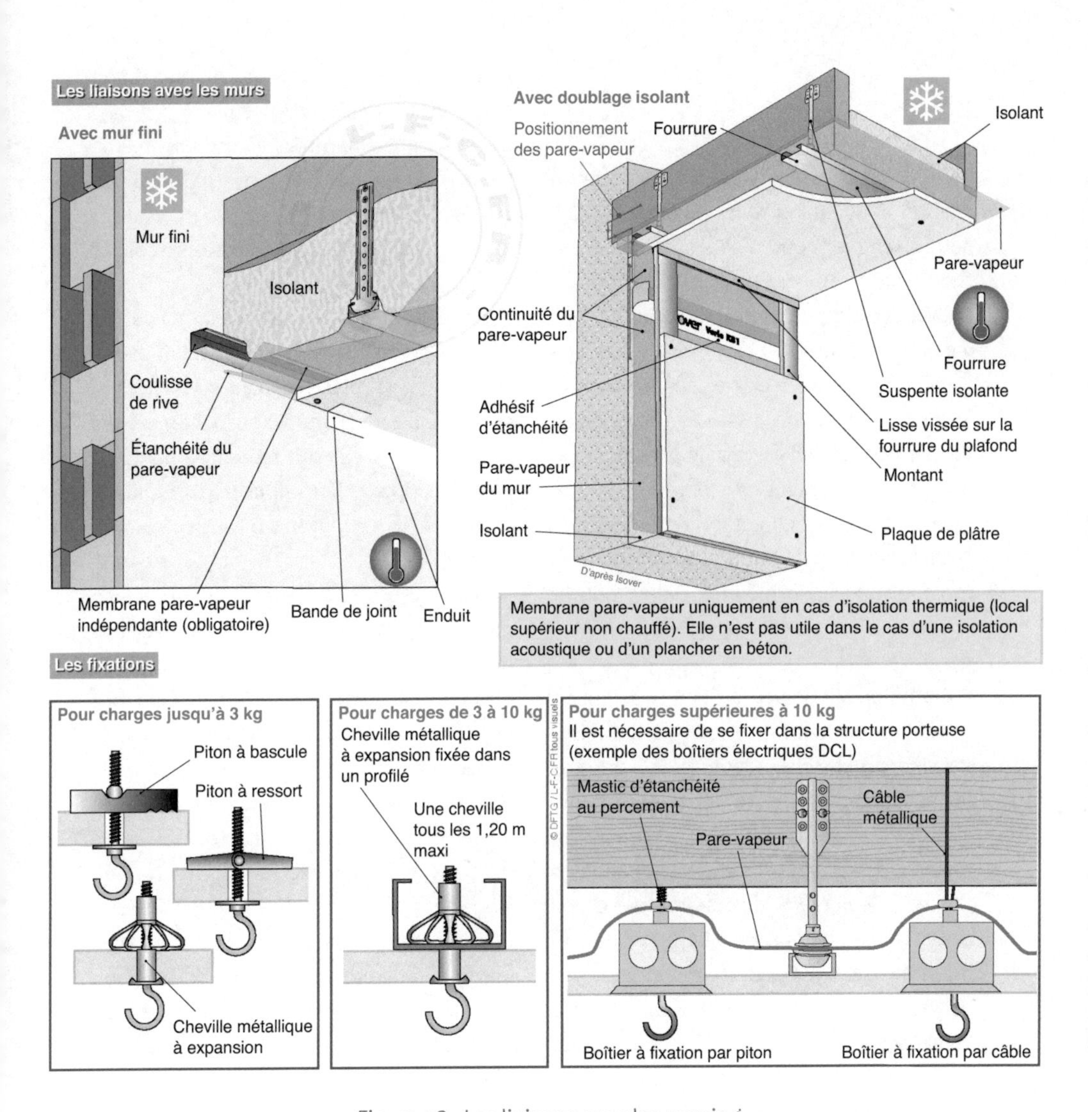

... *Figure 38* : Les liaisons avec les parois

Pour les charges comprises entre 3 et 10 kg, choisissez une cheville à expansion de type Molly®, fixée au travers d'une fourrure du plafond. Attention ! Il ne faut pas poser pas d'autres chevilles à moins de 1,20 m de la première.

Pour les charges supérieures à 10 kg, le point d'ancrage doit se faire directement dans la structure porteuse. Il en va de même pour une boîte de raccordement électrique de plafonnier. Celle-ci doit être fixée sur la structure du plancher haut. Il peut s'agir d'un piton, d'une tige filetée, ou d'un système de câble autoserrant. Si un pare-vapeur doit être percé, vous devez réaliser un joint de mastic d'étanchéité au niveau du percement de la fixation de la boîte.

La mise en œuvre

Les paragraphes qui suivent décrivent la réalisation du faux-plafond (figure 39). Dans notre exemple, nous disposons d'un plancher haut posé sur solives. Nous allons utiliser des plaques de plâtre à quatre bords amincis de 2,50 × 1,20 m, posées à joints décalés. La première étape consiste à tracer le niveau inférieur de l'ossature sur les murs. Vérifiez que le support est de niveau, sinon prenez le point le plus bas comme référence. Prenez également en compte la hauteur de l'isolation. Marquez le tracé au moyen d'un cordeau traceur à poudre. Vous pouvez utiliser un niveau à bulle ou mieux, un niveau laser.

Posez un profilé de rive sur tout le périmètre de la pièce, juste au ras de votre tracé. Utilisez des vis et des chevilles adaptées au mur. Posez les fixations tous les 0,60 m au maximum.

Ensuite, posez une première suspente dans un angle de la pièce, du côté du mur choisi pour le départ de la pose à moins de 1,20 m du profilé de rive (selon la disposition des solives) et à 0,50 m du mur. Emboîtez une chute de fourrure dans la suspente et vérifiez le niveau avec le dessous du profilé de rive. Fixez cette première suspente à la solive.

Fixez de la même façon une seconde suspente à l'opposé de la pièce, toujours du côté du mur de départ.

Tracez les entraxes des lignes de suspentes jusqu'au mur opposé de façon que la dernière soit à 0,50 m ou moins du mur opposé, sinon, ajoutez une ligne de fourrure intermédiaire.

Fixez comme précédemment des suspentes aux extrémités de la pièce du côté du mur terminal.

De chaque côté, fixez un cordeau bien tendu entre les suspentes d'extrémité pour fixer les suspentes intermédiaires de la même rangée. Respectez l'entraxe maximal de 1,20 m. Vérifiez qu'elles sont bien toutes à la même hauteur afin que l'ossature soit de niveau.

Fixez des suspentes aux extrémités de chaque rangée et procédez de la même façon. Avec un plancher haut sur solives, il est conseillé de répartir les suspentes sur des solives différentes pour répartir le poids du plafond rapporté. Vous pouvez, par exemple, les décaler d'une rangée sur l'autre.

Toutes les suspentes devront être au même niveau. Vous pouvez vérifier avec une règle et un niveau. Si vous avez utilisé des modèles réglables, il sera plus facile de faire des réglages éventuels qu'avec des suspentes plates.

Si le mur d'arrivée n'est pas droit (parallèle au mur de départ), il peut être nécessaire d'ajouter une ligne de fourrure. Il ne faut pas que la distance entre la dernière fourrure et le mur d'arrivée dépasse l'entraxe de 0,60 m. La dernière plaque posée doit avoir une largeur minimale de 0,50 m. Si ce n'est pas possible, posez sur le mur de départ une plaque recoupée.

Montez ensuite les fourrures sur les suspentes. Les fourrures ayant une longueur de 3 m, il sera nécessaire parfois de les recouper ou de les prolonger selon les dimensions du local. Pour associer deux fourrures, utilisez des éclisses (attention au sens de montage pour assurer une bonne rigidité). Ces raccords entre deux fourrures doivent toujours être décalés d'une ligne d'ossature à l'autre pour ne pas fragiliser l'ensemble de la

Réalisation d'un faux-plafond avec ossature simple

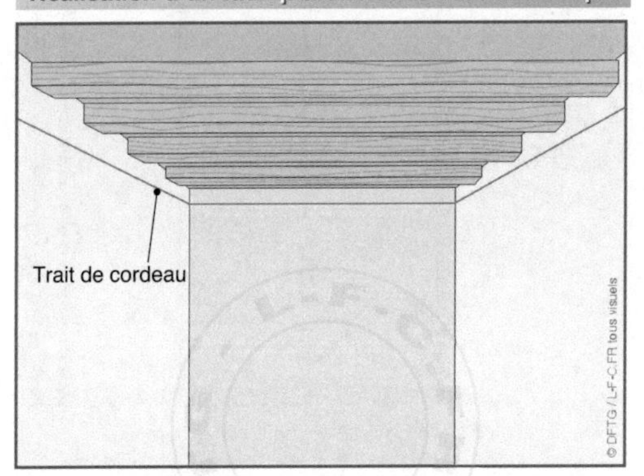

❶ À l'aide d'un cordeau, d'un niveau ou d'un niveau laser, tracez la partie basse de l'ossature du plafond rapporté sur tout l'entourage de la pièce.

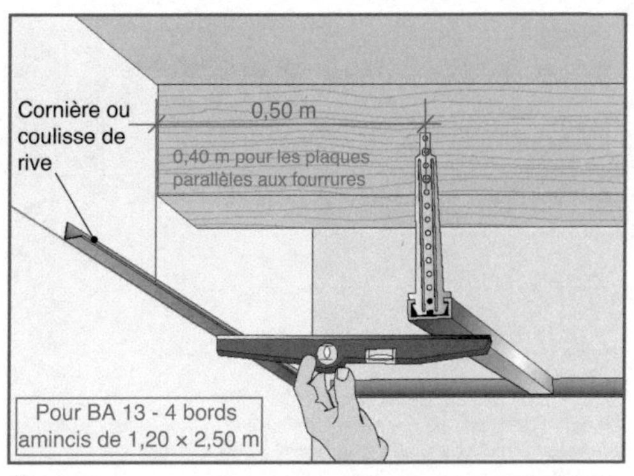

❷ Installez une cornière ou une coulisse de rive tout autour de la pièce. Fixez une première suspente dans un angle, à 0,50 m du mur. Vérifiez la hauteur avec un niveau.

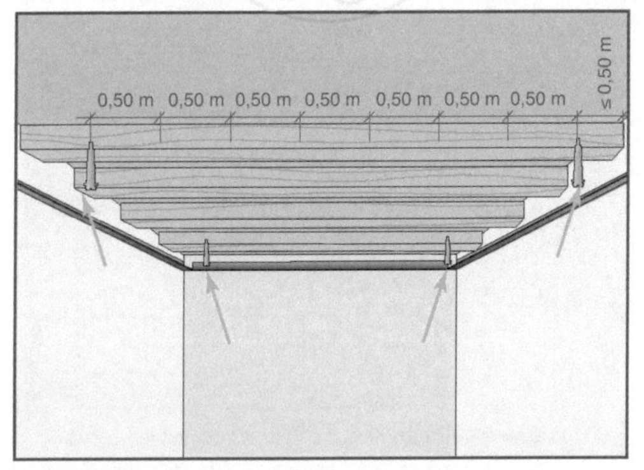

❸ Fixez les suspentes aux quatre coins de la pièce. Mesurez les entraxes pour poser la suspente opposée à un entraxe inférieur ou égal à l'entraxe courant.

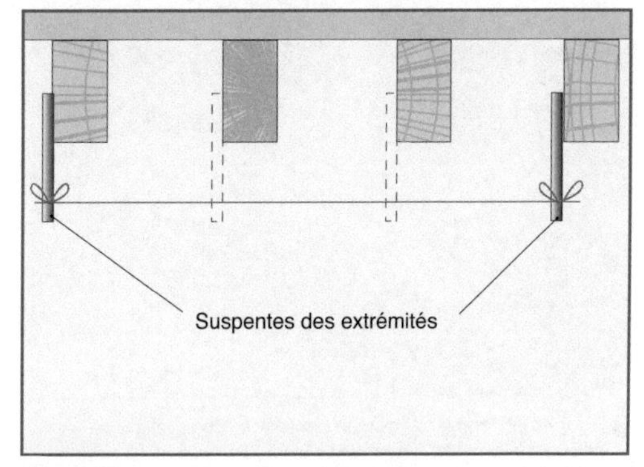

❹ Attachez un cordeau entre les quatre suspentes, dans le sens de la longueur et de la largeur. Il permettra d'aligner les suspentes intermédiaires.

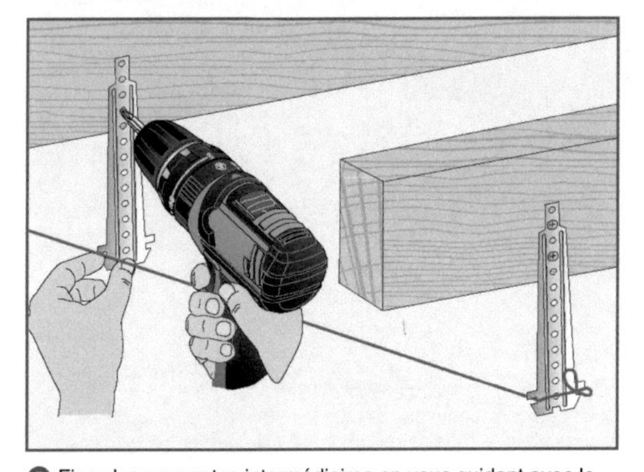

❺ Fixez les suspentes intermédiaires en vous guidant avec le cordeau. Sur une même ligne, les suspentes sont espacées de 1,20 m au maximum.

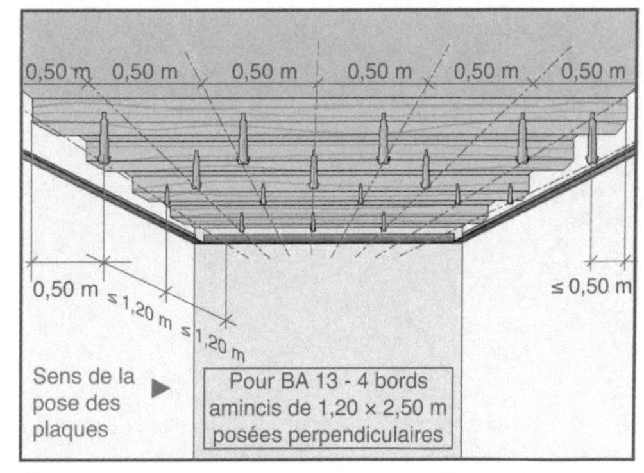

❻ Fixez toutes les suspentes. Vous pouvez les décaler d'une rangée à l'autre pour les répartir sur des solives différentes.

Figure 39 : La pose d'un faux-plafond avec ossature simple...

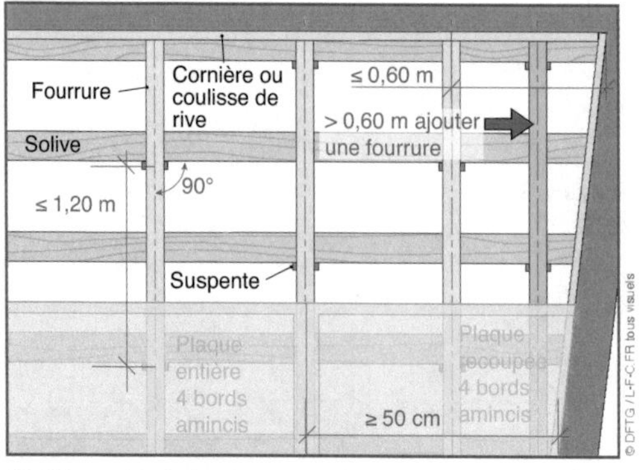

❼ Si la paroi latérale n'est pas droite, et que la largeur avec la dernière fourrure dépase 60 cm, posez une fourrure supplémentaire.

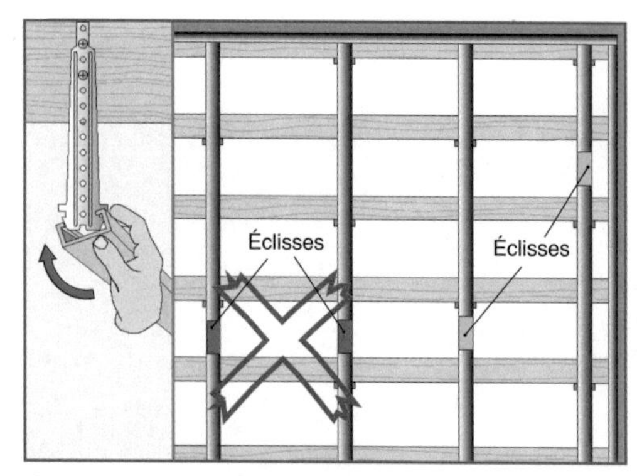

❽ Découpez les fourrures à la longueur nécessaire et emboîtez-les sur les suspentes. Si vous utilisez des éclisses pour abouter des profilés, décalez-les d'une rangée à l'autre.

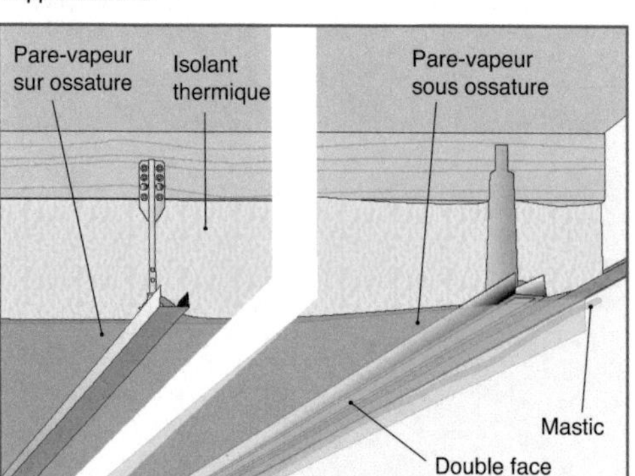

❾ Pour un plafond isolé, placez l'isolant sur les profilés de l'ossature. Selon le type de suspente utilisée, placez le pare-vapeur sous ou sur l'ossature.

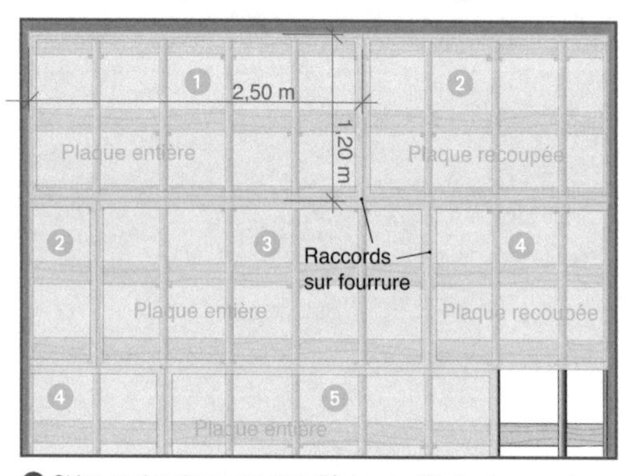

❿ Si les angles des murs sont d'équerre, débutez la pose dans un angle. Commencez la seconde rangée avec la chute de la première (joints décalés) ou avec une plaque entière (joints alignés).

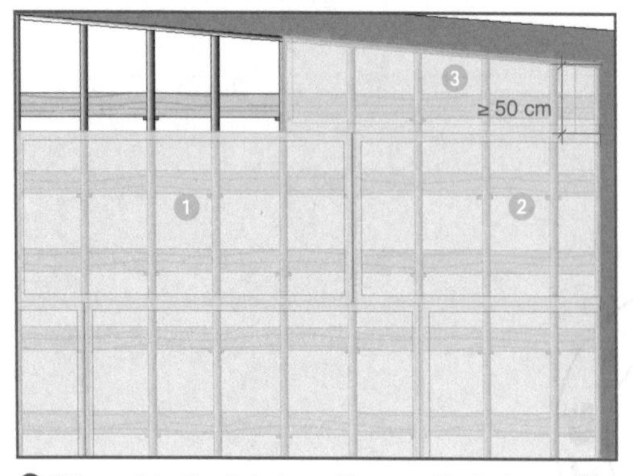

⓫ Si la paroi de départ n'est pas d'équerre, décalez la première rangée de plaques d'au moins 50 cm. Posez ensuite les plaques de l'angle après découpe.

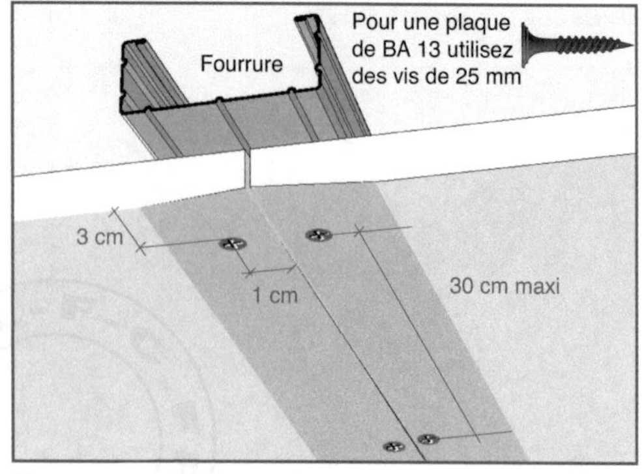

⓬ Les plaques sont vissées tous les 30 cm. Les raccords de plaques doivent se faire sur un profilé. Respectez les distances indiquées ci-dessus.

... *Figure 39* : La pose d'un faux-plafond avec ossature simple

structure. Essayez de les poser assez proches d'au moins une suspente.
Pensez à solidariser les extrémités des fourrures avec le profilé de rive (vis ou pliage d'une découpe selon le profilé). Vérifiez ensuite à l'aide d'une règle que l'ossature est bien de niveau dans tous les sens.
Si le plafond doit être isolé thermiquement, posez l'isolant sur la structure et le pare-vapeur éventuel (sur ou sous l'ossature selon le procédé retenu), puis procédez à la pose des plaques de plâtre.

Si les murs de la pièce sont bien d'équerre, vous pouvez débuter la pose à partir d'un angle. Posez la première plaque et fixez-la à l'ossature à l'aide des vis. Prenez ensuite la mesure pour la partie restant à recouvrir jusqu'au mur opposé. Reportez la cote sur une plaque, puis coupez-la. Posez-la ensuite dans l'espace restant. Positionnez la plaque bien en contact de la plaque déjà posée (bords amincis). Si un petit écart persiste, il est préférable qu'il se situe au niveau du mur. Un espace supérieur à 4 mm devra être comblé avec du mortier adhésif (MAP).
Continuez la pose de la seconde rangée à partir du mur de départ en réutilisant la chute, après l'avoir recoupée de façon que la liaison avec la plaque suivante se situe sur une fourrure. Continuez ainsi de suite.

Si le mur de départ n'est pas d'équerre, vous devez décaler la pose de la première rangée de plaques. La partie la plus étroite de l'espace restant doit mesurer au moins 0,50 m. Posez les plaques de la première rangée d'équerre, comme précédemment, puis recoupez la partie contre le mur dans une autre plaque. Veillez toujours à placer les découpes du côté des parois, pour conserver les bords amincis.

Pour la fixation des plaques sur les fourrures, utilisez des vis TTPC de 25 mm. Réglez la visseuse pour que la tête de la vis arrive à fleur de la plaque, sans dépasser ni être trop enfoncée. La première vis d'une plaque doit être posée à 3 cm de l'extrémité et à 1 cm du bord. Les vis sont ensuite espacées de 30 cm maximum.

Si des espaces trop importants demeurent entre certaines plaques, rebouchez-les avec du mortier adhésif.
Procédez ensuite à la pose des doublages éventuels sur les murs en contact avec l'extérieur ou des locaux non chauffés.
La pose se termine par la réalisation des joints entre les plaques de plâtre avec de la bande de papier et de l'enduit et entre les murs et le plafond avec le même matériel, en pliant les bandes de papier.

3 Les cloisons

Dans tout projet de construction ou de rénovation, la distribution des cloisons est une étape primordiale puisqu'en dépend le caractère, le confort et l'habitabilité du futur logement. Si les murs porteurs sont définitifs et inamovibles, les cloisons offrent de multiples possibilités et libertés d'agencement. Elles permettent d'aménager des pièces dans un grand espace, de compartimenter une pièce trop grande, de délimiter un espace bureau, une cuisine ou bien un coin toilette.

Les cloisons ont un rôle essentiel pour organiser l'habitation en zones de vie distinctes. Contrairement aux idées reçues, et outre la tendance favorable aux espaces ouverts (open space, loft), un logement cloisonné paraît plus grand qu'un logement de surface identique en un seul volume. De plus, le confort est meilleur pour les habitants. Les bruits sont atténués d'une pièce à l'autre, les odeurs de cuisine ne se répandent pas partout et le chauffage est mieux géré. En habitat collectif, des logements contigus peu cloisonnés peuvent aussi être sujets à des phénomènes de résonance. Étudiez avec soin l'agencement de vos cloisons. Délimitez de façon nette les zones nuit (chambres) des zones jour (salon, cuisine). Créez des espaces tampon comme des placards ou un dressing entre les chambres et les pièces plus bruyantes (salle de bains, cuisine) ou les murs exposés (descente de parking, cage d'ascenseur).

De nombreuses solutions sont possibles pour réaliser des cloisons, des traditionnelles comme la brique ou les carreaux de plâtre aux cloisons légères alvéolaires faciles et rapides à monter, en passant par les plaques de plâtre sur ossature métallique. Pour les pièces nécessitant de la lumière, vous pouvez opter pour les briques de verre.

Le choix du type de cloison dépend de la configuration et de la nature de l'espace à aménager. Les carreaux de plâtre pleins ne sont pas adaptés aux planchers légers à structure bois (par exemple, dans le cas d'aménagements de combles). Dans les pièces humides, il faut utiliser des carreaux ou plaques de plâtre hydrofuges.

La préparation

Avant de débuter la construction d'une cloison, il est très important de traçer l'implantation des parois et des ouvertures, en ayant pris le temps de définir ses besoins et d'imaginer le résultat final.

Sauf cas spécifique, les cloisons doivent être perpendiculaires aux murs. Pour le tracé, utilisez une équerre de maçon (figure 40) ou réalisez-le à l'aide d'un triangle rectangle de 40 × 60 × 100 cm.

Le traçage au sol s'effectue au moyen d'un cordeau à poudre, de préférence à deux. Un niveau et une règle de maçon en aluminium sont également nécessaires pour délimiter l'emplacement de la cloison sur le mur, ainsi qu'un fil à plomb pour reporter le tracé du sol

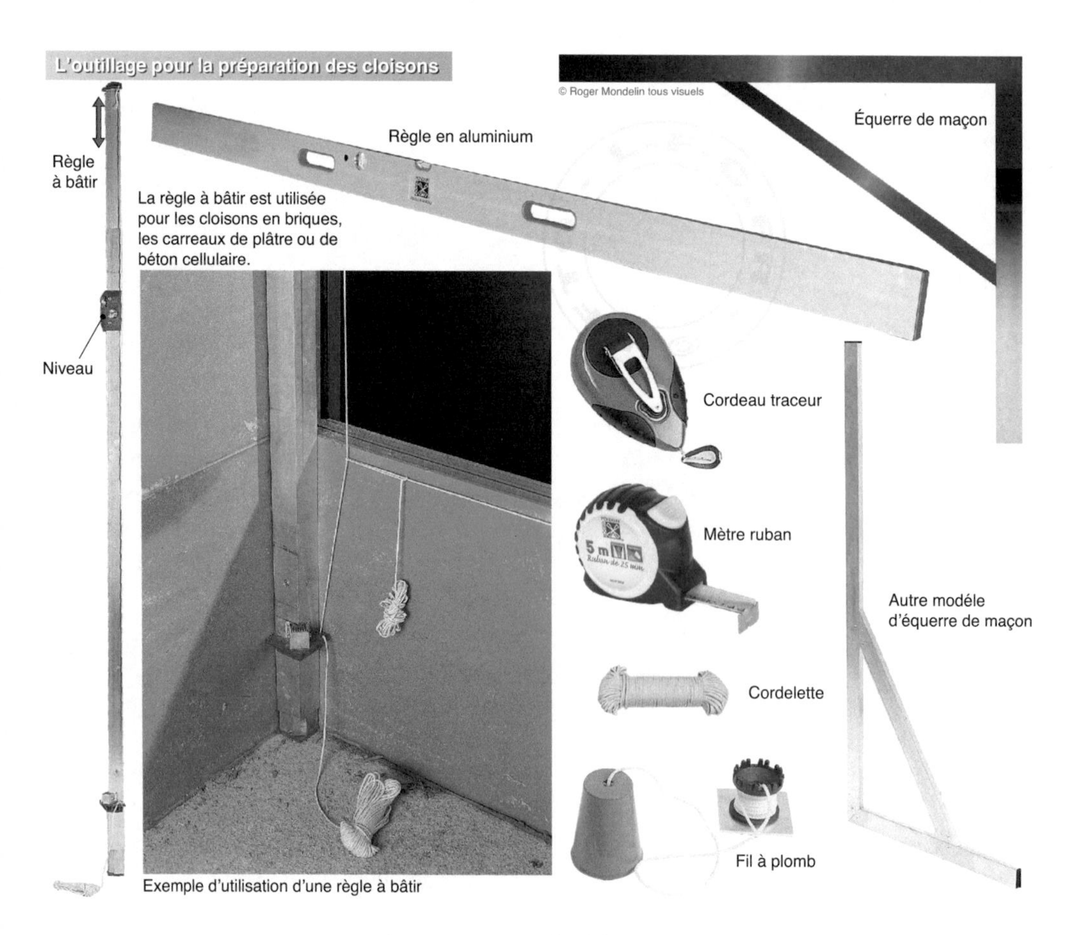

Figure 40 : Le matériel de préparation

au plafond. En lieu et place de ces derniers outils et pour vous faciliter la tâche, vous pouvez utiliser un niveau laser.
Selon le type de cloison à réaliser (briques notamment), utilisez des règles à bâtir ou une ligne courante qui vous serviront de guide pour élever la cloison. Télescopiques, elles se posent entre le sol et le plafond et se règlent avec un niveau à bulle intégré. Elles comportent des supports pour fixer une ligne courante. La ligne courante est un fil horizontal coulissant entre deux fils verticaux, que l'on déplace au fur et à mesure. Elle sert à indiquer le parfait alignement des éléments de maçonnerie ainsi que leur perpendicularité.

La réalisation de la cloison s'effectue (selon sa nature et le niveau d'isolation phonique recherché) avant ou après le montage d'un faux-plafond, sur un sol brut (dalle) ou sur une chape adhérente, mais avant une chape flottante sur laquelle elle ne doit pas reposer. En rénovation, elle est généralement montée sur le sol fini, débarrassé éventuellement de son revêtement (sol vinyle, parquet flottant, moquette).

La première étape consiste à tracer au sol l'emprise de la cloison (emplacement et largeur des éléments de maçonnerie, ou de la lisse basse pour une cloison sèche). Le sol doit être propre et ne pas ressuer l'humidité. Utilisez un cordeau traceur à poudre (figure 41). Pour tracer perpendiculairement le départ de la cloison à partir d'un mur, utilisez une équerre de maçon et une règle en aluminium, pour bien positionner le cordeau. Vous pouvez également tracer ou découper un triangle rectangle de 40 × 60 × 100 cm. Si la cloison fait un retour, utilisez également une équerre pour créer un angle droit. Si les deux murs de départ et d'arrivée ne sont pas d'équerre, choisissez-en un comme référence, puis utilisez une équerre pour le retour de la cloison jusqu'au second mur.

Il faut ensuite tracer l'élévation de la cloison sur les murs. Utilisez une règle en aluminium avec niveau ou une règle simple avec un niveau. Tracez ensuite l'emprise de la cloison au niveau du plafond. Utilisez un fil à plomb, en prenant comme référence vos tracés au sol et au mur. Vous pouvez également effectuer ces tracés en vous guidant avec un niveau laser.

Vous devez également matérialiser l'emplacement des huisseries des portes. Pour des cloisons en petits éléments de maçonnerie (briques, carreaux de plâtre ou de béton cellulaire), il faut mettre en place le bloc-porte avant la réalisation de la cloison. Cette étape n'est pas nécessaire avec des cloisons sèches, l'huisserie sera installée à l'avancement et fixée avec l'ossature. La largeur de l'huisserie doit être adaptée à l'épaisseur de la cloison.

Pour maintenir et régler le bloc-porte à son emplacement définitif, placez deux tasseaux (ou croisillons) dans la rainure supérieure de l'huisserie, en appui sur le plafond. Réunissez les croisillons avec un élastique fort ou des bandes découpées dans une chambre à air usagée. Placez au moins trois croisillons et réglez le niveau et la verticalité de l'huisserie. Si, pour plus de facilité, vous devez retirer la porte du bâti, vissez des entretoises en biais dans la partie supérieure et une entretoise horizontale en partie basse de l'huisserie afin qu'elle ne se déforme pas pendant la réalisation de la cloison.

La préparation

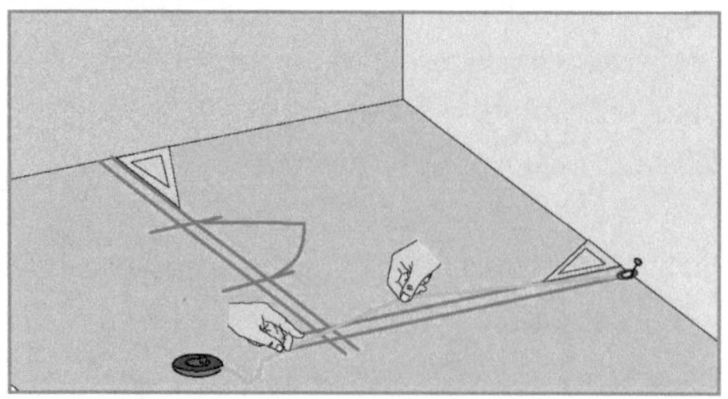

1 Sur sol propre, tracez l'implantation de la cloison au cordeau à poudre. Utilisez une équerre de maçon pour obtenir une parfaite perpendicularité par rapport aux parois. Tracez la largeur de la cloison en fonction des matériaux choisis (carreaux de plâtre ou briques, plus la largeur de la lisse basse pour les cloisons sèches...). Tracez l'emplacement des huisseries de portes.

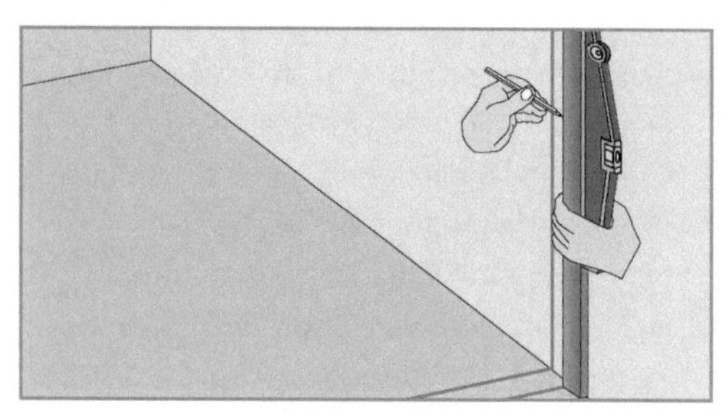

2 Tracez ensuite l'emprise de la cloison en élévation sur le mur. Utilisez un fil à plomb ou une règle de maçon avec un niveau.

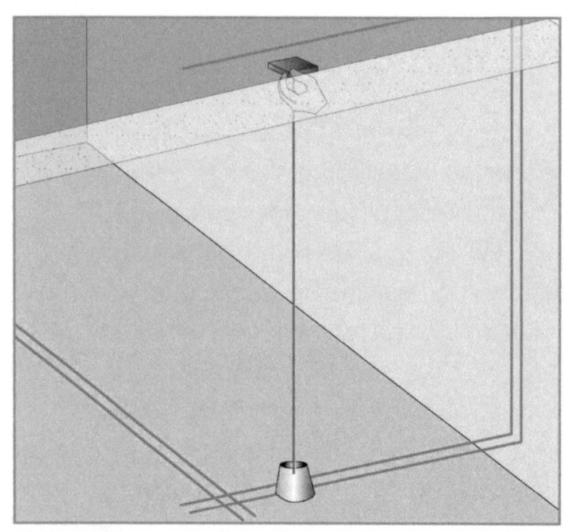

3 Au moyen d'un fil à plomb, reportez le tracé du sol sur le plafond. Pour plus de facilité, vous pouvez utiliser un niveau laser.

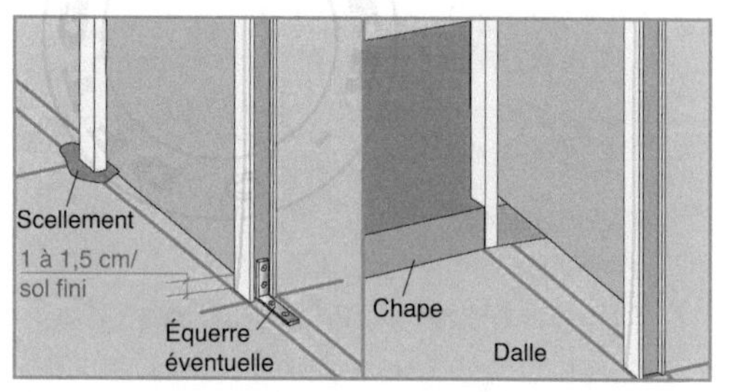

4 Sur sol fini, le pied de l'huisserie doit être recoupé et posé ou fixé avec une équerre ou scellé, si le sol le permet. Sur sol brut, prenez en compte la hauteur de la chape et du revêtment de sol. Ménagez un espace de 1 à 1,5 cm entre le bas de la porte et le sol.

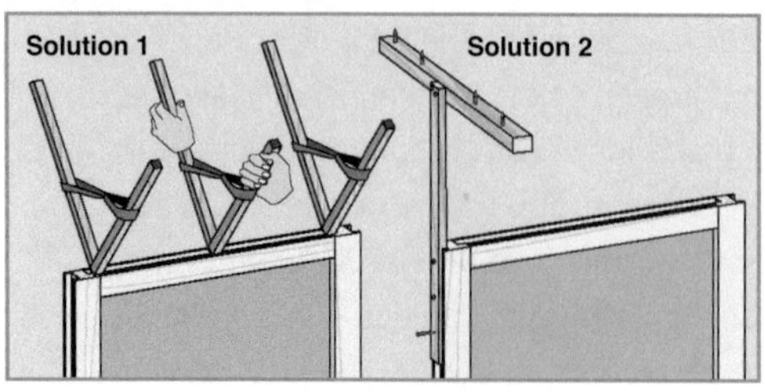

5 Installez les huisseries à leur emplacement définitif. Pour les maintenir et les régler, placez deux tasseaux ou croisillons dans la rainure supérieure de l'huisserie, pour la coincer contre le plafond. Les tasseaux sont maintenus entre eux avec de gros élastiques (ou des morceaux de chambre à air). Vous pouvez également confectionner un té avec des tasseaux, vissé dans le plafond et dans la feuillure de l'huisserie. Cette étape n'est pas nécessaire pour les cloisons en plaques de plâtre.

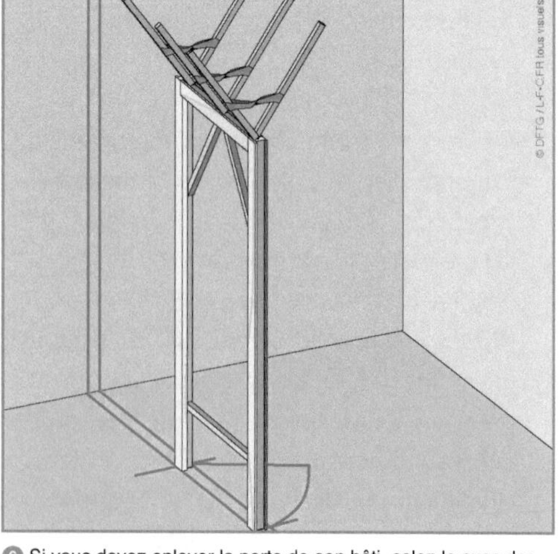

6 Si vous devez enlever la porte de son bâti, calez-le avec des entretoises en bois comme illustré ci-dessus.

Figure 41 : Les travaux préparatoires...

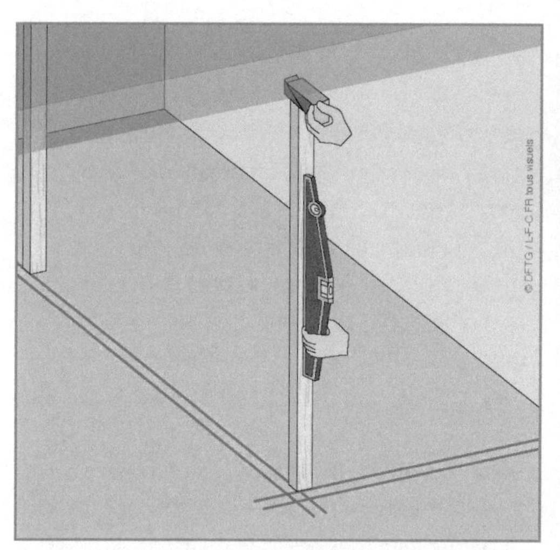

⑦ Pour faciliter le montage de la cloison, placez des carrelets tous les 2,50 m et dans les angles, du côté opposé au montage. Les carreaux ou les briques s'y appuieront pour assurer la parfaite verticalité de l'ouvrage. Cette disposition ne concerne pas les cloisons en plaques de plâtre.

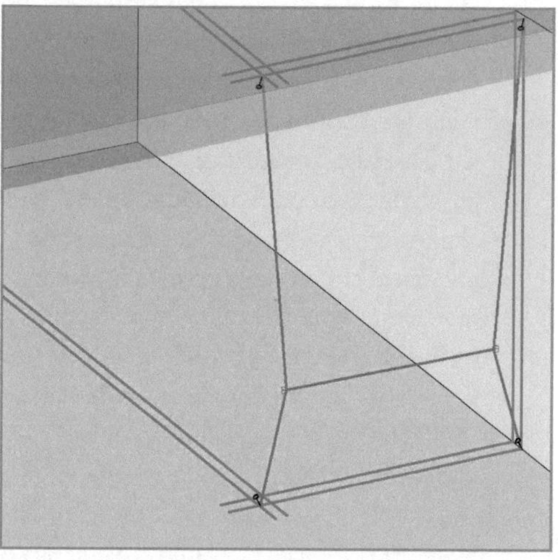

⑧ Pour les cloisons en briques plâtrières, créez une ligne courante. Elle facilitera le montage des éléments et permettra de vérifier leur alignement. Le fil horizontal doit pouvoir coulisser entre les fils verticaux fixés aux extrémités de la future cloison, côté extérieur.

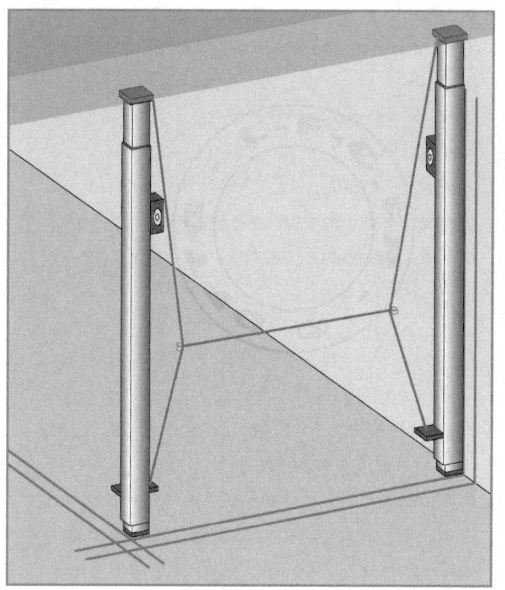

⑨ Vous pouvez également utiliser des règles à bâtir plus aisées à mettre en œuvre (serrage entre le sol et le plafond, avec niveau intégré) et qui permettent d'installer la ligne courante.

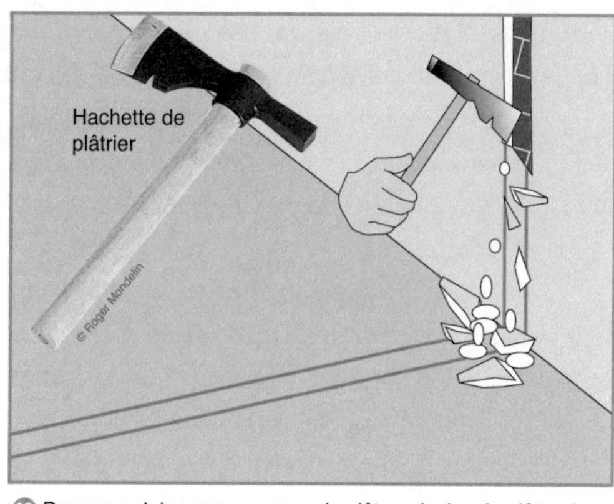

⑩ Pour une cloison en carreaux de plâtre, piochez le plâtre du mur dans la largeur de la cloison pour assurer une meilleure adhérence. Vous pouvez utiliser une hachette de plâtrier.

... *Figure 41* : Les travaux préparatoires

Les blocs-portes sont commercialisés avec des montants dépassant la hauteur de la porte, en partie basse. Selon le sol de départ, il faut souvent les recouper. Pour un départ sur une dalle, prenez en compte l'épaisseur de la chape et du revêtement de sol, puis ajoutez un espace supplémentaire pour le battement correct de la porte (1 à 1,5 cm au minimum). Pour un départ sur une chape, prenez en compte l'épaisseur du revêtement de sol. Sur un sol fini, recoupez le bas de l'huisserie en ménageant simplement l'espace de battement.

Pour une cloison en carreaux de plâtre ou en béton cellulaire, posez des carrelets verticaux (calés d'aplomb) tous les 2,50 m et dans les angles, du côté opposé au montage afin que les éléments aient un appui, ce qui facilite le montage.
Pour une cloison en brique, utilisez de préférence des règles à bâtir afin de placer facilement une ligne courante. Sinon, vous devrez fixer deux cordelettes verticales sur lesquels coulissera une ligne courante.
Pour les cloisons en petits éléments de maçonnerie et avec un enduit de plâtre sur les murs, piochez la paroi à l'emplacement de la cloison, cela assurera une meilleure adhérence. Vous pouvez utiliser une hachette de plâtrier.
Pour une cloison en carreaux de plâtre, afin de la désolidariser du gros œuvre. Collez une bande résiliente en liège au plafond, sur le tracé de l'épaisseur de la cloison. Elle évite que des déformations du plancher supérieur provoquent la fissuration de la cloison. Elle peut être nécessaire également au niveau des murs pour créer une cloison désolidarisée (cas de murs et sols en béton ou pour une recherche de performances acoustiques).

Les briques pour cloisons

Les briques de terre cuite sont incombustibles et ne dégagent aucun gaz toxique en cas d'incendie. Elles augmentent l'inertie thermique (meilleur confort d'été) du logement. En cas d'inondation, elles retrouvent naturellement leurs caractéristiques d'origine après séchage. Les termites et les rongeurs ne peuvent pas les coloniser.

Pour la finition, la cloison est recouverte d'un enduit de plâtre qui présente l'avantage de supprimer tout passage d'air parasite à travers la cloison, évitant ainsi les auréoles de poussière et assurant un confort thermique optimal.

Néanmoins, la réalisation d'une cloison en briques demande une certaine expérience, notamment avec les briques plâtrières. Et la finition de ce type de cloison consiste à réaliser un enduit de plâtre fastidieux et long à réaliser, notamment pour un non professionnel. Les systèmes de briques plus modernes (parements lisses) permettent un enduit de finition projeté (airless), mais qui nécessite également savoir-faire et outillage spécialisé.

De nombreux types de briques sont disponibles pour monter des cloisons. Les plus traditionnelles sont les briques plâtrières (figure 42). Ce sont les plus petites : 20 cm de hauteur par 40 ou 50 cm de longueur. Il existe plusieurs épaisseurs, mais pour une cloison, 40 mm est le minimum. Elles peuvent posséder une ou deux rangées d'alvéoles selon leur épaisseur. Les briques sont dites plâtrières, car elles se posent

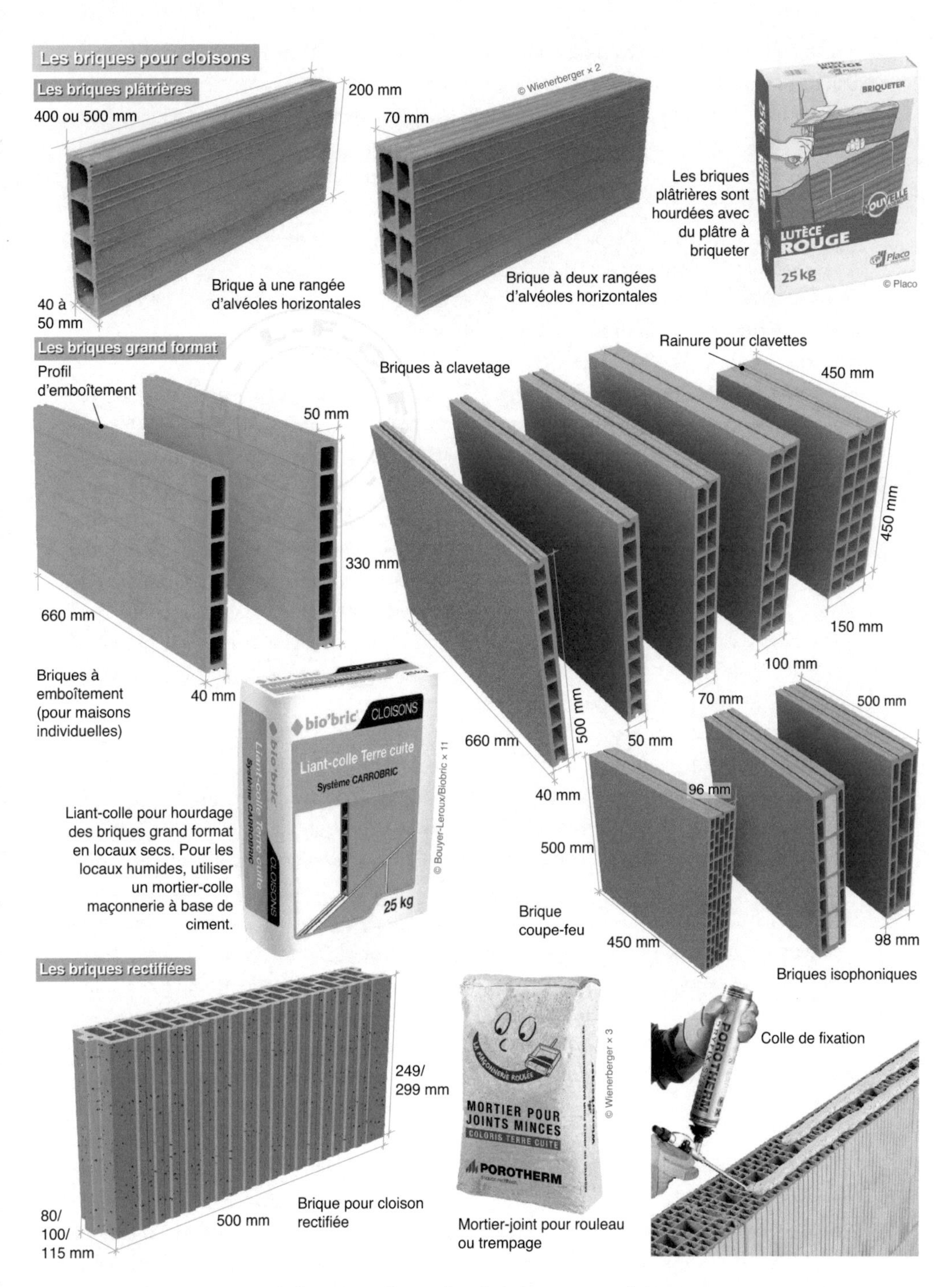

Figure 42 : Exemples de briques pour cloisons

(ou se hourdent) avec du plâtre à briqueter. D'autres produits sont également possibles. Ces briques sont striées sur toutes leurs faces afin de faciliter l'accrochage du plâtre et de l'enduit de finition.

Pour que la pose soit plus rapide, les fabricants proposent des briques grand format par exemple 660 × 330 ou 500 mm. Elles peuvent également être dotées d'une ou deux rangées d'alvéoles, voire plus selon leur épaisseur. Elles peuvent avoir une surface entièrement lisse ou légèrement rainurée. Ces briques doivent être hourdées avec un liant-colle à base de plâtre (pièces sèches) ou à base de ciment (pièces humides).
Afin de renforcer la solidité du collage, elles peuvent être pourvues de profils d'emboîtement ou d'une ou deux rainures destinées à recevoir des clavettes de montage.

On trouve des modèles spécifiques comme des coupe-feu ou des briques isophoniques. Enfin, le dernier type indiqué pour une cloison sont les briques rectifiées. Selon les fabricants, leur taille est d'environ 500 × 300 mm, pour des épaisseurs supérieures aux autres modèles (de 80 à 115 mm). Dans ce cas, les alvéoles sont verticales et les chants supérieurs et inférieurs sont rectifiés, ce qui permet la pose par collage au mortier-joint (avec un applicateur ou par trempage). Les rainures verticales des faces seront recouvertes avec un enduit de finition épais.

» *La mise en œuvre*

Les briques plâtrières peuvent être hourdées avec différents liants. Pour celles dont l'épaisseur est inférieure à 7 cm, le montage peut s'effectuer avec du plâtre à briqueter, du liant-colle à base de plâtre, un mortier bâtard ou un mortier à base de chaux hydraulique. Le montage avec un mortier de ciment est possible uniquement avec des briques d'une épaisseur supérieure ou égale à 7 cm.
Les briques se posent toujours à joints décalés (1/3 ou 1/2) d'une rangée sur l'autre. Si la cloison est érigée entre deux planchers lourds, il est nécessaire de poser une bande résiliente au sol d'une épaisseur de 10 mm, collée à la colle néoprène.

Dans les angles, les briques se montent par harpage (alternance) d'une rangée sur l'autre (figure 43). De même, en cas d'intersection de deux cloisons, il est nécessaire de faire pénétrer une assise sur deux. Ces changements de direction créent des raidisseurs. Sur une cloison en longueur, sans changements de direction, il est nécessaire de prévoir des raidisseurs afin d'assurer la stabilité de la cloison. Ils dépendent de l'épaisseur des briques et de la longueur de la paroi.
Ils peuvent être constitués de pièces de bois apparentes ou non ou d'un profilé métallique en H ; ces raidisseurs sont fixés au sol et au plafond. Ils pourront être ou non recouverts de l'enduit de finition selon leur type.

Le côté de la dernière brique au niveau d'un bloc-porte doit être graissé pour pouvoir déposer du liant dans la feuillure de l'huisserie. Des pattes de scellement permettent de solidariser la cloison au bloc-porte. Il peut s'agir de pattes de scellement ou d'équerres vissées dans la feuillure. La languette sera scellée dans le joint de liant. Prévoyez au moins trois pattes de scellement de chaque côté, en face des paumelles.
Dans le cas d'une huisserie métallique, il existe également des pattes métalliques à glisser dans le profil de l'huisserie.

Prescriptions pour les cloisons en briques plâtrières

Le choix du liant

Briques à une seule rangée d'alvéoles d'une épaisseur < 7 cm

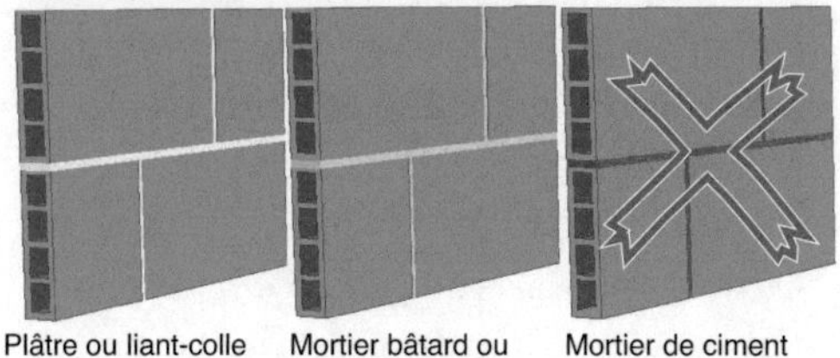

Briques à une ou deux rangées d'alvéoles d'une épaisseur ≥ 7 cm

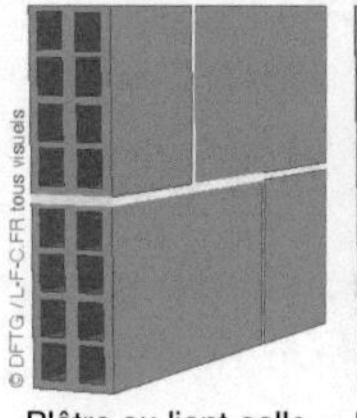

Plâtre ou liant-colle à base de plâtre

Mortier bâtard ou mortier de chaux hydraulique

Mortier de ciment

Les jonctions

Angles

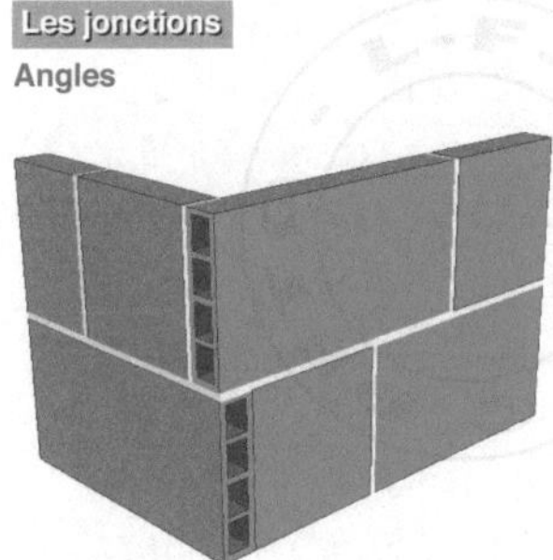

Harpage des assises successives

Intersection

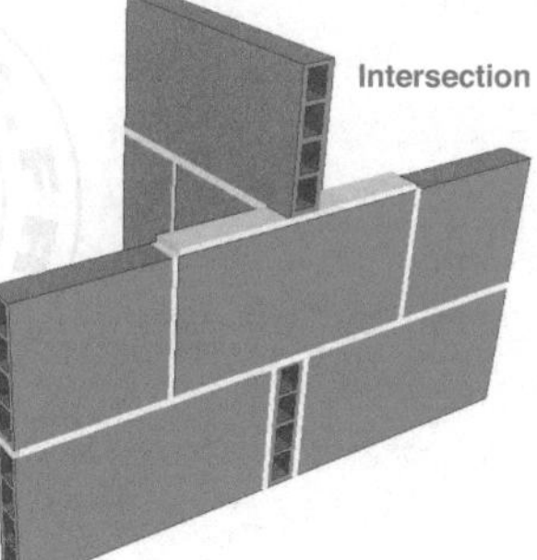

Pénétration d'une assise sur deux

Huisserie bois / **Huisserie métallique**

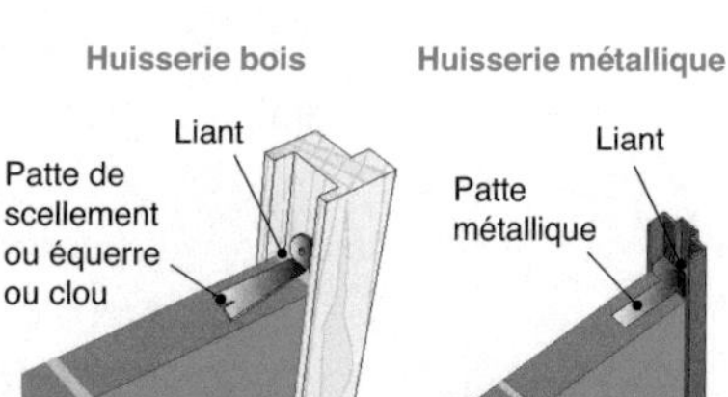

Les raidisseurs

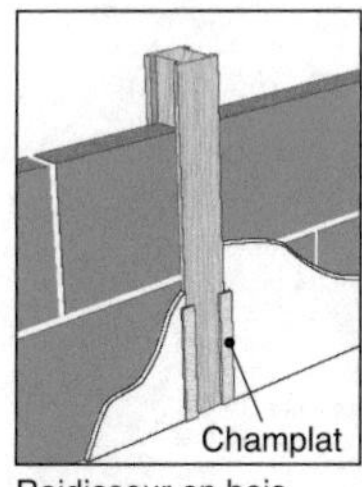

Raidisseur en bois apparent

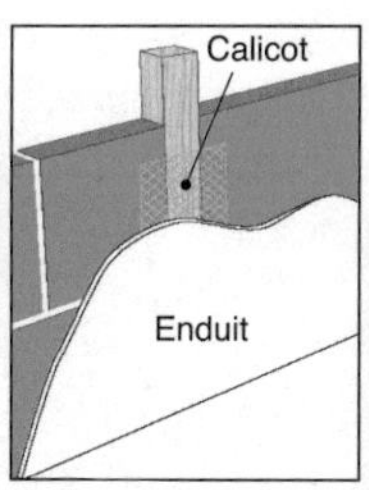

Raidisseur en bois ou béton

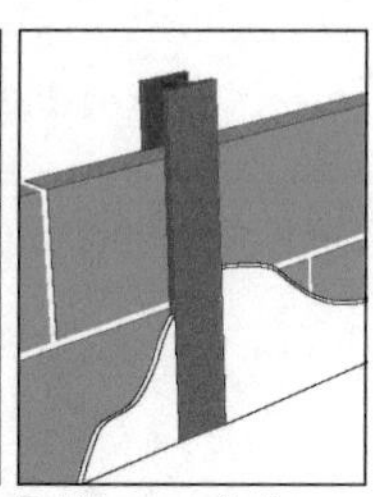

Raidisseur métallique

Distance maximale entre raidisseurs* en fonction de l'épaisseur de la cloison		
Épaisseur brute de la cloison (en cm)	Hauteur maximale (en m)	Distance horizontale maximale entre raidisseurs (en m)
3,5	2,60	5,00
4 et 5	3,00	6,00
6,7 et 7,5	3,50	7,00
8 et 10	4,00	8,00

* Un angle ou une intersection constituent un raidisseur.

Les enduits

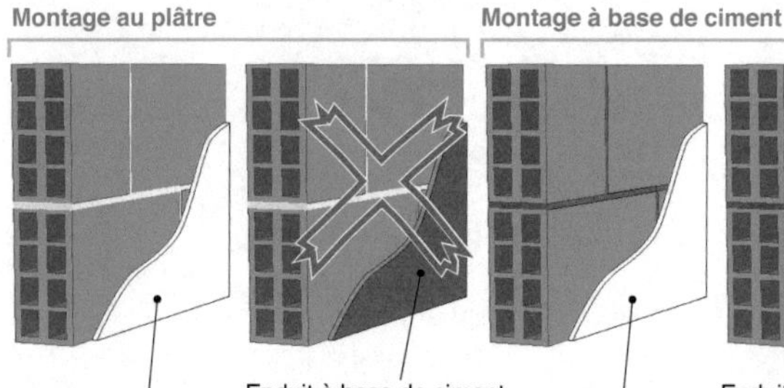

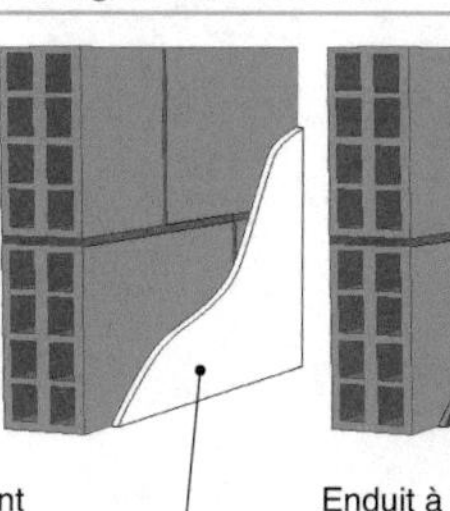

Enduit plâtre et local humide
(Locaux EB + privatifs)
Protection du pied de cloison et des surfaces carrelées

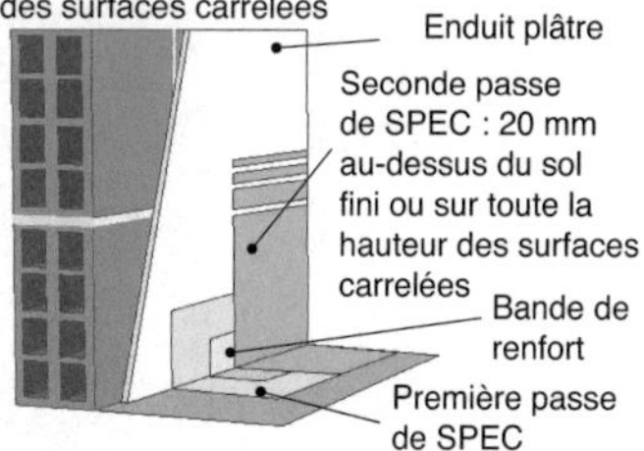

SPEC : système de protection à l'eau sous carrelage

Figure 43 : Les prescriptions pour les cloisons en briques

Pour éviter tout risque de fissure, il ne faut pas effectuer de joints entre briques dans le prolongement des montants de l'huisserie. On découpe une brique en forme de pistolet avec un retour sur le haut de l'huisserie.

Le choix de la nature de l'enduit de finition dépend du liant utilisé pour le montage.
Pour une cloison montée avec du plâtre à briqueter ou du liant-colle à base de plâtre, seul un enduit à base de plâtre est autorisé.
Si le montage a été effectué avec un mortier de ciment, l'enduit peut être à base de plâtre, de ciment ou de chaux.
Si un enduit plâtre a été réalisé dans une pièce humide, il doit être protégé par un SPEC (système de protection à l'eau sous carrelage) dans les zones humides ou exposées et sous la partie carrelée.

La figure 44 présente un exemple de mise en œuvre de cloison en briques plâtrières avec du plâtre à briqueter.
Le plâtre est préparé en grande quantité selon les recommandations indiquées sur le sac. Il est recouvert d'eau et est mélangé au fur et à mesure des besoins. Chaque brique est graissée avant la pose : on applique du plâtre sur le dessous et le côté qui sera en contact avec le mur ou la brique précédente. Elle est ensuite mise en place en l'appuyant au sol et contre le mur (ou la brique précédente). On doit maintenir la brique posée précédemment pour ne pas la décaler. À chaque rang, on se guide sur la ligne courante.
Tout en maintenant la brique posée et la précédente, on retire le plâtre qui a reflué.
L'épaisseur du joint entre les briques doit être de 5 à 8 mm pour le plâtre, 8 à 12 mm pour un mortier de chaux et 10 à 15 mm pour un mortier de ciment.

La figure 45 présente un exemple de montage d'une cloison avec des briques grand format à clavettes. La pose est plus rapide qu'avec des briques plâtrières. Il est indispensable de poser des règles verticales ou des règles à bâtir et de se munir de pinces pour maintenir les briques. Il n'est pas nécessaire d'utiliser une ligne courante.

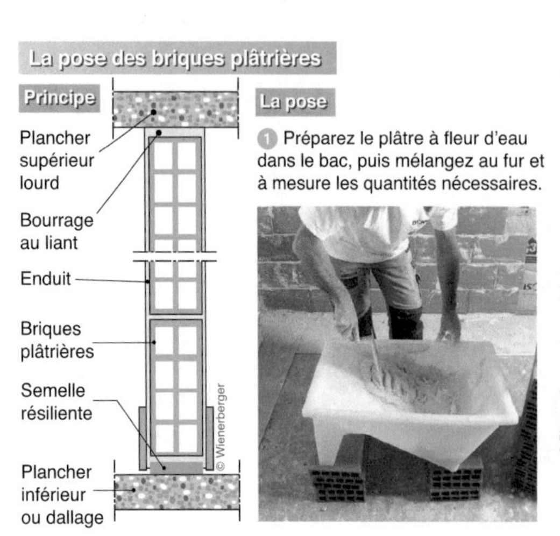

2 Graissez chaque brique avant de l'installer. Le graissage consiste à appliquer le plâtre sur le dessous et le côté en contact avec la brique précédemment posée ou la paroi verticale.

Figure 44 : Exemple de pose de briques plâtrières...

③ Mettez la brique en place dans l'alignement de celles posées précédemment. Référez-vous à la ligne courante.

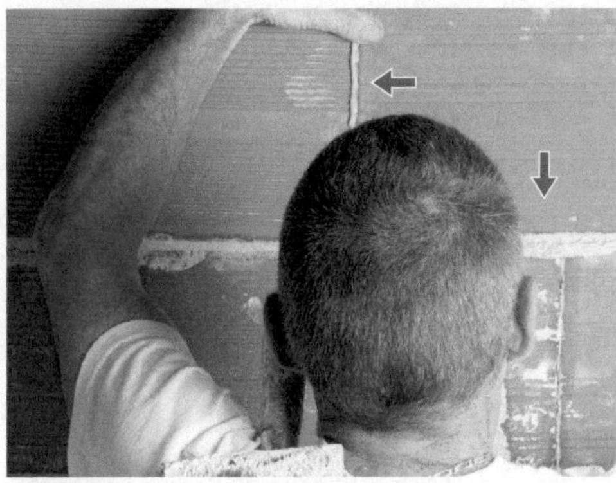

④ Pressez la brique contre les éléments déjà en place. Le joint créé est de 5 à 8 mm pour le plâtre, 8 à 12 mm pour le mortier de chaux et 10 à 15 mm pour un mortier de ciment.

⑤ Retirez au fur et à mesure le plâtre qui a reflué, tout en maintenant la brique. Grattez les joints et les dépôts de plâtre éventuels avant le séchage complet.

⑥ Le montage des briques s'effectue toujours à joints décalés, sur une longueur de 1/3 à 1/2 par rapport à celle d'une brique.

... *Figure 44* : Exemple de pose de briques plâtrières

Le sol doit être propre. Il peut être nécessaire de poser une bande résiliente collée à la colle néoprène avant de poser les briques (notamment pour une cloison entre deux planchers lourds).

Il est possible d'utiliser du liant-colle à base de plâtre pour les pièces sèches ou à base de ciment pour les pièces humides. Des briques montées au liant-colle à base de plâtre ne devront pas recevoir un enduit à base de ciment.

La première brique est graissée au liant-colle sur sa base et le chant latéral, puis elle est mise en place en début de cloison en l'appuyant au sol et contre le mur pour faire refluer la colle. Utilisez ensuite une pince pour la serrer contre la règle verticale de départ.

Graissez la brique suivante comme précédemment, puis mettez-la en place contre la première brique.

Insérez une clavette entre les deux briques dans les rainures supérieures. Pour des briques larges, il peut être nécessaire de poser deux clavettes. Continuez ainsi la rangée jusqu'à la prochaine règle verticale

La pose des briques avec clavettes

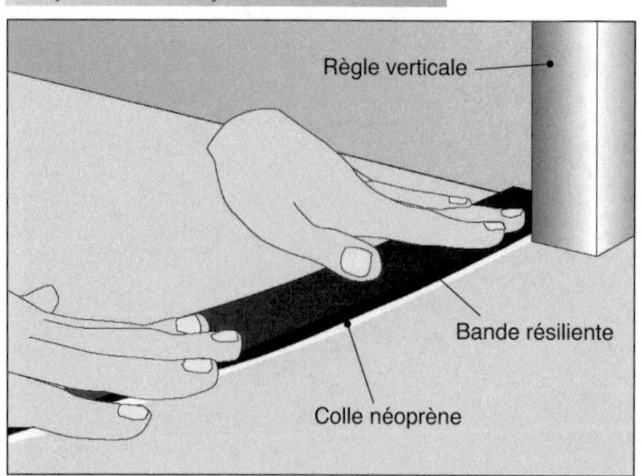

1 Nettoyez le sol, puis installez les règles verticales. Collez si nécessaire une bande résiliente sous la future cloison (désolidarisation).

2 Graissez à la colle le chant et la base de la première brique au niveau des lèvres extérieures.

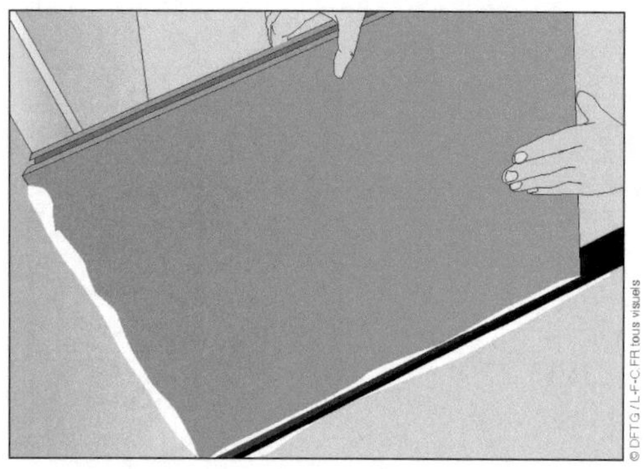

3 Placez la première brique contre la règle, en contact avec le sol et le mur en la pressant fortement.

4 Posez la brique suivante dans l'alignement.

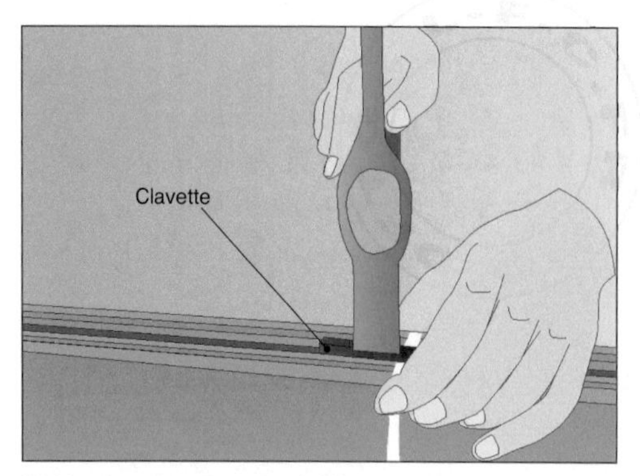

5 Liez chaque carreau au précédent en insérant une clavette dans la rainure centrale des deux briques. Vérifiez l'alignement des éléments avec une règle.

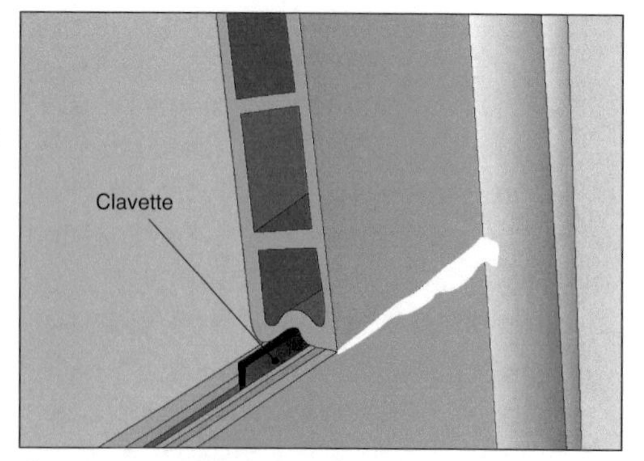

6 Après la réalisation du premier rang, posez la seconde rangée en décalant les raccords (1/3 ou 1/2). Insérez une clavette, puis posez la demi brique.

→ *Figure 45* : Exemple de montages de briques avec clavettes…

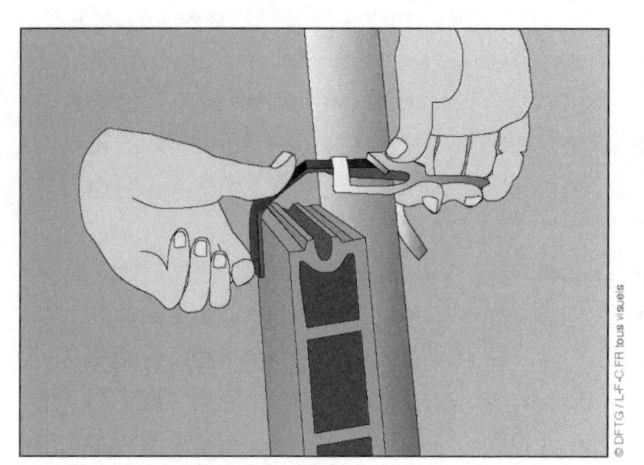

⑦ À chaque rang, plaquez les briques contre les règles verticales à l'aide de pinces.

⑧ Procédez de la même façon pour tous les rangs. Réalisez les joints sur une grande largeur avec la colle et un platoir.

La liaison avec le plafond

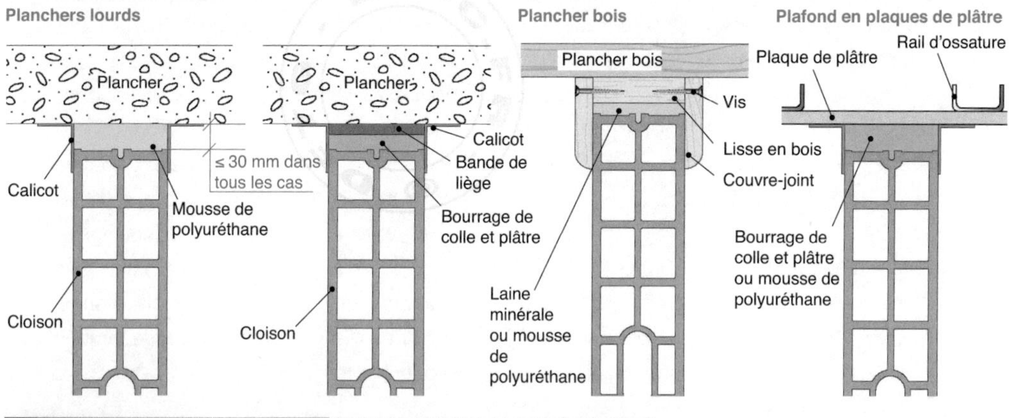

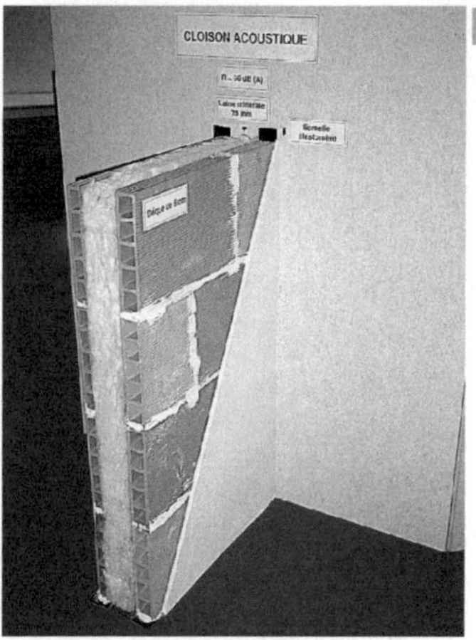

Cloisons isophoniques désolidarisées

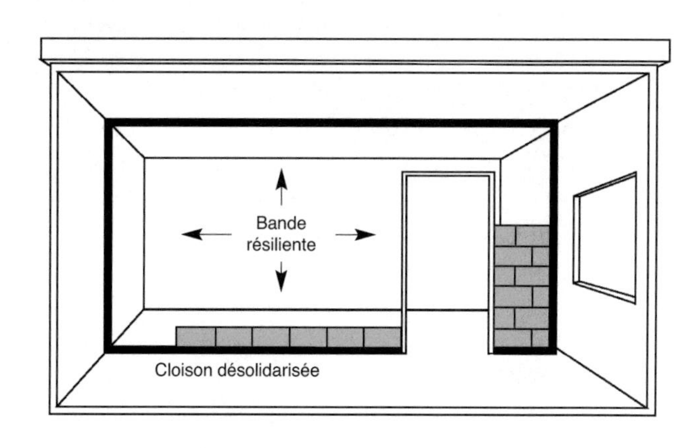

... *Figure 45* : Exemple de montages de briques avec clavettes

contre laquelle la dernière brique sera serrée avec une pince. Vérifiez à la règle l'alignement du premier rang et rectifiez si nécessaire.
Après la pose du premier rang, continuez la pose à partir du début de cloison. Utilisez une brique recoupée pour avoir un décalage des joints verticaux d'un tiers ou d'une demi brique. Insérez une clavette sur le rang déjà posé au niveau du joint avec la prochaine brique. Serrez la demi brique sur la règle avec une pince, puis continuez la pose comme pour le premier rang.

La pose du dernier rang de brique peut se faire horizontalement ou verticalement selon l'espace disponible jusqu'au plafond. L'espace restant entre la dernière rangée de briques et le plafond ne doit pas être supérieur à 3 cm. Il sera comblé de différentes façons selon le type de plafond.

Pour un plafond lourd, on peut combler l'espace avec de la mousse polyuréthane, le raccord sera ensuite masqué par un calicot. Une autre solution consiste à coller une bande de liège, puis à bourrer l'espace avec un mélange de liant-colle et de plâtre ou de liant-colle à base de ciment avec un mélange avec du sable.
Pour un plancher bois, une lisse en bois est fixée au plafond et l'espace entre le haut de la cloison et la lisse est comblé à la mousse de polyuréthane. Un couvre-joint en bois est ensuite fixé sur la lisse pour masquer le raccord.
Avec un plafond en plaques de plâtre, l'espace est comblé avec de la mousse de polyuréthane ou avec un mélange de liant-colle et de plâtre.
Pour réaliser une cloison isophonique (isolante et phonique, transmettant peu les bruits), il est nécessaire de coller une bande résiliente de 10 mm sur tout le pourtour de la cloison. Il est possible d'utiliser des briques prévues à cet effet ou de monter deux cloisons parallèles en briques posées sur des bandes résilientes, avec un isolant entre les deux.

Une autre solution de cloison en briques consiste à utiliser des briques rectifiées pour un montage en maçonnerie roulée (figure 46). Les joints verticaux sont à emboîtement pour un assemblage à sec. N'utilisez que des briques prévues à cet effet, car elles sont rectifiées après cuisson pour avoir des dimensions parfaites. Le montage est rapide et nécessite peu d'eau. Les pertes thermiques dues aux joints sont négligeables. Les préparations sont les mêmes qu'avec des briques plâtrières, avec la pose de règles verticales et d'une ligne courante. Le montage s'effectue avec le mortier-joint ou la colle préconisés par le fabricant. L'application s'effectue avec un rouleau d'application équipé d'une pige de largeur adaptée à celle de la cloison ou en trempant les briques dans une auge remplie de colle.

La pose du premier rang s'effectue sur un solin de mortier frais, à partir des angles, après avoir soigneusement vérifié les niveaux. L'interposition d'une bande résiliente sous le solin peut être nécessaire. La pose s'effectue toujours de gauche à droite. Il n'est pas nécessaire d'encoller les joints verticaux entre les éléments. Préparez le mortier pour joints minces dans un seau en utilisant un malaxeur. Vous devez obtenir la consistance d'une crème épaisse.
Au moyen d'un rouleau spécial adapté à l'épaisseur de la cloison, appliquez le mortier-joint régulièrement sur toute la largeur de la première rangée de briques. Utilisez toujours

le rouleau en tirant lentement et non en poussant. L'épaisseur du mortier-joint doit être de 3 mm environ et former des picots. Si vous n'avez pas de rouleau, vous pouvez tremper la face inférieure des briques dans le mortier-joint avant leur pose. Montez la ligne courante d'un rang, puis collez les briques du deuxième rang en décalant les

1 La pose du premier rang s'effectue sur un solin de mortier frais.

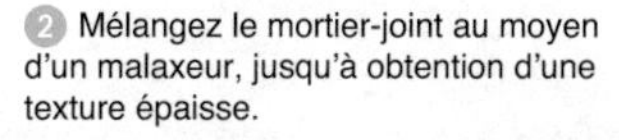

2 Mélangez le mortier-joint au moyen d'un malaxeur, jusqu'à obtention d'une texture épaisse.

3 Si vous ne disposez pas de rouleau applicateur, vous pouvez tremper les briques dans le mortier-joint.

4 Appliquez le mortier-joint avec le rouleau, équipé d'une pige de réduction adaptée à la largeur des briques utilisées.

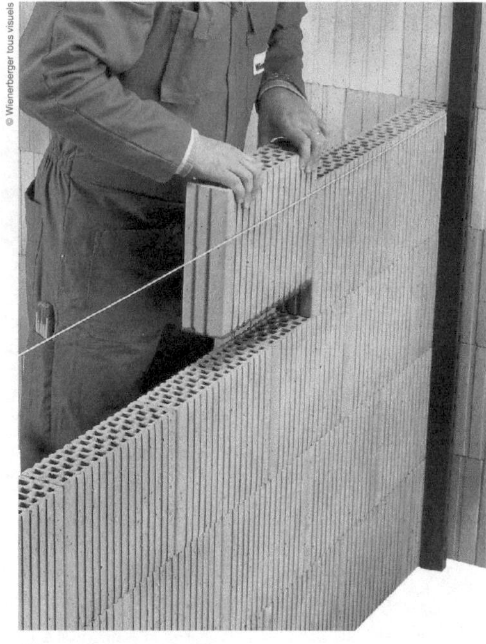

5 Faites glisser chaque brique en l'insérant dans les rainures verticales de la précédente, jusqu'au mortier-colle.

Figure 46 : Les cloisons en maçonnerie roulée

joints d'une demi-brique. Chaque nouvelle brique doit être placée contre l'arête supérieure de la dernière posée, puis descendue jusqu'au mortier-joint et appuyée fortement. Ne commencez pas par poser la brique sur le mortier-joint en la faisant glisser vers la dernière brique posée : le mortier-joint deviendrait inefficace. Continuez la pose des rangs suivants de la même façon.

» L'enduisage des cloisons en briques

Quelles que soient le type de briques utilisé, une finition par application d'une couche d'enduit est nécessaire (figure 47). Elle isole phoniquement et thermiquement, régule l'hygrométrie et permet de masquer les inégalités. La surface obtenue est unie

Solution traditionnelle

2 Égalisez l'enduit pour obtenir une surface unie et plane avec une taloche ou une règle, selon la surface.

1 Appliquez l'enduit de plâtre manuellement en le projetant à la truelle (gobetage) ou par projection mécanique.

3 Grattez dès le début de la prise pour obtenir une suface lisse.

Enduit fin projeté pour briques à parement lisse

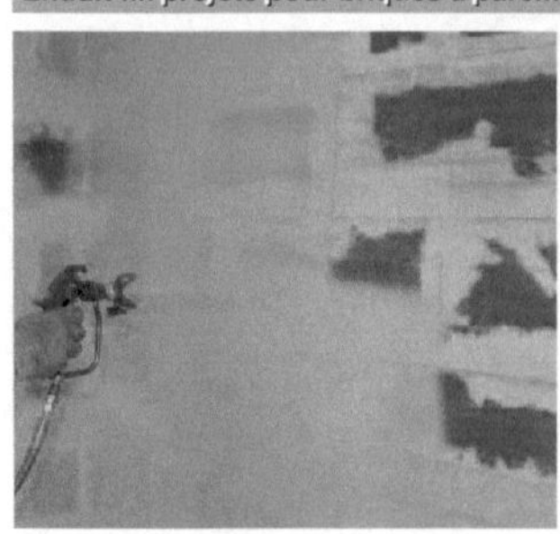

1 Traitez les joints, puis appliquez une couche d'enduit sur toute la surface en couches croisées, de haut en bas et de gauche à droite.

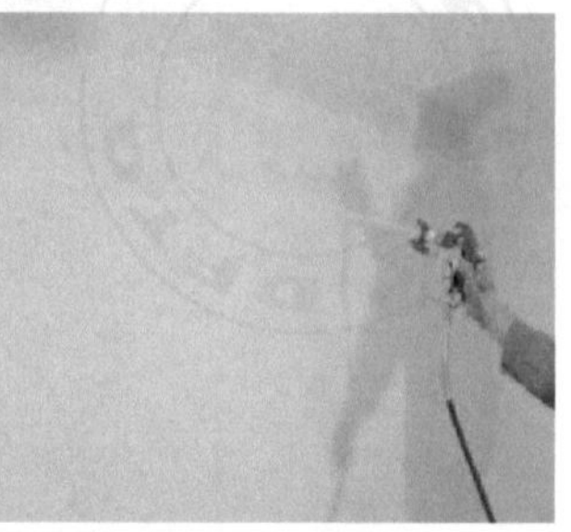

2 Après 24 heures de séchage, passez une seconde couche d'enduit dans les mêmes conditions que la première.

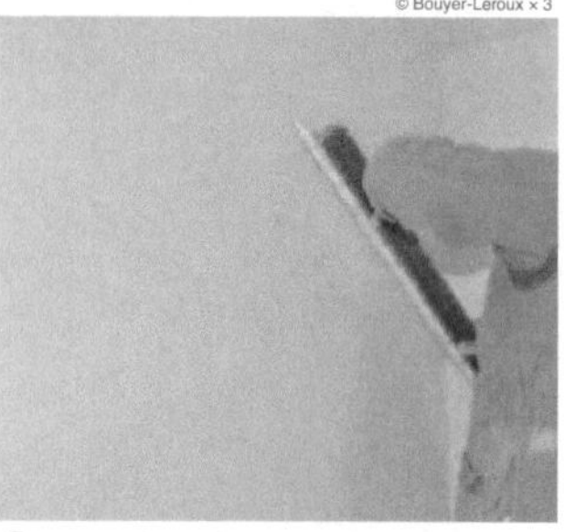

3 Lissez à la lame pour obtenir une bonne planéité.

Figure 47 : L'enduisage des cloisons en briques

et propre. Il ne reste plus qu'à réaliser la décoration de votre choix. Il est préférable de confier cette tâche à un professionnel, car sans expérience, il est difficile d'obtenir un bon résultat. La méthode est indiquée à titre indicatif. Pour les briques à surface striée, le plâtre peut s'appliquer manuellement ou mécaniquement par projection. La première couche, le dégrossissage, s'effectue au plâtre gros. Elle comprend le gobetage, qui consiste à projeter le plâtre sur la paroi et le talochage, phase où l'étale et égalise la couche de plâtre. Lorsque celui-ci a pris, il faut le gratter avec une règle ou une truelle. Une deuxième couche de finition peut être appliquée avec un plâtre plus fin.

Pour les briques à surface lisse, on travaille avec un enduit fin airless (application projetée par air sous pression). La première étape consiste à projeter l'enduit au niveau de tous les joints verticaux et horizontaux (marouflage). Une seconde couche est ensuite appliquée sur toute la surface, de haut en bas, en croisant les couches sur 50 %, puis de gauche à droite en suivant le même mode opératoire.

Après 24 heures de prise, renouvelez l'application sur toute la surface comme précédemment. Pour obtenir un état de surface parfait, l'enduit est gratté à la lame.

Les cloisons en béton cellulaire

Le béton cellulaire est à la fois léger (deux fois plus que des carreaux de plâtre pleins) et très résistant à la compression, ce qui le destine tout naturellement à la réalisation de cloisons, en plus de ses multiples usages possibles. Ses capacités d'isolation thermique et acoustique sont excellentes ainsi que sa résistance au feu. Le béton cellulaire facilite la diffusion de la vapeur d'eau, ce qui permet à des murs anciens de « respirer ». Le travail du béton cellulaire est aisé. Il est facile de lui donner la forme désirée. C'est d'ailleurs un matériau apprécié pour la sculpture. Vous pouvez ainsi réaliser facilement des éléments de décoration comme des arcades ou des piliers sculptés. Il est aussi très pratique pour la réalisation d'aménagements de rangement (placards, demi-cloisons, paillasses, bar, etc.). Il est résistant à l'humidité.

Pour une cloison, on utilise au minimum des carreaux de 7 cm d'épaisseur (il en existe également de 10 cm). Les carreaux ont une taille de 25 ou 50 cm de hauteur pour une longueur de 62,5 cm. Leurs côtés comportent un profil lisse ou à emboîtement. Il existe même des carreaux courbes (de 10 cm d'épaisseur).

Les carreaux se montent avec une colle à base de ciment pour les pièces humides ou à base de plâtre pour les pièces sèches. L'application de la colle s'effectue à l'aide d'un outil applicateur cranté (truelle crantée) adapté à la largeur des carreaux. Il permet de déposer une couche régulière de colle et de la strier. Certaines dispositions doivent être respectées en ce qui concerne les pieds de cloisons (figure 48).

Sur un sol en béton lisse, appliquez le mortier-colle au sol à l'avancement avec la truelle crantée, puis posez les carreaux directement en les réglant avec un maillet en caoutchouc.

Pour un sol en béton brut, il est nécessaire de réaliser un socle en béton ou en mortier de la hauteur des chapes. Après séchage, appliquez le mortier-colle comme précédemment.

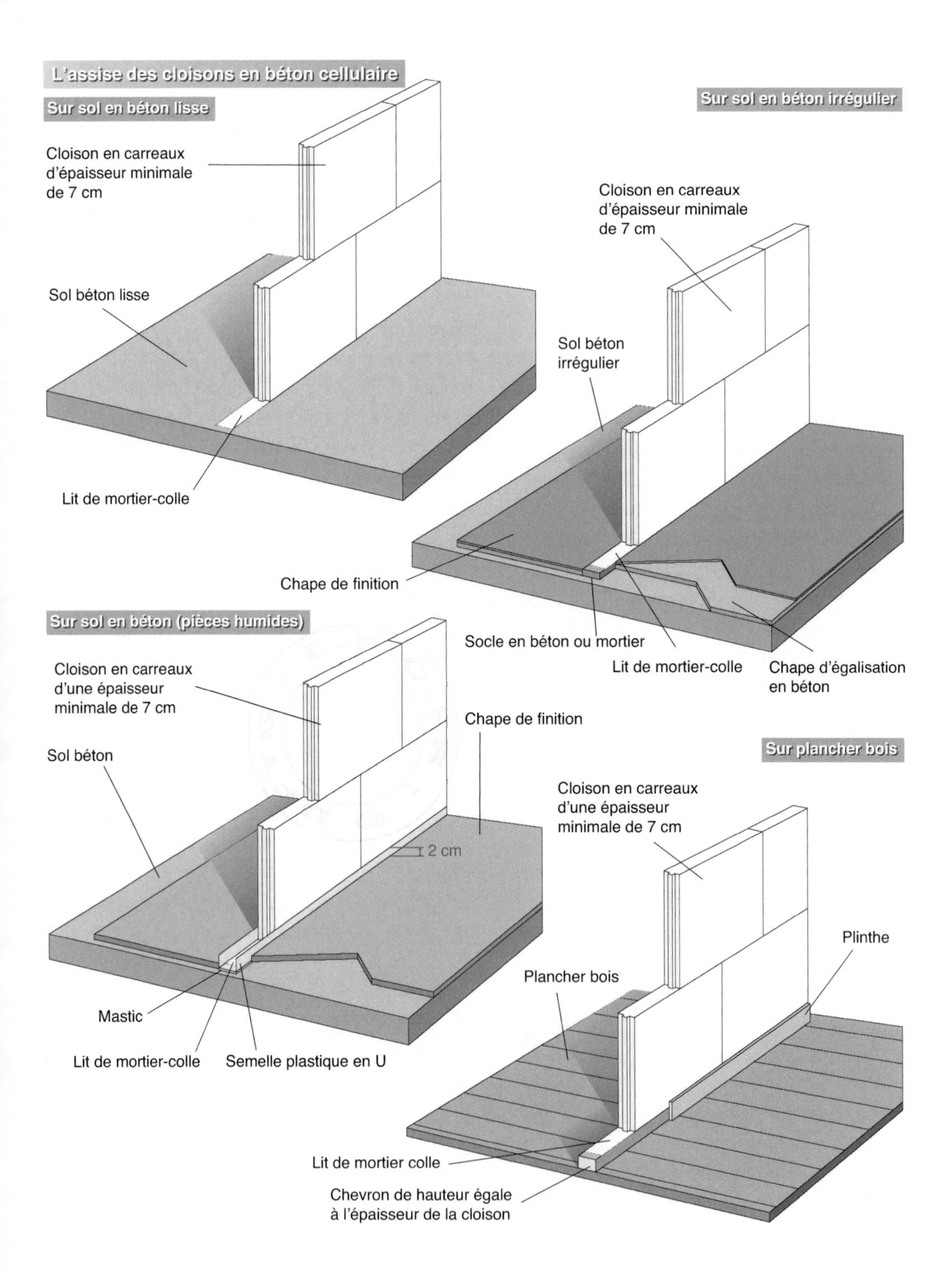

Figure 48 : Les pieds de cloison

Sur un sol en béton, dans le cas de pièces humides, il faut placer préalablement une semelle plastique en U sur toute l'emprise de la cloison. Cette semelle est collée. Elle doit dépasser d'au moins 2 cm la hauteur du sol fini. Le mortier-colle est ensuite appliqué dans le fond de la semelle, à l'avancement.

Sur un plancher bois, afin de répartir les charges, il est nécessaire de poser un chevron de hauteur et d'épaisseur égales à la largeur des carreaux. Il recevra directement le mortier-colle. La liaison entre le chevron et le bas des carreaux sera masqué par une plinthe.

Pour les carreaux lisses, on applique le mortier-colle sur tous les côtés au fur et à mesure du montage. Pour les carreaux à emboîtement, le mortier-colle est appliqué sur les faces d'assise (horizontales), les joints verticaux ne sont pas encollés (joint sec). Seuls les côtés des carreaux de départ ou d'arrivée sur un mur, un bloc-porte ou un raidisseur reçoivent une couche de mortier-colle.
Le réglage des carreaux lors de la pose s'effectue avec un maillet de caoutchouc. Une planche à poncer permet d'égaliser les rangs si nécessaire. La découpe s'effectue avec une scie égoïne à matériaux ou avec une scie électrique.
Les faces des carreaux sont légèrement granuleuses et ne peuvent pas accueillir directement une finition. Il est nécessaire d'appliquer un enduit pelliculaire en deux couches adapté au béton cellulaire. Un carrelage peut y être collé directement en utilisant une colle adaptée. On peut également recouvrir les carreaux d'une toile de verre collée avant la mise en peinture. Un autre inconvénient du béton cellulaire est que l'on doit utiliser des chevilles spécifiques pour réaliser des fixations.

Commencez par enduire le sol de mortier-colle avec la truelle crantée sur une longueur de carreau, sur l'emplacement tracé pour la cloison.
Enduisez de mortier-colle le côté du carreau en contact avec le mur. Mettez-le en place, puis pressez-le contre le mur et le sol. Vérifiez le niveau et l'aplomb. Rectifiez éventuellement en frappant le carreau avec un maillet en caoutchouc. Appliquez le mortier-colle au sol pour le carreau suivant, et sur le côté qui viendra en contact avec le premier carreau (pour les carreaux lisses). Continuez ainsi la première rangée en vérifiant le niveau et l'aplomb au fur et à mesure. Si des aspérités persistent, égalisez la surface avec la planche à poncer, puis dépoussiérez la surface avant de monter le rang suivant. Avant de continuer, il est nécessaire de solidariser la cloison au mur. Pour ce faire, utilisez du feuillard perforé en acier galvanisé ou inoxydable que vous plierez en forme d'équerre. Vous pouvez aussi utiliser de fines équerres du même matériau (figure 49). Fixez l'équerre au mur avec vis et chevilles et avec un clou dans le carreau de béton cellulaire. Cette opération doit être répétée à chaque rang ou tous les deux rangs.
Si le mur et le plafond sont susceptibles de subir des déformations structurelles (béton) et pour éviter des fissures dans la future cloison, il est conseillé de coller une bande résiliente (de même largeur que la cloison) sur toutes les surfaces d'appui de la cloison (mur de départ, bloc-porte, raidisseurs, plafond). Cette solution améliore également l'isolation phonique.

Principe de pose des carreaux

Encollage

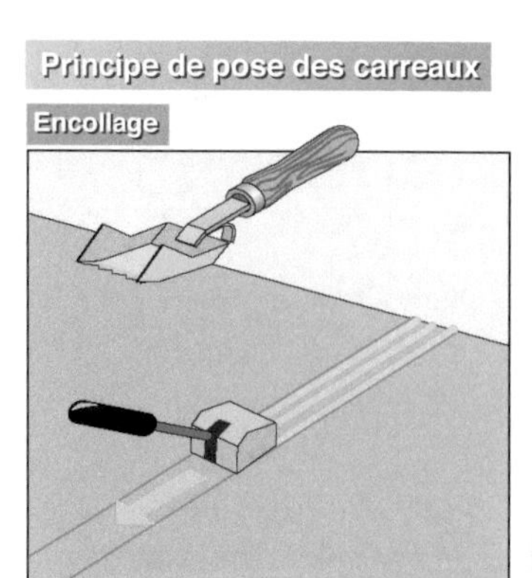

L'application du mortier-colle s'effectue avec une truelle crantée. Ici application au sol sur la longueur du premier carreau.

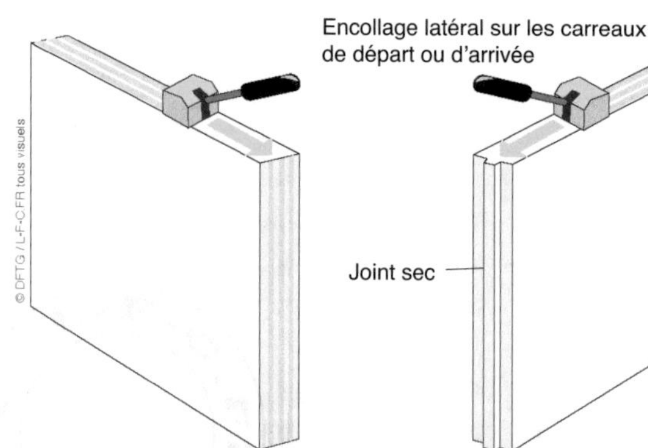

Sur des carreaux à côtés lisses, l'application du mortier-colle s'effectue sur un côté et sur le dessus pour le second rang.

Sur des carreaux à emboîtement, seuls les joints horizontaux reçoivent une couche de mortier-colle.

Pose du premier carreau

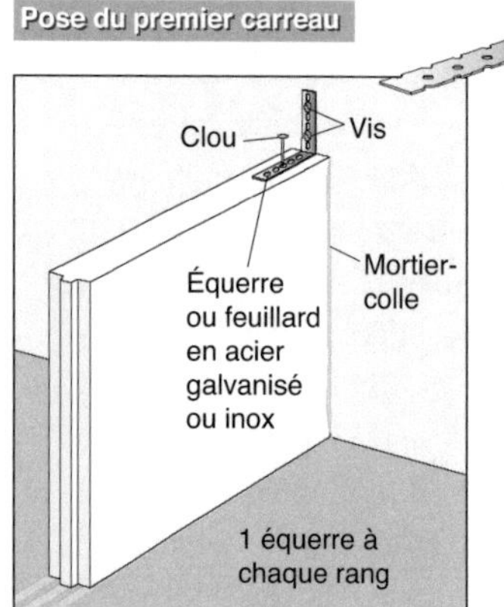

Pose directe : mur en petits éléments de maçonnerie, enduit plâtre...

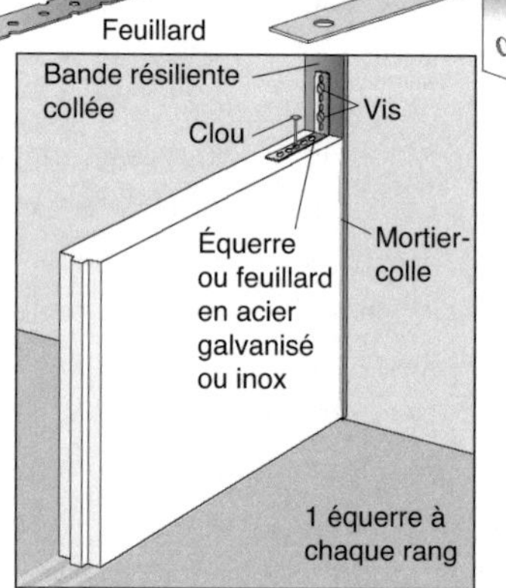

Pose désolidarisée : mur et plafond en béton, risques de fissurage.

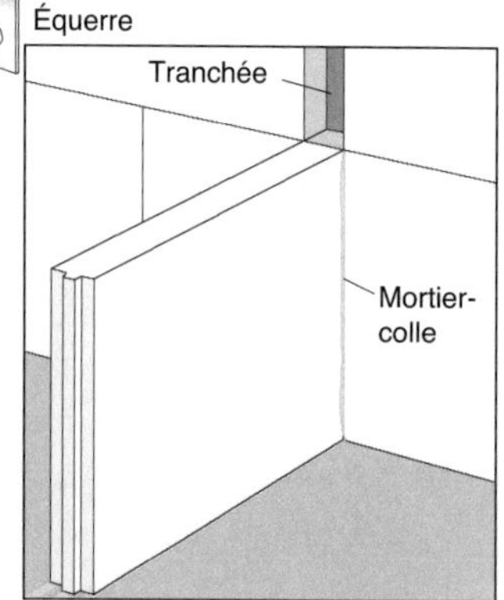

Pose avec engravement partiel ou pose croisée : carreaux de plâtre, enduit de plâtre, béton cellulaire.

Liaison avec les huisseries ou les raidisseurs

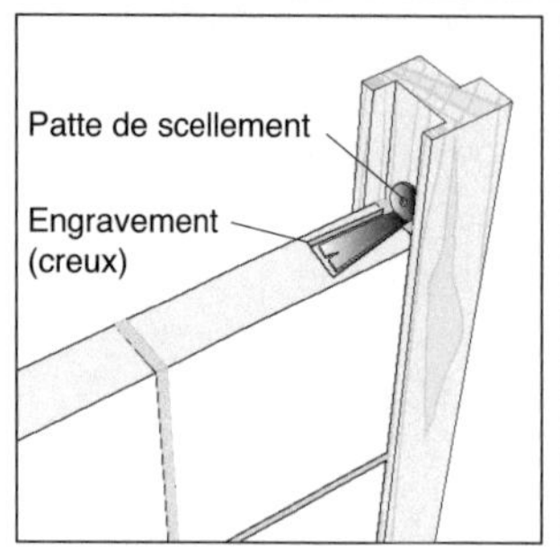

Engravement des pattes de scellement sur un raccord horizontal.

Découpe en queue d'aronde dans un carreau à reboucher au plâtre fort.

Aplanissage de la première rangée

Aplanissage du premier rang à la planche à poncer (si nécessaire), puis dépoussiérer.

Figure 49 : Le principe de pose des carreaux

Enfin, si le départ est effectué à partir d'un mur en béton cellulaire, ou d'une paroi avec enduit de plâtre ou carreaux de plâtre, il est possible d'engraver partiellement les carreaux dans le mur pour tous les rangs ou un rang sur deux.

Au niveau des huisseries, utilisez trois pattes de scellement de chaque côté des montants du bâti. Elles peuvent être placées au même niveau que les paumelles. Au niveau des carreaux, deux solutions sont possibles. La première consiste à réaliser un petit engravement (tranchée) dans la partie supérieure d'un carreau pour y loger la queue de la patte (sans créer de surépaisseur), puis de la recouvrir avec du mortier-colle. Quand la hauteur d'installation des pattes ne correspond pas à la hauteur d'un carreau, on découpe son emplacement en queue d'aronde à la scie sauteuse et on scelle la patte avec du plâtre fort (plâtre peu liquide). La pose continue par la pose du second rang en commençant par un demi carreau. Pour réaliser un angle, on procède par harpage.

Pour le dernier rang de carreaux au niveau du plafond, il faut ménager un espace de 1 à 2 cm (figure 50). Cet espace sera comblé avec de la mousse expansive qui sera découpée après séchage. Un calicot recouvert d'enduit viendra masquer la liaison. Dans le cas d'une cloison désolidarisée, une bande résiliente est préalablement collée au plafond. L'espace entre le dernier carreau et la bande sera comblé au mortier-colle. Pour une meilleure rigidité de la cloison, il est possible de l'ancrer au plafond avec quelques équerres en feuillard.

Liaisons avec le plafond

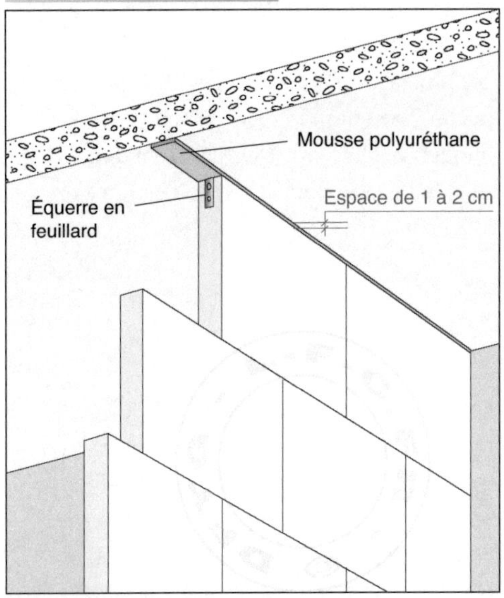

Pose classique : ménagez un espace de 1 à 2 cm entre le dernier rang et le plafond à combler à la mousse expansive.

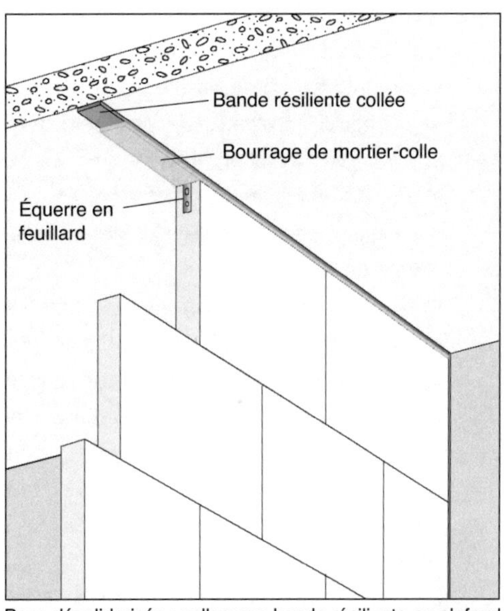

Pose désolidarisée : collez une bande résiliente au plafond, puis comblez l'espace entre le dernier rang et le plafond avec du mortier-colle.

Figure 50 : Les liaisons avec le plafond...

Liaisons avec les bloc-porte

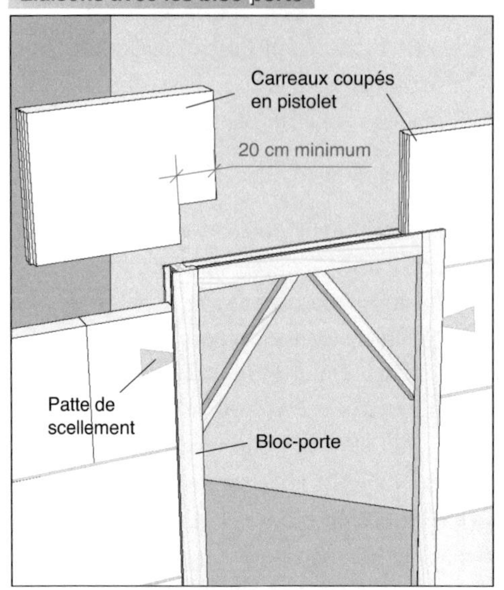

Pose classique : découpez en forme de pistolet les carreaux au niveau du haut du bloc-porte.

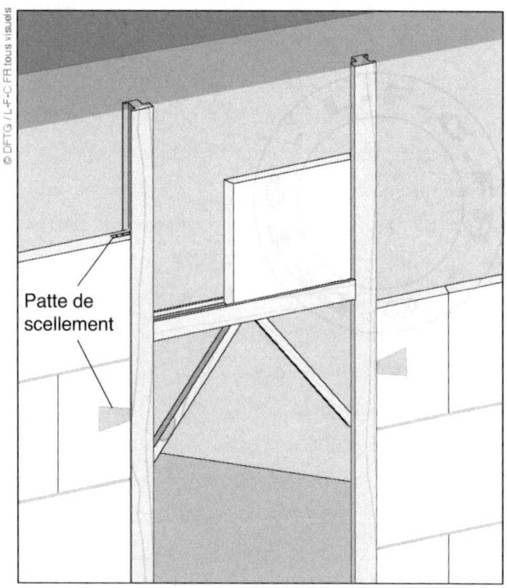

Bloc-porte avec imposte : posez des pattes de scellement ou des équerres sur les carreaux.

... *Figure 50* : Les liaisons avec le plafond

Au niveau des bloc-portes, il ne faut pas réaliser un joint de carreau dans l'alignement des montants : il se fissurerait. Il convient de couper des carreaux en forme de pistolet avec un recouvrement d'au moins 20 cm au-dessus du bâti et ce, des deux côtés. L'espace restant sera comblé avec des carreaux découpés.

Dans le cas d'une huisserie avec imposte montant jusqu'au plafond, celle-ci doit être fixée ou scellée au sol. Les carreaux au niveau de l'imposte sont solidarisés avec une patte de scellement.

Une fois la cloison réalisée, toute la surface doit être uniformisée avec la planche à poncer, puis dépoussiérée.

Les carreaux de béton cellulaire de 7 cm d'épaisseur permettent de réaliser une cloison d'une hauteur maximale de 2,60 m sur une longueur maximale de 5 m ou d'une surface maximale de 10 m² entre raidisseurs. La fonction de raidisseur peut être assurée par l'ancrage au mur, un angle, une huisserie ou un poteau spécifique comme pour les briques. Avec des carreaux de 10 cm d'épaisseur, la hauteur peut être portée à 3 m et la longueur à 6 m.

Les carreaux de plâtre

Les carreaux de plâtre présentent des parements parfaitement lisses ne nécessitant pas d'enduit. Leur pourtour est muni de tenons et de mortaises pour faciliter leur montage. Ils sont très utilisés pour tous les types de cloisons et divers aménagements (bars, ossatures de placards, etc.). Les carreaux de plâtre sont fabriqués à partir de gypse. Ils possèdent des facultés de régulation hygrométrique, sont résistants au feu mais sensibles à l'humidité (carreaux standards). Leur mise en œuvre est relativement simple (si l'on respecte certaines règles) et nécessite peu d'outillage. Plusieurs types de carreaux sont disponibles dans le commerce. Les carreaux standards sont en plâtre pur et de couleur blanche. Leur dimension est de 55 × 66 cm. Ils sont disponibles en plusieurs épaisseurs : 5, 6, 7 et 10 cm. Les carreaux de 5 et 6 cm d'épaisseur sont destinés principalement aux doublages. Les carreaux peuvent être pleins ou alvéolés (figure 51). Les modèles alvéolés sont 25 % plus légers et sont donc plus appropriés que les carreaux pleins sur plancher léger. Les carreaux s'assemblent avec un liant-colle. Les fabricants proposent également des carreaux traités pour des utilisations spécifiques. Les carreaux de couleur bleue ont reçu un traitement hydrofuge dans la masse leur permettant de résister à l'eau et à l'humidité. Ils sont indiqués dans les cuisines, salles de bains, caves et garages. Les carreaux de couleur verte ont reçu un traitement hydrofuge renforcé et un traitement leur offrant une plus grande dureté. Ils sont surtout utilisés dans les bâtiments collectifs. Les carreaux hydrofuges doivent être assemblés avec un liant-colle spécifique. Les carreaux de couleur rose-saumon ont reçu un traitement leur permettant de mieux résister aux chocs (locaux collectifs). Les carreaux allégés, de couleur jaune, sont jusqu'à 40 fois plus légers et deux fois plus isolants que les carreaux standards.

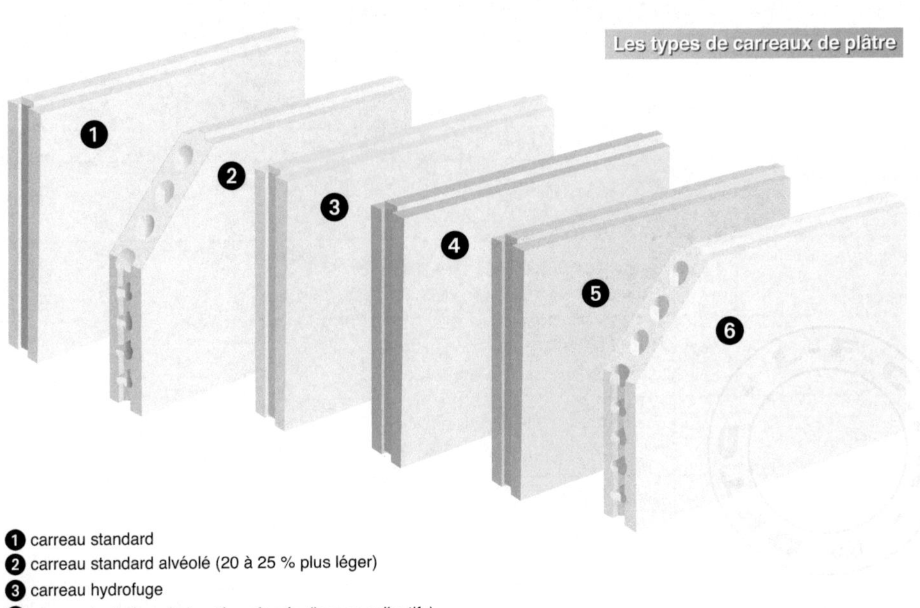

Figure 51 : Les caractéristiques des carreaux de plâtre

Disponibles en épaisseur de 7 cm, ils sont recommandés pour les planchers légers.

Le tableau de la figure 52 présente les principales caractéristiques des carreaux de plâtre. On notera que la résistance au feu est bonne, la résistance thermique satisfaisante et qu'ils offrent une bonne isolation phonique. En revanche, ils sont lourds. Il faut donc s'assurer de la solidité du support (notamment en cas de plancher léger) et de sa capacité à supporter ce poids. Si le risque de surcharge est un problème, il faut recourir à des cloisons sèches en plaques de plâtre, beaucoup plus légères. Il y a aussi la solution du béton cellulaire. En comparaison, un carreau de ce matériau de 7 cm d'épaisseur pèse seulement 14 kg.

» *Les règles de mise en œuvre*

Avant de se lancer dans la réalisation des cloisons et de monter le premier rang de carreaux, il convient d'étudier les différents cas possibles. Selon la destination de la pièce et la nature du sol existant, le montage ne s'effectue pas de la même manière.

Pour les pièces sèches (salon, chambre, couloir, bureau...) plusieurs types de pieds de cloison sont possibles (figure 53).

Le cas le plus simple consiste à démarrer sur un sol fini plan, propre et lisse (dalle béton lisse, chape adhérente...). Le premier rang de carreaux est collé directement sur le sol avec le liant-colle.

Caractéristiques des carreaux de plâtre (66 × 50 cm)

	Types de carreaux								
	Standard			Hydro			Hydroplus		Allégé
	5 cm	7 cm	10 cm	5 cm	7 cm	10 cm	7 cm	10 cm	7 cm
Résistance au feu avec bande résiliente	1 h –	3 h 1 h	4 h 3 h	1 h –	3 h 1 h	4 h 3 h	3 h –	4 h –	– 1 h 30
Résistance au feu avec mousse polyuréthane	1 h –	2 h 1 h 30	2 h 2 h	1 h –	2 h 1 h 30	2 h 2 h	2 h –	2 h –	– 1 h
Poids à l'unité	17 kg –	24 kg 18 kg	34 kg 26 kg	17 kg –	24 kg 18 kg	34 kg 26 kg	28 kg –	30 kg –	– 13 kg
Poids au m^2	51 kg –	72 kg 54 kg	104 kg 78 kg	51 kg –	72 kg 54 kg	104 kg 78 kg	84 kg –	120 kg –	– 39 kg
Résistance thermique (m^2.C/W)	0,14 –	0,20 0,23	0,29 0,32	0,14 –	0,20 0,23	0,29 0,32	0,14 –	0,20 –	– 0,5
Indice d'affaiblissement acoustique R dB(A)	31 –	34 32	38 33	31 –	34 32	38 33	35 –	41 –	– 30
Valeur en noir = carreau plein	Valeur en rouge = carreau alvéolé								

Figure 52 : Les caractéristiques des carreaux de plâtre

Les pieds de cloison

Pièces sèches

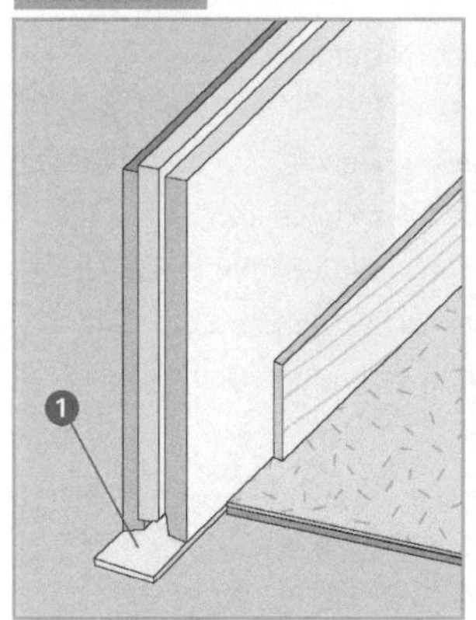

Sur un sol fini plan, collez le premier rang sur un lit de liant-colle ❶.

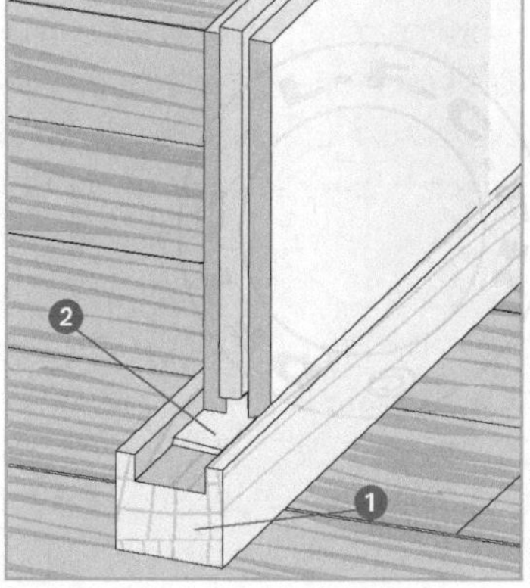

Sur un plancher bois existant, montez les carreaux sur une lisse en bois ❶. Ils sont collés dans la rainure avec le liant-colle ❷.

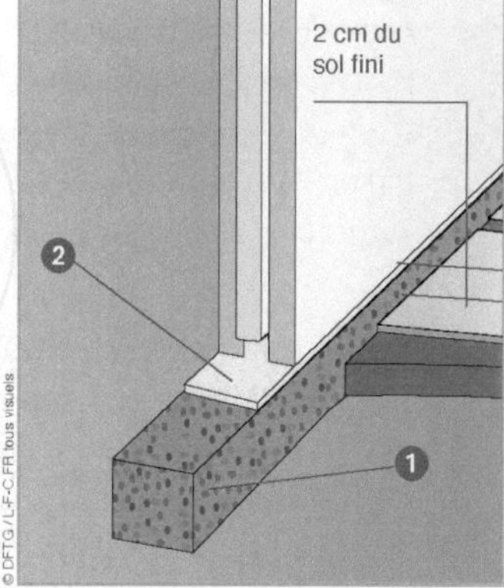

Sur un sol irrégulier, montez les carreaux sur un solin de mortier ❶. Collez les carreaux avec le liant-colle ❷.

Pièces humides

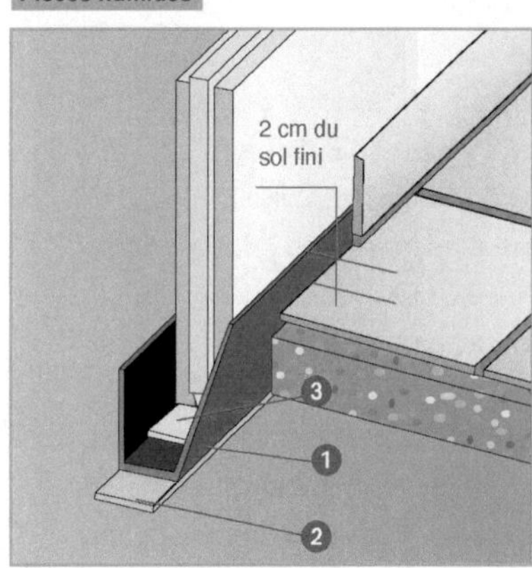

◄ Pour des pièces peu humides avec un revêtement de sol lavable, utilisez des carreaux standards (ici avant la réalisation d'une chape), utilisez un profilé plastique en U ❶ collé au mastic ❷. Posez les carreaux au liant-colle ❸.

► Pour des pièces peu humides non exposées aux projections d'eau, posez un premier rang de carreaux hydrofuges ❶ collés au liant-colle hydrofuge ❷, puis des carreaux standards ❸.

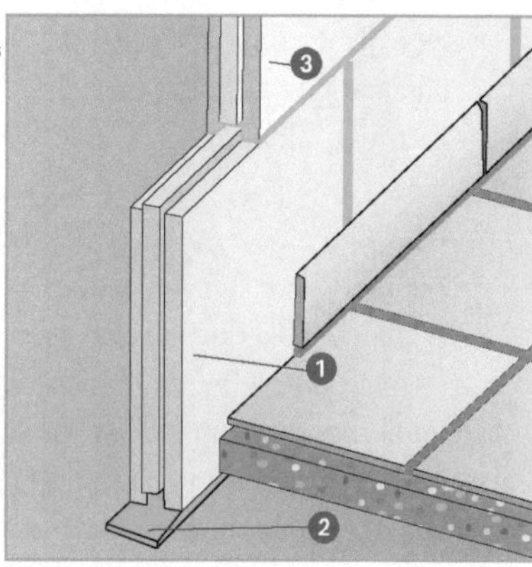

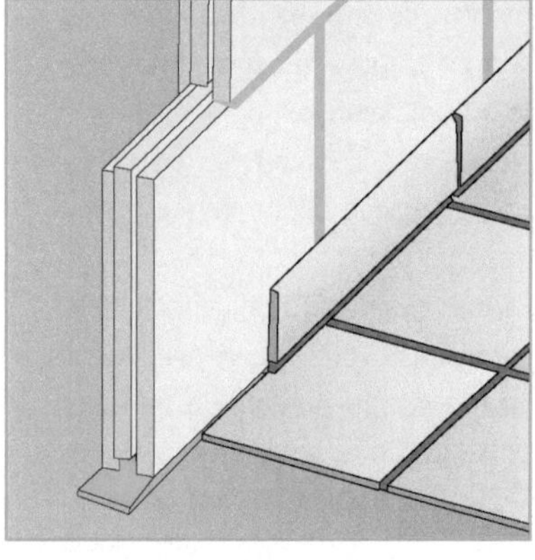

◄ Pour des pièces humides classiques (salle de bains domestique) utilisez des carreaux hydrofuges collés au liant-colle hydrofuge.

► Pour des pièces humides collectives, utilisez des carreaux hydrofuges renforcés ❶ collés au liant-colle hydrofuge ❷ sur un socle PVC ❸ dépassant de 2 cm le sol fini (pose avant la chape).

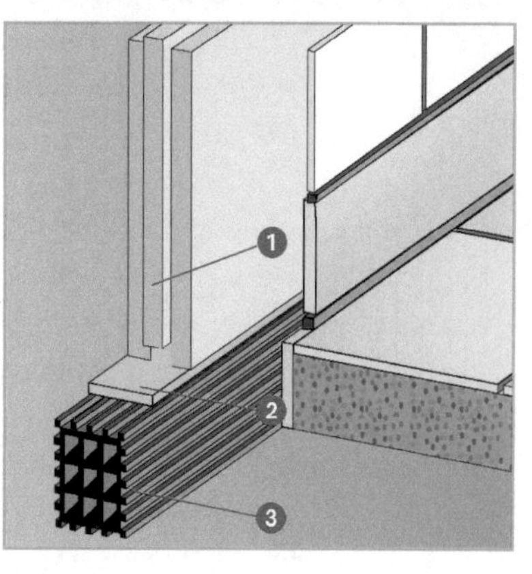

Figure 53 : Les pieds de cloison

Si le support est une dalle en béton brut, il est nécessaire de réaliser préalablement un solin de béton ou de mortier hydrofuge de niveau, de la largeur de la cloison (avec une hauteur dépassant de 2 cm celle du sol fini). Quand le solin est sec, on monte le premier rang comme précédemment.

Sur un plancher ancien ou un plancher bois (apte à supporter le poids de la cloison), il est nécessaire d'utiliser une lisse en bois afin de répartir les charges. Les carreaux sont ensuite collés au liant-colle au fond de la rainure. La cloison ne doit pas reposer sur une seule solive (poutre) au risque de la faire fléchir sous le poids.
De même, on ne monte pas une cloison sur une chape flottante ou un sol flottant (parquet, stratifié).

Pour une cloison réalisée avant les chapes, Au lieu du solin, vous pouvez utiliser un profilé en U collé au sol avec du mastic. Le profilé doit remonter d'au moins 2 cm au-dessus du sol fini. Cette solution convient également pour une pièce humide qui n'est pas directement exposée aux projections d'eau (cuisine, buanderie). Elle est adaptée également aux pièces sèches avec un revêtement de sol carrelé susceptible d'être régulièrement lavé à l'eau.

Une autre solution pour ces cas de figure et pour les parois de pièces humides (qui ne sont pas directement exposées aux projections d'eau) consiste à réaliser un premier rang de carreaux de plâtre hydrofuges montés avec le liant-colle adapté. Si les parois sont exposées aux projections d'eau (douche, baignoire), montez toute la cloison avec des carreaux de plâtre hydrofuges avec un liant-colle hydrofuge. Ces solutions avec des carreaux de couleur bleue conviennent pour les locaux domestiques.
Dans le cas de pièces très humides ou de locaux humides collectifs, utilisez des carreaux de plâtre hydrofuges renforcés. Il sont installés sur un socle en PVC collé au sol, avant la réalisation des chapes. Le profilé doit dépasser de 2 cm la hauteur du sol fini.

La liaison entre le haut de la cloison et le plafond peut s'exécuter de différentes manières. On ne doit jamais bloquer le dernier rang contre le plafond, il est nécessaire de ménager un espace dans tous les cas (entre 1 et 2 cm).

Selon la nature du plafond ou la structure du bâtiment, diverses dispositions constructives sont nécessaires afin que la cloison ne subisse pas de dégradations dans le temps (fissures) liées aux déformations du gros œuvre et des charpentes (figure 54).

Le cas le plus courant avec des plafonds en béton, en plâtre, en hourdis ou en brique consiste à coller au plafond une bande résiliente en liège. Au montage des carreaux, l'espace laissé sous cette bande ne doit pas dépasser 2 cm. Remplissez-le avec de la colle de blocage ou un mélange à parts égales de liant-colle et de plâtre. Recouvrez le raccord avec un calicot ou une bande de joint avec enduit souple.
Dans les mêmes champs d'application que la solution précédente, vous pouvez également utiliser de la mousse polyuréthane expansive. L'espace entre le dernier rang de carreaux et le plafond doit être d'environ 2 cm. Après un dépoussiérage et un nettoyage de l'espace restant, injectez la mousse expansive. Pour

Les liaisons avec le plafond

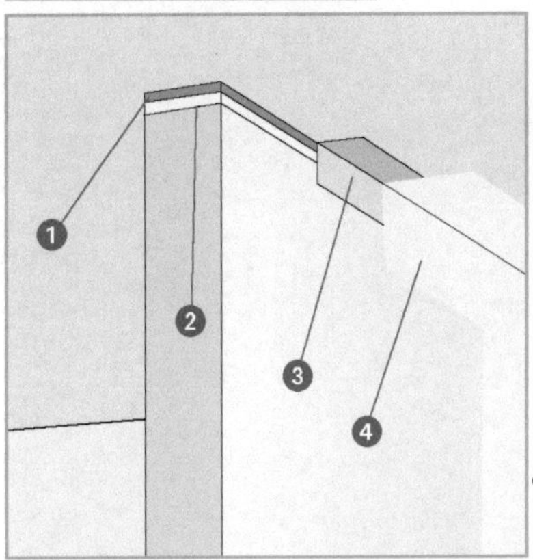

◄
Pour des plafonds en béton, en plâtre, en hourdis ou en briques, collez une bande résiliente en liège ❶, comblez l'espace avec un mélange liant-colle/plâtre ❷. Recouvrez avec un calicot ❸, puis un enduit souple ❹.

►
Pour des plafonds très déformables, placez une lisse haute (épaisseur supérieure à 27 mm) ❷, comblez l'espace avec de la mousse expansive ou de la laine minérale ❶. Masquez le raccord avec une pièce de bois ❸.

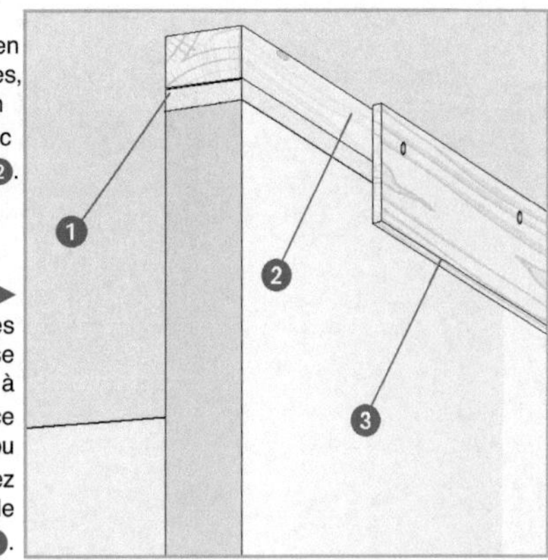

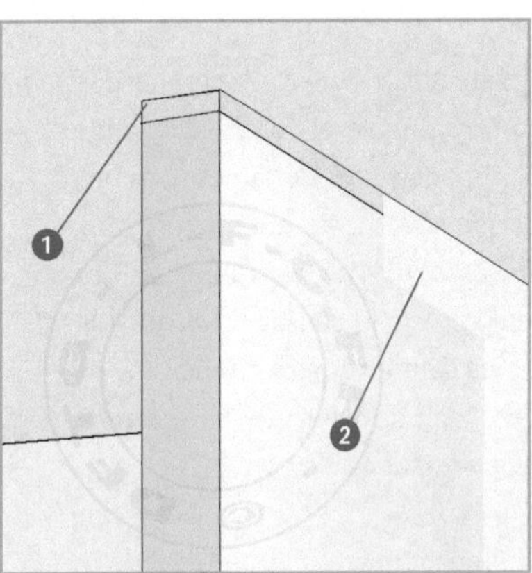

◄
Pour les mêmes types de plafond que ci-dessus, vous pouvez également remplir l'espace avec de la mousse expansive ❶, puis appliquez un enduit souple ❷.

►
Pour une cloison au niveau d'une poutre dans les mêmes conditions que ci-dessus, placez une lisse haute (épaisseur supérieure à 27 mm) ❷, comblez l'espace avec de la mousse expansive ou de la laine minérale ❶. Masquez le raccord avec une pièce de bois ❸ et collez un quart de rond sur la poutre ❹.

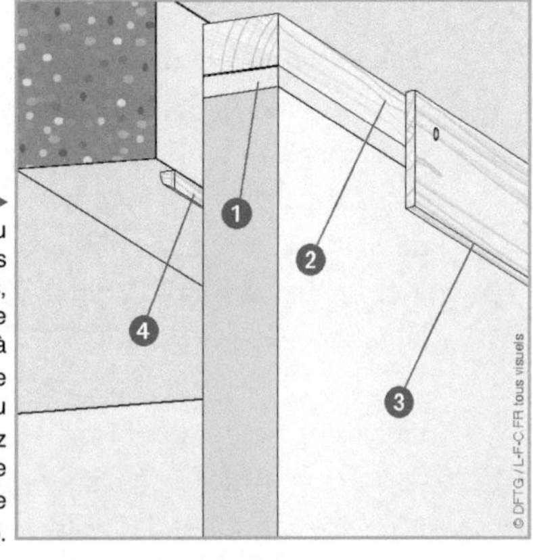

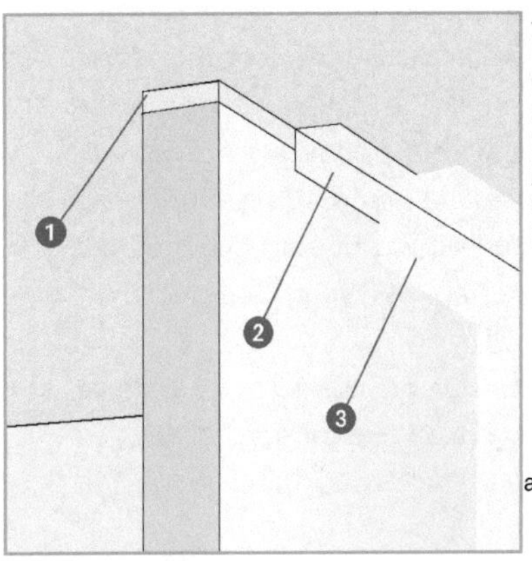

◄
Pour un plafond en plaques de plâtre, comblez l'espace avec un mélange liant-colle/plâtre ❶, puis appliquez une bande de joint de 70 mm ❷, recouverte d'un enduit pour plaques de plâtre.

►
Pour une cloison sous une toiture-terrasse, collez une bande résiliente sur tout le plafond ❶, comblez l'espace avec un mélange liant-colle plâtre au plafond ❷ et du liant-colle au niveau du mur.

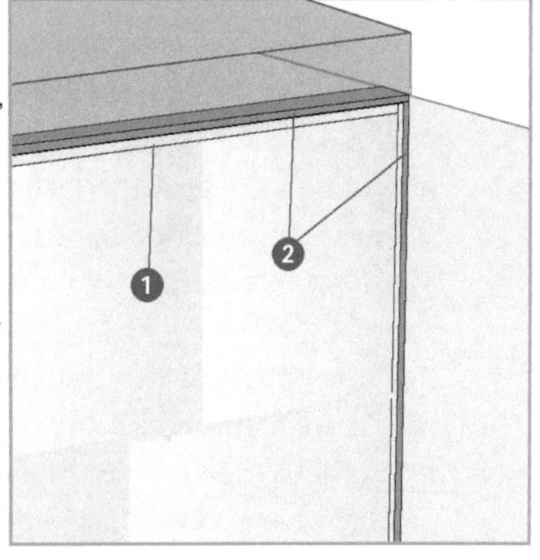

Figure 54 : Les liaisons avec le plafond...

◄ Pour une cloison montée sous une dalle pleine ou en béton entre deux piliers, collez une bande résiliente en liège ❶ au plafond et contre le pilier, sur au moins 1,50 m. Comblez l'espace avec un mélange liant-colle/plâtre ❷ au plafond et au liant-colle au mur.

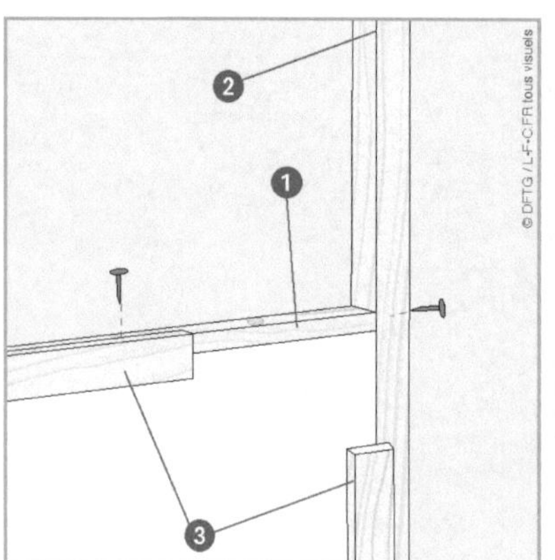

► Pour une cloison arrêtée avant le plafond, utilisez une lisse horizontale ❶ fixée sur une lisse verticale ❷. Masquez les raccords avec des champlats ❸.

... *Figure 54* : Les liaisons avec le plafond

des cloisons épaisses (7 à 10 cm), appliquez un cordon de mousse de chaque côté de la paroi. Après expansion et séchage, arasez la mousse, par exemple avec une truelle langue de chat ou un cutter. Masquez le raccord avec un enduit souple ou une bande à joint enduite.

La liaison entre une cloison en carreaux de plâtre et un plafond en plaques de plâtre ne nécessite pas de bandes résilientes. L'espace entre le dernier carreau et le plafond est comblé avec de la colle de blocage ou un mélange liant-colle et plâtre. Le raccord est ensuite masqué par une bande à joint pour angles de 70 mm de largeur et recouvert d'un enduit de traitement des joints de plaques de plâtre. L'emploi de mousse de polyuréthane est déconseillé.

Pour des plafonds très déformables (planchers légers, sous une solive...), la solution consistant à appliquer de la mousse de polyuréthane peut être adoptée. Vous pouvez également placer une lisse haute en bois d'une largeur adaptée à celle des carreaux et d'une épaisseur supérieure à 27 mm. Le vide entre les carreaux et le plafond est comblé de mousse expansive ou de laine minérale. Il doit avoir une hauteur supérieure à 16 mm. Le raccord est ensuite masqué par des éléments en bois vissés dans la lisse, qui doit chevaucher les carreaux de plâtre de plus de 27 mm. Cette solution permet de conserver le degré coupe-feu de la cloison.

Dans les mêmes conditions que précédemment, si la cloison est montée le long d'une poutre, l'espace entre les derniers carreaux et la lisse haute est comblé avec de la laine minérale ou de la mousse expansive. Le raccord est masqué par une pièce de bois du côté opposé à la poutre. Un quart-de-rond est collé de l'autre coté, sur la poutre pour permettre de légères déformations.

Pour une cloison montée sous une dalle de toiture-terrasse ou une construction tout en béton (murs et dalles), adoptez une solution désolidarisée.
Elle permet d'assurer la stabilité de la cloison malgré les mouvements de la terrasse liés

aux conditions climatiques. Une bande résiliente en liège (ou autre matériau) est collée sur tout le plafond et entre la cloison et le mur d'appui sur toute la hauteur (en fait sur trois côtés : mur de départ, d'arrivée et plafond). Ces bandes résilientes sont collées aux parois à l'aide du liant-colle. La bande de raccord avec le mur doit avoir une épaisseur de 3 à 10 mm. L'espace avec le plafond est comblé à la colle de blocage et au liant-colle pour les murs.

Dans le cas d'une cloison montée sous une dalle pleine ou en béton entre deux piliers en béton, adoptez la même solution que précédemment pour la liaison cloison/plafond. Pour la liaison mur/cloison, interposez une bande résiliente de 3 à 10 mm d'épaisseur sur une hauteur de 1,50 m à partir du plafond. Ensuite, la liaison est assurée au moyen de liant-colle. Vous pouvez également adopter une solution entièrement désolidarisée.

Pour une cloison libre en tête, c'est-à-dire qui n'arrive pas jusqu'au plafond, vous devez utiliser un raidisseur vertical et un horizontal. Cette solution est utilisée pour une cloison d'une largeur inférieure à 10 cm et d'une longueur supérieure à 2 m. Utilisez un raidisseur horizontal composé d'une lisse de bois de même largeur que la cloison et d'une épaisseur de 30 mm. Cette lisse est fixée dans les carreaux, dont la languette a été arasée, tous les deux mètres, par vissage ou pattes de scellement et fixée à chaque extrémité sur le gros œuvre ou sur un raidisseur, par exemple à l'aide de vis. Deux retombées en bois sont fixées sur la lisse. Elles doivent recouvrir le carreau d'au moins 15 mm.

Selon la nature du mur sur lequel la cloison va s'adosser, il convient de respecter certaines règles afin d'assurer un bon ancrage et la pérennité de l'ouvrage (figure 55).

Dans les cas les plus courants (murs de petits éléments recouverts d'un enduit au plâtre), piquetez l'emprise de la cloison au mur pour créer une petite tranchée dans laquelle pénétrera légèrement le carreau. Utilisez pour cela du liant-colle ou, si l'espace est trop important (1 à 3 cm), une colle de blocage.

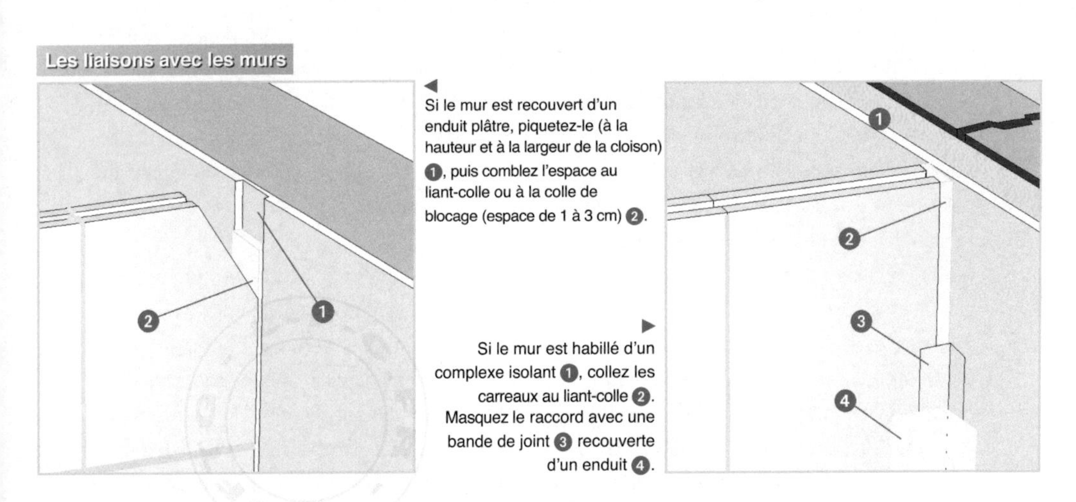

Figure 55 : Les liaisons avec les murs...

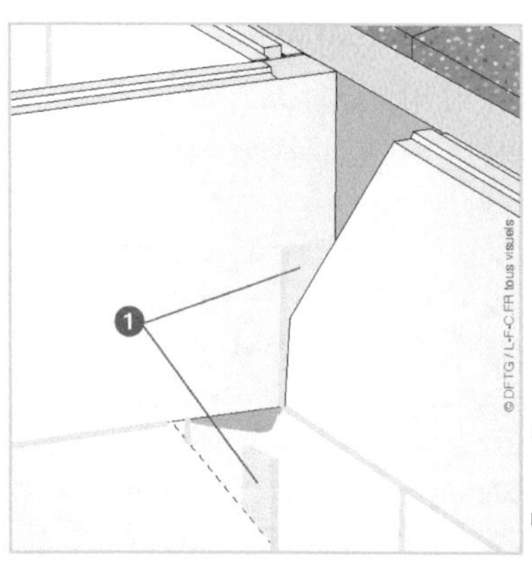

◄ Si vous montez la cloison en même temps qu'une cloison de doublage, imbriquez les carreaux un rang sur deux (harpage), collez-les au liant-colle ou à la colle ❶.

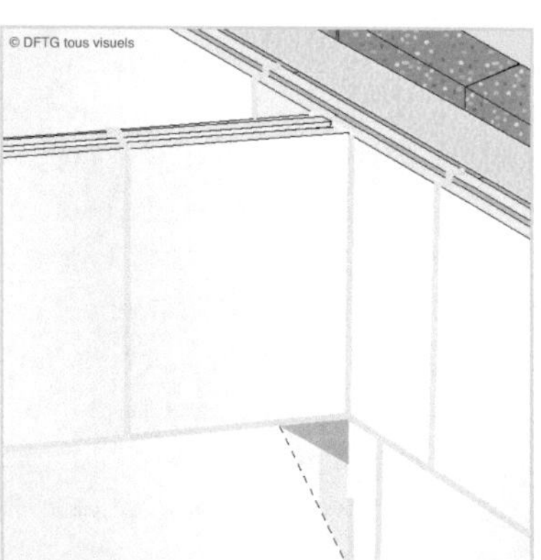

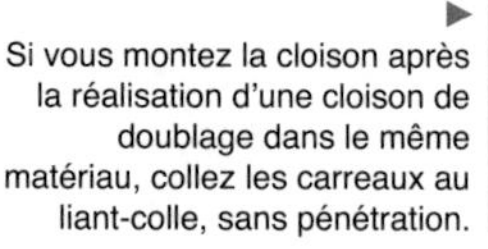

► Si vous montez la cloison après la réalisation d'une cloison de doublage dans le même matériau, collez les carreaux au liant-colle, sans pénétration.

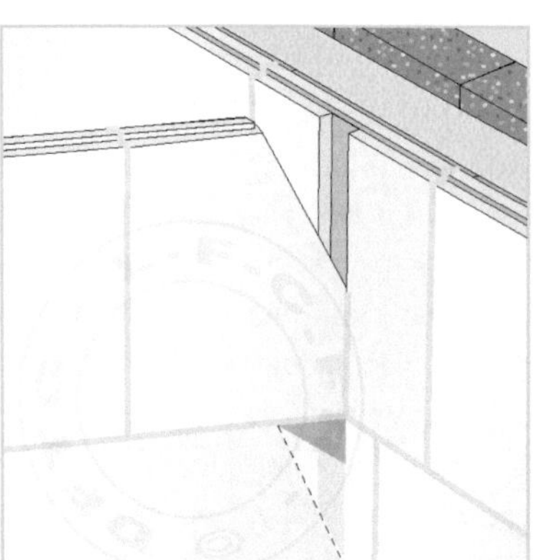

◄ En cas de cloison de doublage existante, une autre solution consiste à solidariser la cloison en piquetant légèrement la cloison de doublage.

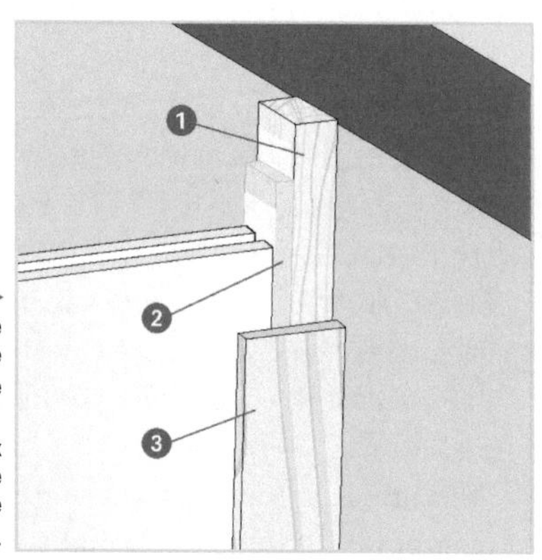

► Avec une façade en préfabriqué sensible à la dilatation, fixez une lisse verticale ❶ dans l'axe de la cloison, collez une bande résiliente ❷, puis les carreaux au liant-colle. Masquez le raccord avec une pièce de bois ❸.

... *Figure 55* : Les liaisons avec les murs

Pour la pose contre un mur isolé avec des complexes isolants ou un doublage recouvert de plaques de plâtre, le carreau devra être collé directement à la paroi avec du liant-colle. Pour éviter toute fissure ultérieure, la liaison doit être masquée avec une bande de joint et de l'enduit.

Si le mur doit recevoir un doublage avec une contre-cloison du même matériau, montez la cloison en même temps en imbriquant un rang sur deux dans la contre-cloison (harpage). Si la cloison est montée après la réalisation de la contre-cloison, vous pouvez soit coller directement les carreaux de la cloison au liant-colle, soit réaliser un léger piquetage (de quelques centimètres) pour faire pénétrer les carreaux et les coller au fond de l'engravement.

Dans le cas d'une façade en préfabriqué (forcément sujette aux dilatations), vissez une lisse en bois verticalement dans l'axe de la cloison. Collez une bande résiliente pour désolidariser la cloison, puis posez les carreaux au liant-colle. Cet espace sera masqué par un cache en bois fixé sur la lisse. Sous une dalle de toiture-terrasse ou dans une construction entièrement en béton, choisissez la pose désolidarisée comme expliqué précédemment.

» *Le montage d'une cloison*

Après avoir passé en revue les cas particuliers que l'on est susceptible de rencontrer, vous pouvez commencer le montage de la cloison. La première opération consiste à préparer le liant-colle. Mettez de l'eau dans une auge de maçon et saupoudrez de liant-colle selon les dosages recommandés par le fabricant. Laissez reposer 2 min, puis mélangez à la truelle ou au moyen d'un agitateur sur perceuse. Le mélange doit être fluide et ne pas présenter de grumeaux. Le temps d'utilisation du liant-colle est d'environ 1 h. Le mélange plâtre et liant-colle est utilisable seulement pendant 30 min. N'utilisez plus un liant-colle qui commence à durcir. Époussetez toujours les carreaux avant de les encoller.
Le sol doit être propre (dépoussiéré) et sec.
Débutez par la pose d'un carreau entier au niveau du mur, rainures côté sol et mur (figure 56). Époussetez-le. Enduisez les deux rainures de liant-colle, puis positionnez le premier carreau. Pressez-le au sol et au mur, puis à l'aide d'un maillet en caoutchouc et d'une cale martyr, frappez-le sur les côtés et le dessus pour assurer un bon collage. Vérifiez le niveau et l'aplomb et rectifiez si nécessaire. Retirez la colle qui reflue au fur et à mesure.

Encollez les rainures du carreau suivant, sans déposer trop de liant-colle dans le joint vertical (une fois réalisé il doit être compris entre 1 et 3 mm). Appliquez le carreau contre l'angle supérieur du carreau précédent, puis faites-le glisser jusqu'au sol. Mettez-le en place comme précédemment, la colle doit refluer et être retirée.

Continuez la pose du premier rang de la même manière. Vérifiez que tous les carreaux sont parfaitement de niveau, d'aplomb et vérifiez l'alignement avec une règle.

Le dernier carreau doit être découpé pour assurer la liaison avec le mur. Posez le carreau à plat, en porte-à-faux sur un tasseau. Au moyen d'une scie à matériaux, découpez-le sans à-coups et en utilisant toute la longueur de la lame. Encollez le carreau sur trois côtés, puis mettez-le en place. L'écart entre ce carreau et le mur doit être de 1 à 3 cm maximum.
L'espace restant entre le carreau et le mur doit être comblé pour le maintien parfait de la cloison. Pour ce faire, remplissez-le à refus de liant-colle.
Vérifiez le niveau et l'alignement du premier rang, réglez les carreaux si nécessaire avec la cale en bois et le maillet.

Procédez à la pose du deuxième rang. Encollez généreusement le côté du carreau en contact avec le mur et plus modérément le côté en contact avec le carreau situé en dessous. Appuyez fortement le carreau sur le premier et plaquez-le contre le mur. Les joints de carreaux entre le premier et le deuxième rang doivent être décalés. Le décalage doit être au minimum de trois fois l'épaisseur des carreaux (ou 1/3 de longueur de carreau). Procédez à la pose du deuxième rang immédiatement après celle du premier rang.
Continuez ainsi la pose des carreaux de la même manière que pour le premier rang.

Le montage d'une cloison

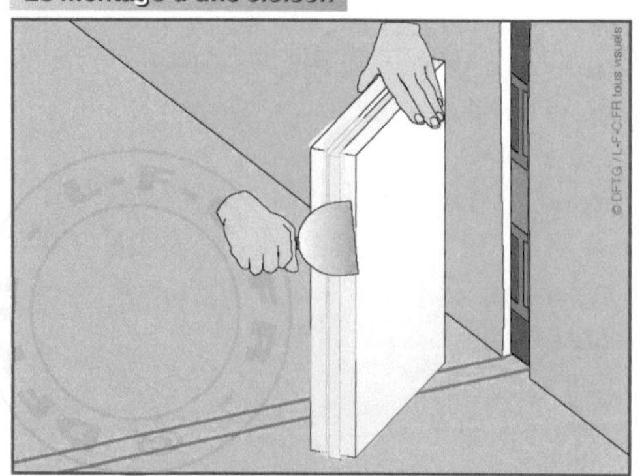

❶ Appliquez du liant-colle sur les deux rainures du premier carreau. Le sol doit être propre.

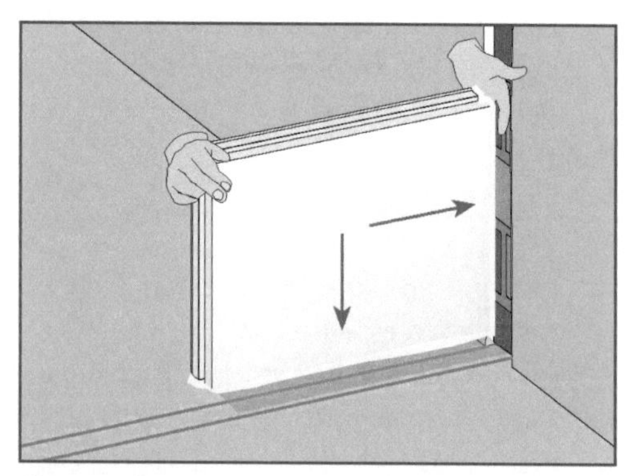

❷ Installez le carreau en le plaquant au sol et dans la rainure de la paroi. La colle doit refluer.

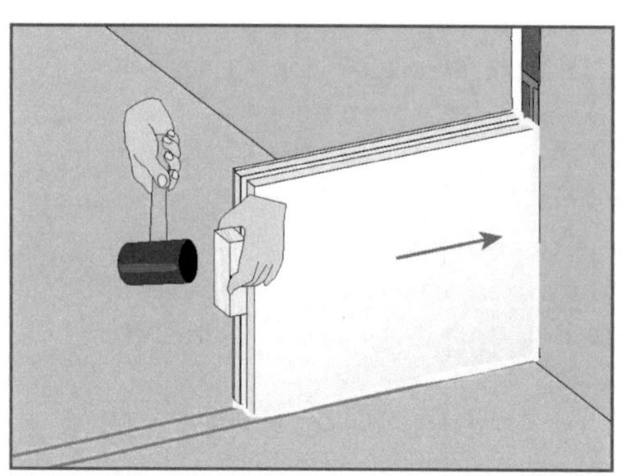

❸ À l'aide d'un maillet en caoutchouc et d'une cale en bois, positionnez et collez parfaitement le premier carreau. Véfiez qu'il est bien d'aplomb.

❹ Encollez les côtés rainurés du second carreau. Appliquez juste la quantité nécessaire dans la rainure venant en contact avec le premier carreau (joint entre 1 et 3 mm).

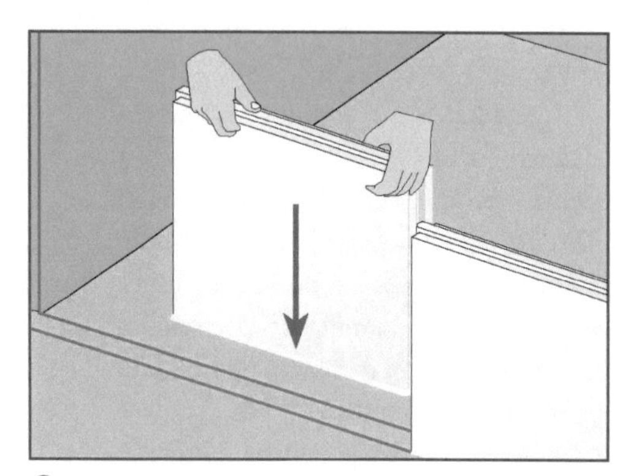

❺ Appliquez le carreau contre l'angle supérieur du précédent, puis faites le glisser jusqu'au sol et plaquez-le. Retirez au fur et à mesure la colle qui reflue .

❻ Découpez le dernier carreau de la rangée pour la laison avec le mur. Positionnez-le sur deux tasseaux et utilisez une scie à matériaux. Sciez sans à-coups.

Figure 56 : Le montage d'une cloison...

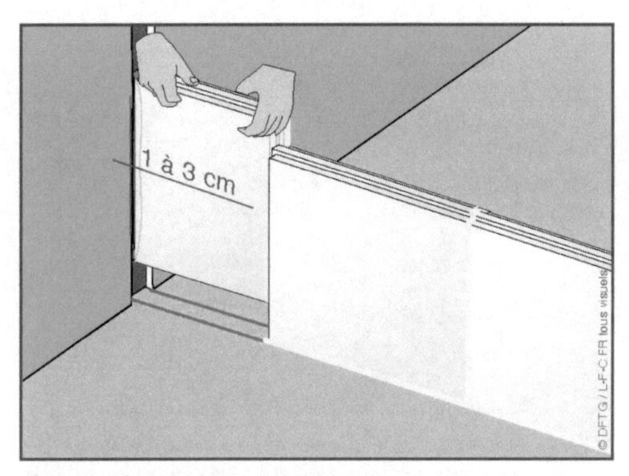

❼ Encollez le carreau, puis mettez-le en place. L'écart entre ce carreau et le mur doit être de 1 à 3 cm maximum.

❽ L'espace restant doit être comblé pour un maintien parfait de la cloison. Pour ce faire, remplissez-le à refus de liant-colle.

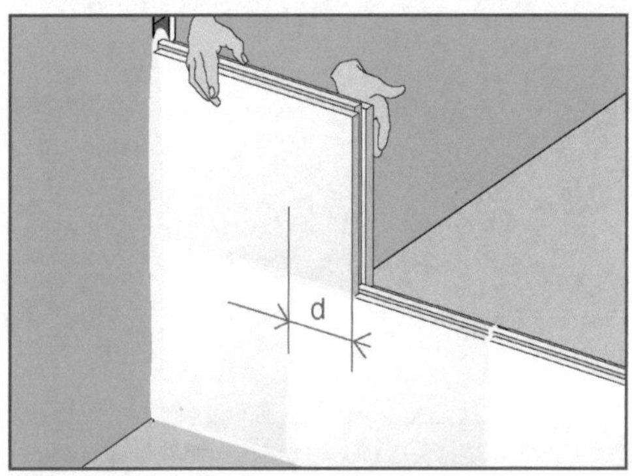

❾ Procédez à la pose du second rang. Encollez généreusement le côté du carreau en contact avec le mur. Les joints doivent être décalés d'au moins 1/3 de la longueur (d).

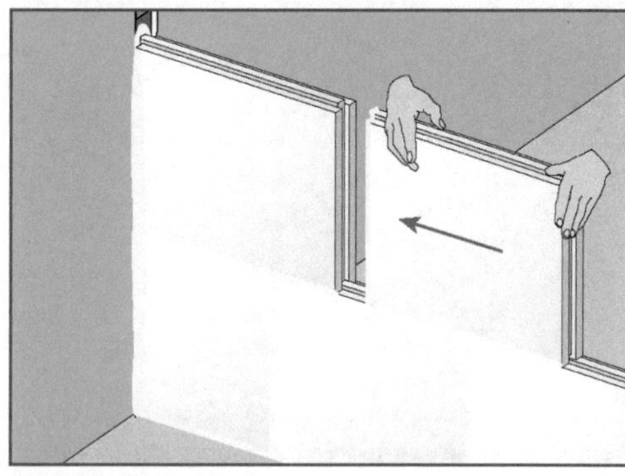

❿ Continuez ainsi la pose des carreaux de la même manière que pour le premier rang.

⓫ Les deux premiers rangs montés, vérifiez l'alignement des carreaux avec une règle et l'aplomb au niveau. Rattrapez les défauts éventuels.

⓬ Laissez sécher les deux premiers rangs avant de continuer le reste de la cloison. Dès que le liant-colle commence à prendre, retirez le surplus qui a reflué des joints et jetez-le.

... *Figure 56* : Le montage d'une cloison...

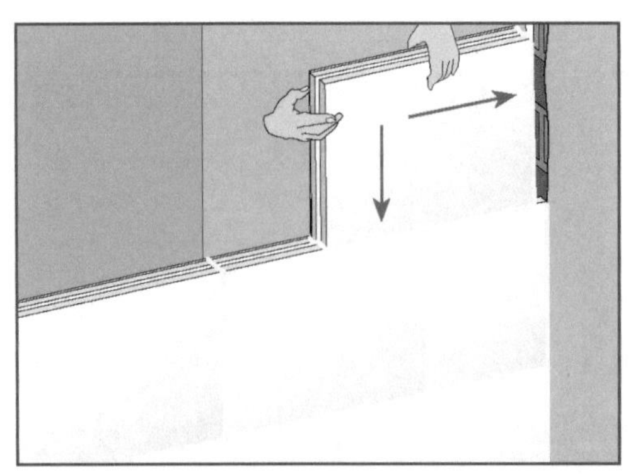

13 Continuez la pose des autres rangs en partant du mur. Appuyez fortement le carreau sur ceux déjà posés et contre le mur.

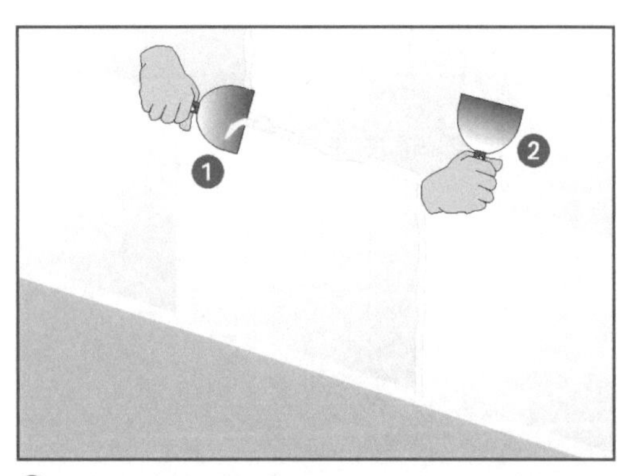

14 Au fur et à mesure que la colle prend, retirez l'excédent au moyen d'un couteau 1. La finition des joints se fait par ratissage avec un couteau et du liant-colle frais 2.

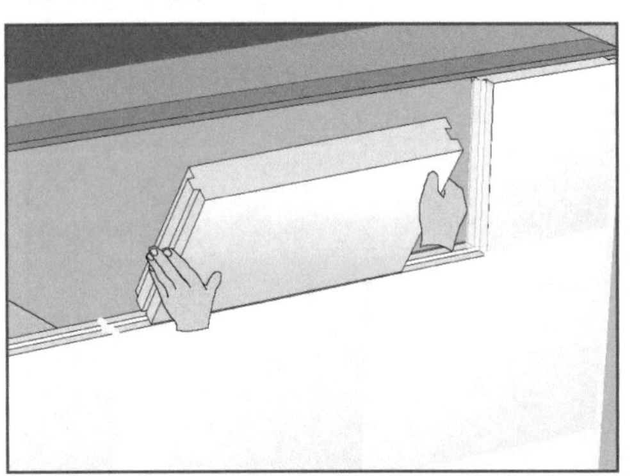

15 Effectuez la pose du dernier rang jusqu'au plafond. Coupez le carreau légèrement en biais pour pouvoir le faire pivoter.

16 Si l'espace entre le dernier rang et le plafond vous oblige à découper une petite bande de carreau, optez pour une pose verticale.

17 Bloquez la cloison au plafond contre la bande de liège avec de la colle de blocage ou un mélange liant-colle/plâtre.

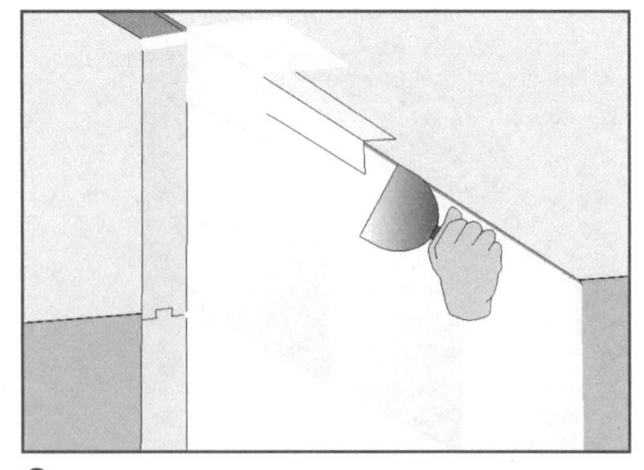

18 La finition s'effectue à l'aide d'une bande de joint papier ou un calicot et de l'enduit de finition.

... *Figure 56* : Le montage d'une cloison

Les deux premiers rangs montés, vérifiez l'alignement des carreaux à l'aide d'une règle en aluminium. Vérifiez également l'aplomb de la cloison. Rattrapez éventuellement les défauts.

Laissez sécher ces deux premiers rangs avant de continuer le reste de la cloison sur de bonnes bases. Si vous n'avez pas retiré la colle qui a reflué au montage, faites-le avec un couteau à enduire. Ne réutilisez pas de la colle qui commence à prendre.
Après séchage des deux premiers rangs, poursuivez la pose des rangs suivants en commençant du côté du mur de départ. Appuyez fortement les carreaux sur ceux précédemment posés et en les faisant glisser pour faire refluer la colle.

Au fur et à mesure, retirez la colle qui commence à durcir à l'aide d'un couteau de peintre en acier inoxydable. La finition des joints se fera par ratissage avec un couteau de peintre et du liant-colle frais.Effectuez la pose du dernier rang comme le reste de la cloison. Vous pouvez découper le haut du carreau légèrement en biais pour faciliter sa mise en place.

Si l'espace restant entre le dernier rang de carreaux et le plafond nécessite de découper une petite bande de carreau, préférez la solution qui consiste à poser les carreaux du dernier rang verticalement.
Si vous devez faire des saignées dans la cloison, vous pouvez la bloquer provisoirement au plafond au moyen de taquets de colle de blocage ou de mélange plâtre et liant-colle. Une fois les vibrations dans la cloison terminées, vous pouvez la bloquer définitivement au plafond.

Appliquez la colle de blocage entre le haut de la cloison et la bande résiliente. Dissimulez le raccord avec de la bande de joint ou un calicot et de l'enduit.

La réalisation d'un angle de cloison s'effectue par harpage, c'est-à-dire en croisant un rang sur deux (figure 57). Vous pouvez matérialiser l'angle en posant un carrelet ou une règle à bâtir, ce qui facilitera le positionnement des carreaux.
Posez le premier rang de carreaux jusqu'à l'angle de la cloison en laissant dépasser le dernier carreau. Vous pouvez faire un calepinage préalable pour arriver à ce résultat, par exemple en découpant le carreau de départ le cas échéant. Débutez la pose du premier rang du retour en prenant appui sur le carreau qui dépasse, jusqu'au mur.

À l'aide de la scie égoïne à matériaux, découpez la languette du dernier carreau (qui dépasse de l'angle) sur toute la largeur d'un carreau pour accueillir celui qui viendra sur le retour.

Montez le second rang du retour (à partir du mur ou de l'angle) en laissant dépasser le carreau d'angle. Vérifiez que le décalage des joints est respecté, sinon recoupez le carreau de départ. Continuez la pose du second rang de l'autre côté en partant de l'angle et en prenant appui sur le carreau qui dépasse. Vous devrez peut être recouper ce carreau pour respecter le décalage des joints verticaux. Vous pouvez également poser le second rang de ce côté, puis couper le dernier carreau dans l'alignement de la règle à bâtir.
Continuez la pose après séchage des deux premiers rangs, en croisant toujours un rang sur deux.

La réalisation des angles

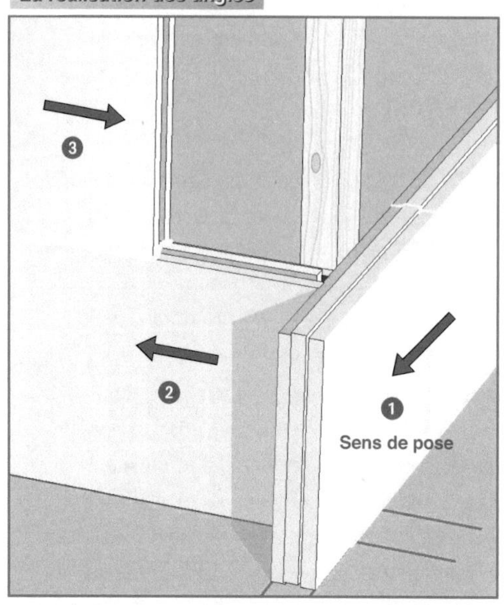

1 Le premier rang de carreaux de la paroi gauche s'arrête contre le rang de droite. Le second rang de gauche sera posé sur le rang de droite (harpage).

2 Découpez la languette du carreau du premier rang à l'aide d'une scie à matériaux sur toute la largeur du carreau qui viendra en recouvrement.

3 Au moyen d'un maillet et d'un ciseau à bois usagé, faites sauter le morceau de languette pour ménager l'emboîtement du carreau supérieur.

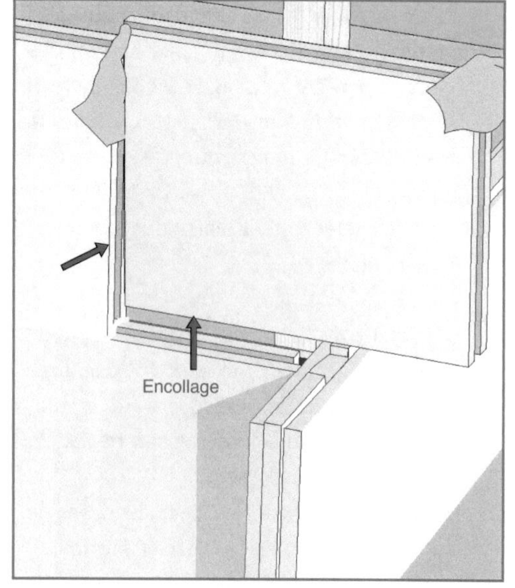

4 Encollez le côté du carreau du rang de gauche et la rainure du bas du nouveau carreau, puis mettez-le en place.

Figure 57 : La réalisation des angles...

5 Quand le liant-colle est sec, utilisez une scie à matériaux pour découper le plus droit possible les parties saillantes des carreaux.

6 Vous obtiendrez ainsi un angle très propre. S'il est exposé au passage et risque d'être endommagé, prévoyez un renforcement.

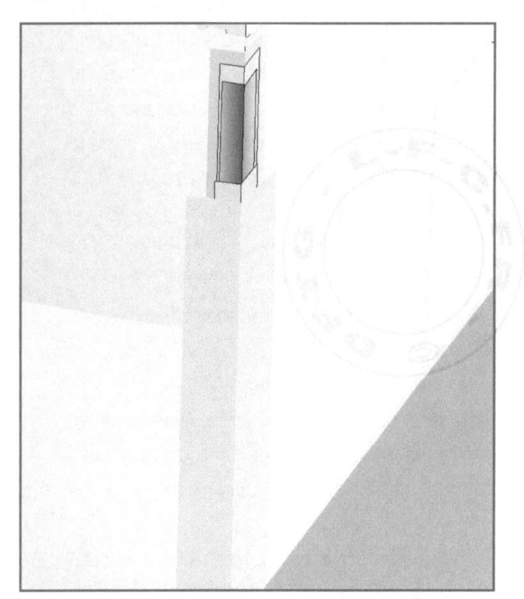

7 Vous pouvez utiliser une bande de papier renforcée avec un feuillard d'acier galvanisé, collée et recouverte d'enduit.

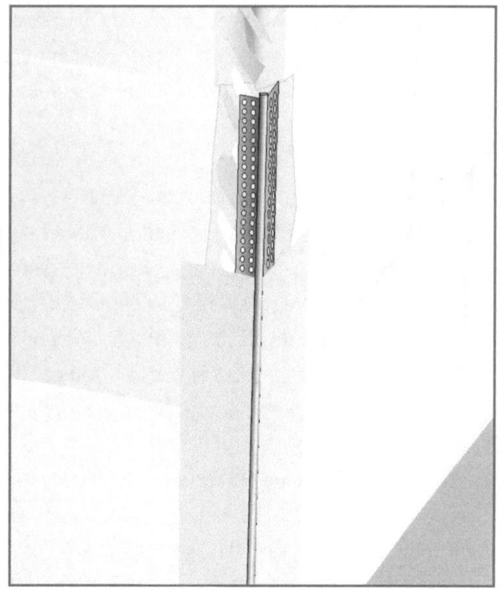

8 Pour un angle très exposé, rabotez l'angle avec une râpe perforée, puis scellez une cornière métallique avec du liant-colle. Appliquez ensuite une couche d'enduit.

... *Figure 57* : La réalisation des angles

Après le montage de la cloison, quand le liant-colle est sec, au moyen d'une scie à matériaux, découpez, le plus droit possible, les parties saillantes des carreaux. Vous obtiendrez ainsi un angle parfait. Si l'angle est dans un lieu de passage ou s'il risque d'être endommagé, prévoyez un renforcement.

Pour ce faire, collez avec du liant-colle de la bande de renfort spéciale en papier avec bandes d'acier galvanisé, puis enduisez ensuite l'angle.

Vous pouvez également raboter l'angle avec une râpe perforée, puis sceller une cornière métallique avec du liant-colle. Après séchage, appliquez un enduit.

Les huisseries doivent être mises en place et réglées au moment du traçage de la cloison. Il est nécessaire de les lier à la cloison par l'intermédiaire de pattes de scellement. Disposez trois pattes de scellement par montant au voisinage des paumelles et au droit des joints horizontaux des carreaux (figure 58).

Préférez toujours une huisserie dont la gorge est assez large pour accueillir l'épaisseur des carreaux. Sinon choisissez une huisserie d'une largeur équivalente à l'épaisseur des carreaux. Les règles de montage suivantes doivent être respectées si vous ne voulez pas voir apparaître rapidement des fissures dans la cloison.

S'il est nécessaire de retirer la porte de son bâti, calez celui-ci avec des entretoises en bois afin d'éviter qu'il ne se déforme.

Si la cloison est peu exposée aux contraintes, adoptez la solution qui consiste à découper les derniers carreaux en forme de pistolet pour créer un retour au-dessus de l'huisserie d'au moins 20 cm. Découpez les carreaux, puis dépoussiérez-les. Encollez leurs tranches et l'intérieur de l'huisserie, puis mettez-les en place. Le dessus de l'huisserie sera comblé avec des carreaux recoupés.

Pour solidariser la cloison au bâti de l'huisserie, utilisez des pattes de scellement. Découpez la languette du carreau où sera placée la patte de scellement. Enduisez de liant-colle le fond de l'huisserie, le bas et le côté du carreau, puis mettez-le en place et réglez-le. Vissez la patte de scellement au fond de la feuillure du montant de façon qu'elle soit bien en contact avec le dessus du carreau. Elle sera noyée dans le liant-colle du carreau supérieur. Il est également possible de la fixer au carreau avec un clou si la queue de la patte dispose de percements.

Si vous disposez d'une huisserie sans feuillure, découpez le carreau à la longueur, enduisez le côté du montant et les cotés du carreau. Mettez-le en place. Posez une patte de scellement si nécessaire. La liaison entre le carreau et le montant est ensuite recouverte à l'aide d'un champlat cloué sur l'huisserie.

Dans le cas d'une huisserie métallique, les pattes de scellement coulissent dans le profilé des montants. Procédez à la pose des carreaux de façon classique en enduisant également le fond de l'huisserie. Découpez la languette du carreau devant recevoir la patte. Introduisez celle-ci dans le montant, puis faites-la coulisser jusqu'au carreau.

On utilise des blocs-portes avec imposte dans les cas de structures déformables ou soumises à de fortes contraintes. La partie haute des montants de l'huisserie ne doit pas être scellée dans le gros œuvre. Elle peut l'être en partie basse ou fixée par une équerre

La pose des huisseries

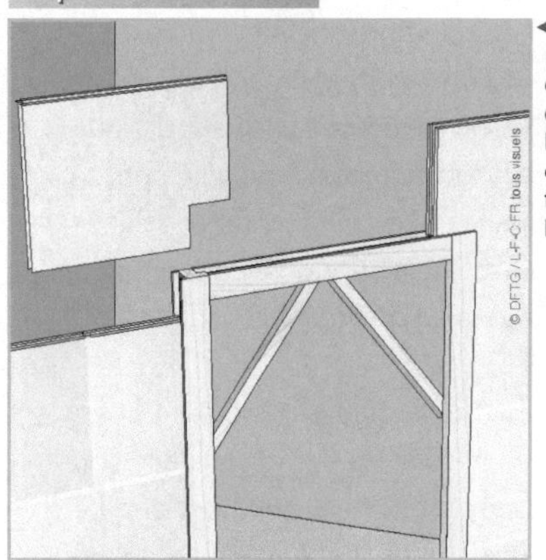

◄ Il est déconseillé de faire correspondre les joints des carreaux avec le bord des huisseries. Découpez les carreaux, puis encollez leurs tranches et l'intérieur de l'huisserie.

► Avec une huisserie métallique utilisez des pattes de scellement coulissantes ② scellées au niveau des joints horizontaux. Remplissez le fond de l'huisserie de liant-colle ①.

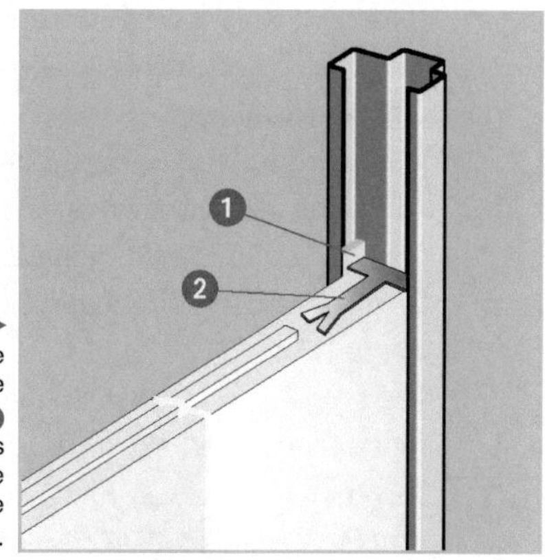

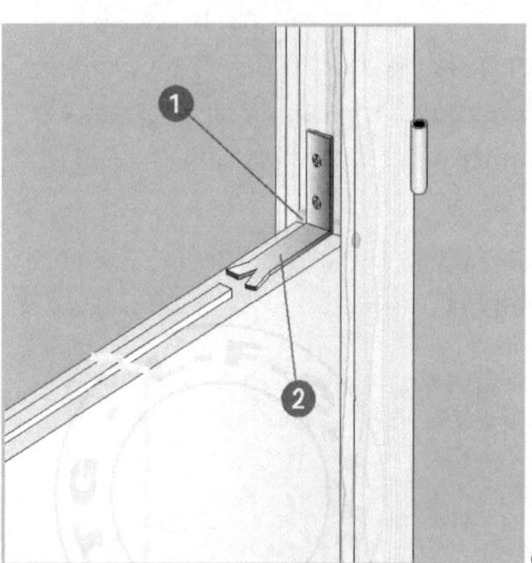

◄ Pour une huisserie en bois avec feuillure, enduisez le côté du carreau et le fond de l'huisserie de liant-colle ①. Fixez des pattes de scellement ② entre deux rangs de carreaux après avoir retiré une partie de languette. Placez les pattes au niveau des paumelles.

► Pour un bloc-porte avec imposte, scellez ou fixez le bas de l'huisserie, mais pas le haut.

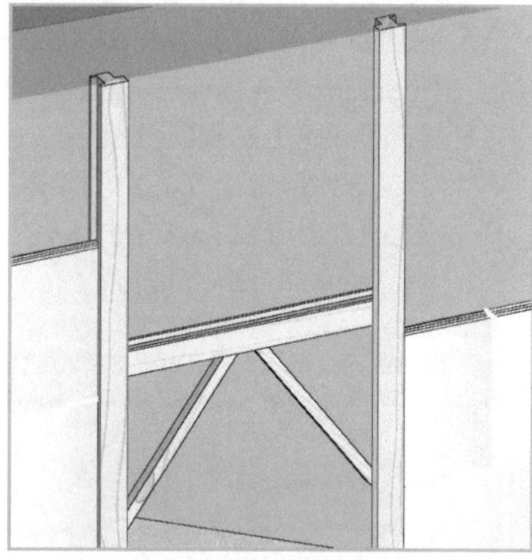

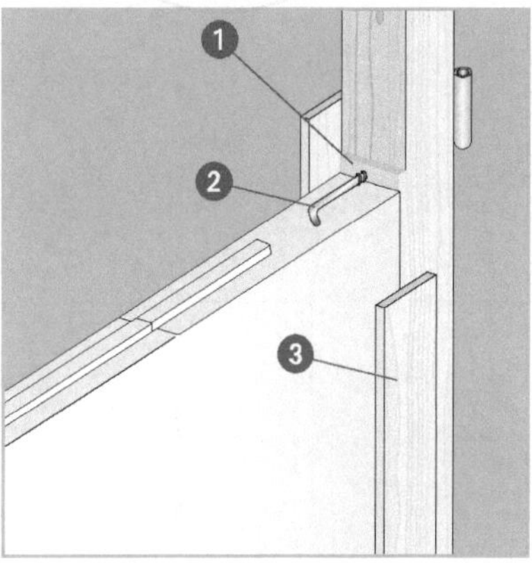

◄ Pour une huisserie sans feuillure, encollez l'huisserie et le carreau ①. Fixez des pattes à vis au niveau des joints horizontaux en face des paumelles ②. Fixez un couvre-joint sur l'huisserie ③.

► Pour une imposte rapportée, utilisez une huisserie classique ① sur laquelle vous fixez une pièce de bois filante ② vissée sur l'huisserie (elle ne doit pas être scellée dans le gros œuvre). Solidarisez les carreaux avec la pièce filante ③. Posez avec un couvre-joint ④.

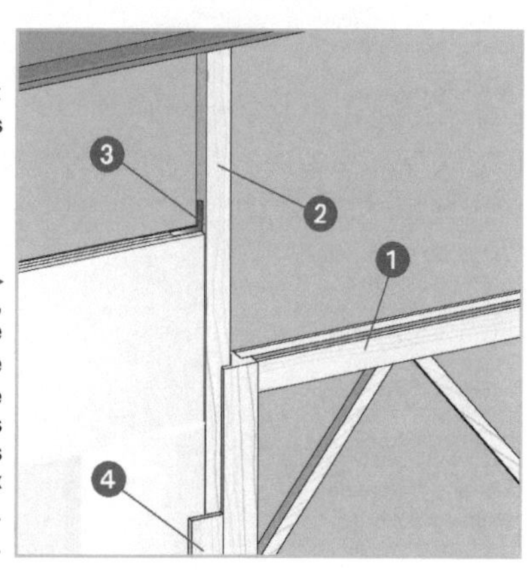

Figure 58 : La pose des huissseries

ou une patte de scellement au niveau du sol. Au-dessus de la traverse horizontale, posez une patte de scellement au niveau de chaque joint horizontal.

Si la porte est légère, vous pouvez utiliser trois pattes de scellement sur la hauteur de la porte, comme précédemment. Dans le cas d'une porte lourde, utilisez une patte à chaque joint.

Il est également possible de créer une imposte rapportée sur un bloc-porte classique pour les mêmes conditions d'emploi que précédemment. Pour créer une imposte, posez une pièce de bois filante vissée sur l'huisserie. Cette pièce ne doit pas être scellée au gros œuvre, seulement vissée aux montants de l'huisserie. Les carreaux sont solidarisés à la pièce filante avec des pattes de scellement. Le raccord entre l'huisserie, la pièce filante et les carreaux est masqué par un couvre-joint (champlat).

Toujours en cas de fortes sollicitations, si vous utilisez une huisserie sans imposte, il convient de créer artificiellement un joint de rupture. Faites une petite saignée au droit de l'huisserie jusqu'au plafond, du côté opposé aux paumelles. Remplissez cette saignée avec du mastic ou de la mousse. Dissimulez-le ensuite sous un couvre-joint.

Le tableau de la figure 59 présente les dimensions maximales de cloisons que l'on peut réaliser avec des carreaux de plâtre de diverses épaisseurs. La hauteur standard avec des carreaux de 7 cm d'épaisseur est de 3 m, mais elle peut être plus haute. On doit avoir recours dans ce cas à des raidisseurs. Le tableau indique les conditions d'installation des raidisseurs.

Rappelons que les angles de cloison et une cloison perpendiculaire sont par nature des

Dimensionnement des cloisons en carreaux de plâtre

	Épaisseur des carreaux			
	5 cm	**6 cm**	**7 et 8 cm**	**10 cm**
Pour une hauteur de cloison jusqu'à	2,60 m		3 m	4 m
Distance maximale entre raidisseurs	5 m		6 m	8 m
Surface maximale entre raidisseurs	13 m²		18 m²	32 m²
Pour une hauteur de cloison jusqu'à	3,40 m		3,90 m	5,20 m
Distance maximale entre raidisseurs	5,75 m		6,90 m	9,20 m
Surface maximale entre raidisseurs	13 m²		18 m²	32 m²
Hauteur maximale de la cloison	3,40 m	8,40 m	9 m	12 m
Surface maximale entre raidisseurs	13 m²	10 m²	14 m²	25 m²

Figure 59 : Les dimensions des cloisons

raidisseurs. Les raidisseurs sont scellés au gros œuvre et doivent être mis en place en même temps que les huisseries avant le montage de la cloison.

Les raidisseurs peuvent être en bois, en métal ou constitués de carreaux de plâtre (figure 60).

Les plus classiques sont les raidisseurs à feuillure de la largeur des carreaux (comme les montants des huisseries). Il doit être fixé au sol et au plafond avec des équerres. Appliquez le liant-colle dans le fond de la feuillure et sur les côtés des carreaux. Des pattes de scellement permettent de solidariser la cloison. On les pose comme pour les huisseries de portes, après avoir découpé la languette du carreau. Prévoyez-en une à chaque rang, de chaque côté du raidisseur. Avec ce système, le raidisseur restera visible.

Il est possible d'utiliser des raidisseurs sans feuillure, de la largeur des carreaux. La pose est équivalente à la première solution avec des pattes de scellement. Pour masquer les liaisons avec le raidisseur, utilisez un couvre-joint (champlat).

Un raidisseur métallique est un profilé en H qui permet de faire pénétrer les carreaux. Il doit être scellé au sol et au plafond. Le métal étant soumis à des dilatations (différentes de celles de la cloison), le fond du profilé doit être recouvert d'une bande résiliente collée. Les carreaux doivent être collés dans le fond du profilé, contre la bande, avec du liant-colle. Cette solution n'est pas très esthétique (profilé métallique apparent) et n'est pas conseillée dans les locaux domestiques.

Il est également possible de créer un raidisseur en carreaux de plâtre en réalisant un caisson avec des carreaux posés en harpage. Ici non plus l'esthétique n'est pas forcément adaptée aux locaux domestiques. Mais elle peut être adoptée pour cacher des tuyauteries, un pilier...

Quand une cloison est réalisée avec un épi qui n'est donc pas solidarisée avec un mur, il est nécessaire de poser un raidisseur en bout. Il peut s'agir d'une lisse de bois avec ou sans feuillure.

Il peut arriver que l'on décide de monter une cloison en surplomb sur une terminaison

Les raidisseurs

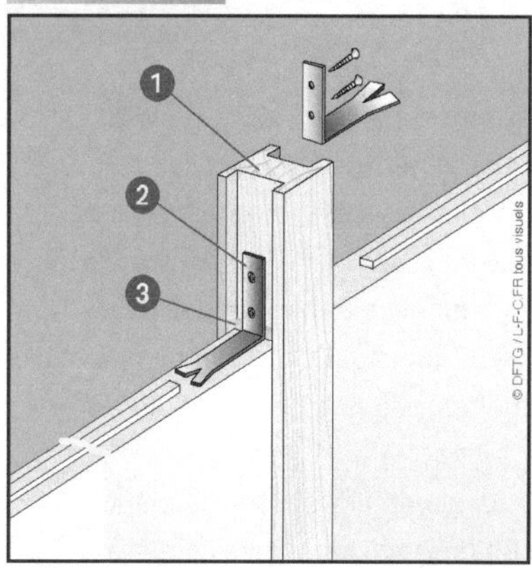

◄ Raidisseur en bois avec feuillure scellé au sol et au plafond ❶. Appliquez du liant-colle au fond de la feuillure ❸ et posez des pattes de scellement ❷ au droit des joints.

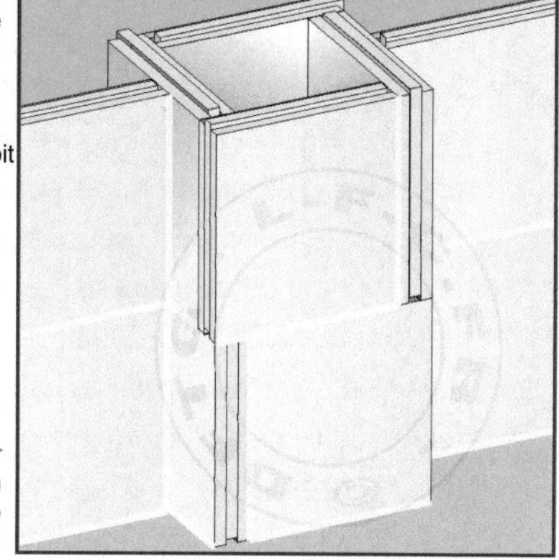

► Un raidisseur peut être un caisson en carreaux de plâtre posés en harpage.

Figure 60 : Les raidisseurs...

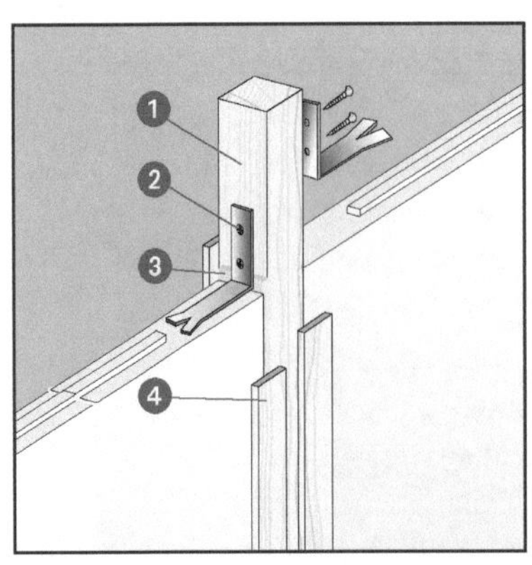

◄ Un raidisseur en bois sans feuillure (de la même largeur que les carreaux) est possible ①. Scellez-le au sol et au plafond. Collez les carreaux ③ contre celui-ci en les solidarisant avec des pattes de scellement ②. Utilisez deux couvre-joint pour masquer le raccord ④.

► Pour une cloison en épi, un raidisseur est recommandé afin d'assurer un maintien satisfaisant et la protection mécanique.

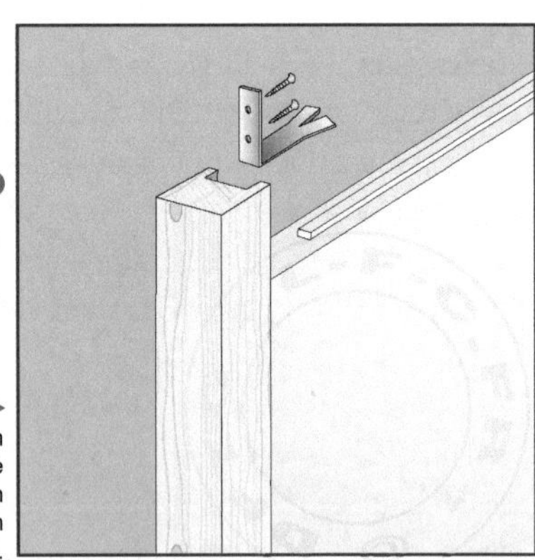

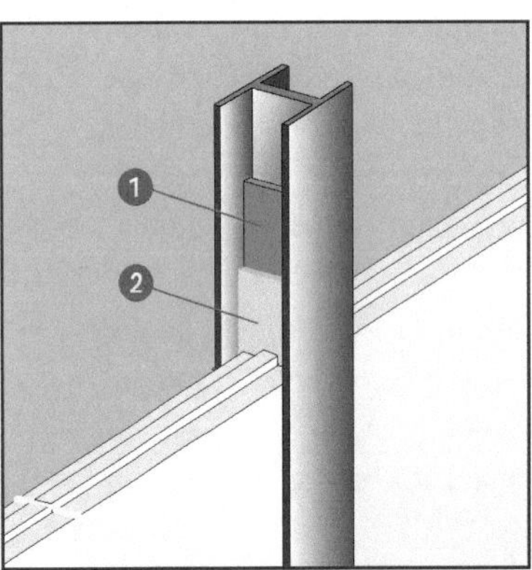

◄ Il est possible aussi d'utiliser un raidisseur métallique. Collez une bande résiliente dans le fond de la rainure ①, puis collez les carreaux au liant-colle ②.

► Pour une cloison en surplomb, fixez une planche d'au moins 12 mm d'épaisseur sur le nez de la dalle et en recouvrement du bas des carreaux ou fixez des équerres métalliques au sol ② (tous les 1,20 m au niveau des joints veticaux). Collez les carreaux sur la dalle ②.

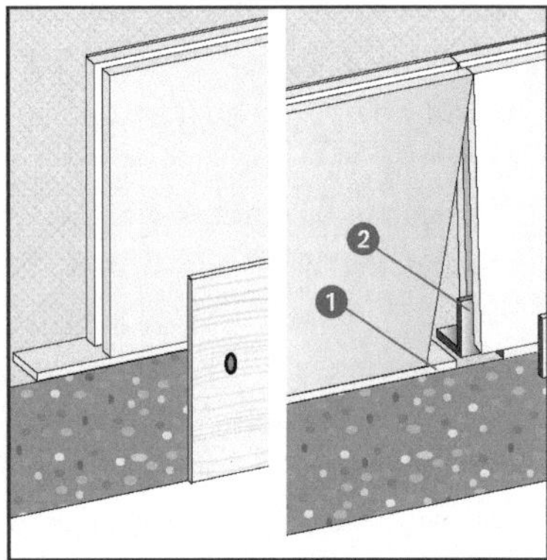

... *Figure 60* : Les raidisseurs

de dalle. Il est nécessaire de prendre des dispositions pour éviter son basculement. Deux solutions sont possibles. La première consiste à coller les carreaux au droit du nez de dalle avec le liant-colle, puis de fixer une planche d'au moins 12 mm d'épaisseur pour recouvrir le nez de dalle et remonter sur le premier rang de carreaux. La seconde solution consiste à fixer des équerres métalliques tous les 1,20 m au niveau des joints verticaux (entre deux carreaux) qui seront entaillés (pour ne pas gêner la pose) et noyés dans le liant-colle. Le raccord entre la dalle et le bas de la cloison sera masqué par un couvre-joint.

» *Les encastrements et les finitions*

Les encastrements (ou engravements) peuvent être exécutés avant le blocage définitif de la cloison. Les règles d'encastrement à respecter sont les mêmes pour toutes les cloisons non porteuses constituées de petits éléments (les principales recommandations sont indiquées à la figure 61). Pour les carreaux de plâtre, les saignées doivent être rebouchées uniquement avec de la colle de blocage ou un mélange liant-colle et plâtre.
Pour l'installation électrique ou le passage de canalisations de plomberie, la réalisa-

Les règles d'engravement dans les cloisons non porteuses

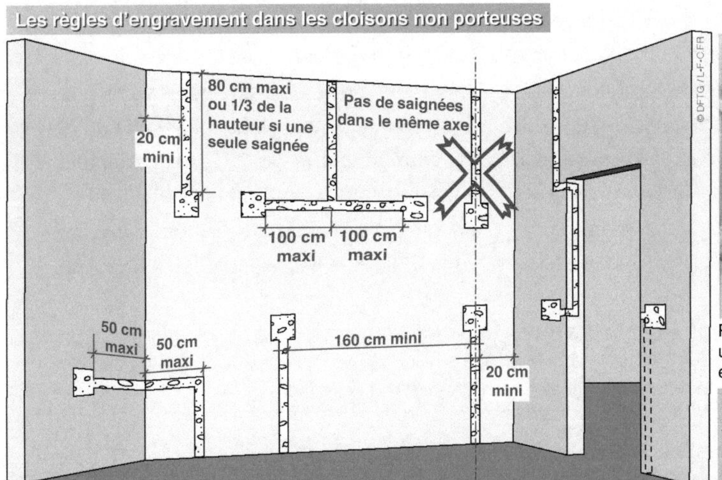

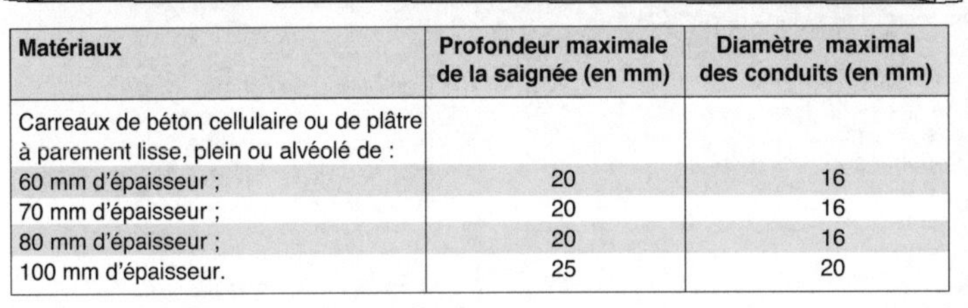

Matériaux	Profondeur maximale de la saignée (en mm)	Diamètre maximal des conduits (en mm)
Carreaux de béton cellulaire ou de plâtre à parement lisse, plein ou alvéolé de :		
60 mm d'épaisseur ;	20	16
70 mm d'épaisseur ;	20	16
80 mm d'épaisseur ;	20	16
100 mm d'épaisseur.	25	20

Pour les trous de boîtiers électriques, utilisez une scie cloche à matériaux et une perceuse sans la percussion.

© Bosch

Pour les saignées, utilisez uniquement une rainureuse électrique pour ne pas ébranler la cloison.

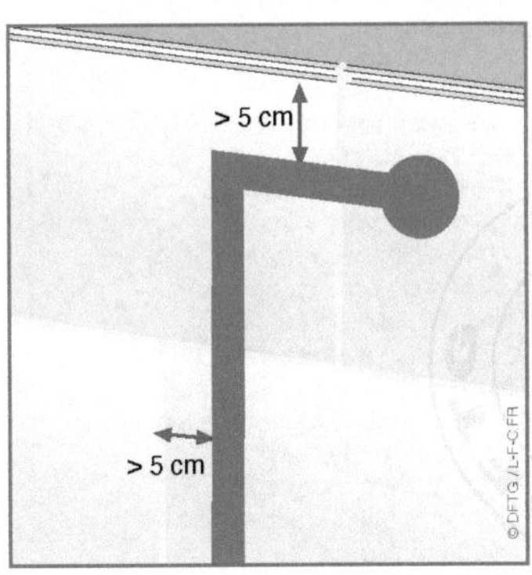

◄ Pour ne pas fragiliser la cloison, les saignées doivent être réalisées à plus de 5 cm des joints entre carreaux.

► L'engravement des gaines électriques ou des tuyaux de plomberie est autorisé en respectant les cotes ci-contre.

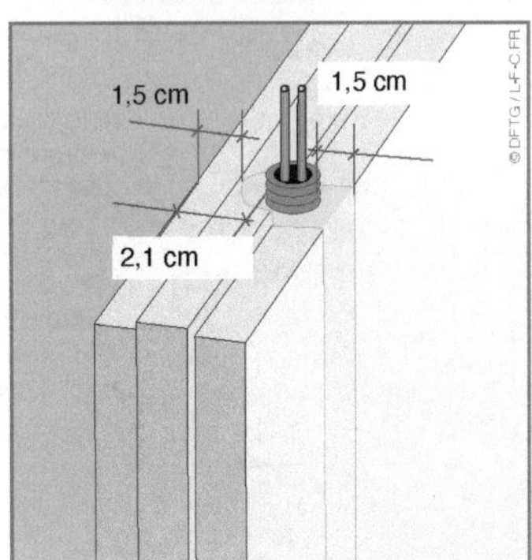

Figure 61 : Les règles d'engravement dans les cloisons non porteuses

tion des saignées ne doit pas fragiliser la cloison à cause des vibrations, c'est pourquoi on utilise une rainureuse électrique. Il en va de même pour les trous de boîtiers qui doivent être réalisés à la scie cloche, avec une perceuse électrique sans percussion.

Les saignées obliques ou horizontales, au-dessus ou en dessous des ouvertures sont interdites. Tout parcours horizontal est interdit dans les cloisons de 5 cm d'épaisseur. Afin de ne pas affaiblir la cloison, les saignées doivent être exécutées à plus de 5 cm des joints entre carreaux. Avec des carreaux alvéolés, il est possible de passer des gaines électriques dans les alvéoles en cassant uniquement les joints verticaux pour passer d'un carreau à l'autre. Le tableau de la figure présente les limites des saignées dans les cloisons. Il est interdit de dépasser une certaine profondeur pour les saignées en fonction de l'épaisseur des carreaux. Une gaine électrique doit être recouverte d'au minimum 1,5 cm. Dans une cloison en carreaux de plâtre de 7 cm, par exemple, vous ne pouvez pas engraver un conduit de plus de 16 mm de diamètre (sauf si vous utilisez le passage dans les alvéoles).

Travaux de finition sur carreaux de plâtre		
Type de finition	Travaux préliminaires	Finitions
Peinture	1- Égrenage (passez un couteau de peintre sur toute la surface pour retirer les petites aspérités) ; 2- Déglaçage à l'abrasif fin sur carreaux hydrofuges ; 3- Époussetage ; 4- Impression ; 5- Rebouchage des défauts.	**Finition courante** 1- Une passe d'enduit ; 2- Ponçage, époussetage ; 3- Peinture. **Finition soignée** 1- Deux passes d'enduit avec ponçage intermédiaire ; 2- Ponçage époussetage ; 3- Peinture ou enduit à laquer et peinture.
Papier peint ou revêtement souple	1- Égrenage (passez un couteau de peintre sur toute la surface pour retirer les petites aspérités) ; 2- Déglaçage à l'abrasif fin sur carreaux hydrofuges ; 3- Ponçage et époussetage; 4- Impression (sauf pour finition élémentaire) ; 5- Rebouchage des défauts.	**Finition élémentaire** 1- Application d'un fixateur de fond pour les carreaux standards ou un primaire d'accrochage pour les carreaux hydrofuges ; 2- Pose du revêtement. **Finition courante** 1- Une passe d'enduit ou papier d'apprêt ; 2- Impression maigre ou primaire d'accrochage selon l'enduit utilisé ; 3- Pose du revêtement. **Finition soignée** 1- Deux passes d'enduit avec ponçage intermédiaire ; 2- Impression maigre ou primaire d'accrochage selon l'enduit utilisé ; 3- Pose du revêtement.
Carrelage	1- Griffage de la surface à carreler avec une spatule ou une truelle ; 2- Griffage à l'abrasif sur carreaux hydrofuges ; 3- Époussetage soigné.	**Carreaux standards** Passage d'un adhésif adapté de type sans ciment ou à la caséine. **Carreaux hydrofuges** Passage d'un adhésif spécifique de type Weberfix plus ou Cermifix 900 (pour des carreaux de céramique jusqu'à 600 cm²).

Figure 62 : Les finitions sur carreaux de plâtre

Lorsque les cloisons en carreaux de plâtre sont montées et que le liant-colle est parfaitement sec, vous pouvez appliquer une finition. Prenez soin de retirer le liant-colle ayant reflué dans les joints soit au fur et à mesure de la réalisation de la cloison ou avant son séchage complet car il serait alors très dur à retirer. Si des joints sont légèrement creux, vous pouvez les combler avec du liant-colle et les lisser avec un couteau de peintre. Le gros avantage des carreaux de plâtre est que leur parement est parfaitement lisse et ne nécessite pas de nombreuses passes d'enduit. Si de petits coups ou défauts sont apparents, lissez-les avec du liant-colle.
Les finitions sont différentes selon la finition choisie pour la cloison.
Le tableau de la figure 62 indique toutes les étapes à réaliser.
La surface des carreaux hydrofuges nécessite un déglaçage à l'abrasif fin pour permettre l'accroche de la finition.
Une finition peinte est celle qui demande le plus de soin car l'état de surface de la cloison doit être parfait. Il convient donc de l'égrener avec un couteau de peintre pour retirer toute aspérité, de l'épousseter, puis d'appliquer un primaire d'impression. Ensuite, selon le degré de finition choisi, appliquez une ou deux passes d'enduit sur les carreaux si nécessaire et sur les joints. Poncez, dépoussiérez, puis appliquez la peinture de finition.
Pour un papier peint ou une toile de verre, les finitions à apporter sont plus simples. Enfin pour un carrelage, il est nécessaire de griffer la surface pour assurer une meilleure accroche à la colle du carrelage. Celle-ci doit être de type sans ciment ou à base de caséine pour les carreaux standards et être d'un type spécialement adapté pour les carreaux hydrofuges.

Les cloisons alvéolaires

Elles sont légères (moins de 20 kg/m^2). Leur mise en œuvre est simple, rapide et économique. Elles permettent de réaliser de nombreux aménagements, comme des montants de placard ou la redistribution de pièces existantes. Leurs caractéristiques d'isolation phonique étant assez mauvaises, ce type de cloison est à éviter entre certaines pièces.

La constitution de ces cloisons repose sur un assemblage astucieux de deux plaques de parement en plâtre (de 9,5 mm d'épaisseur, avec bords amincis) solidarisées par encollage sur un réseau alvéolaire en carton (figure 63). Elle permet des élements à la fois légers, solides et prêts à recevoir une finition.
Les panneaux monoblocs sont prévus pour correspondre aux hauteurs d'étage courantes (2,40 à 3 m).
De plus, ces panneaux sont conçus pour créer des cloisons sans réalisation de structure préalable. La largeur des panneaux alvéolaires est le plus souvent de 120 cm (mais il en existe en 60 cm), pour une épaisseur comprise entre 50 et 60 mm. Les épaisseurs de 50 mm sont les plus courantes.
Pour leur installation (cloisons de 50 mm), on utilise des rails de guidage hauts et bas de 18 × 28 mm. Le rail inférieur doit reposer sur une semelle en aggloméré (24 × 48 mm). L'assemblage entre les panneaux s'effectue au moyen de clavettes de jonction en bois de 29 × 50 × 200 mm.

Les panneaux alvéolaires sont commercialisés en version standard, hydrofugée pour les locaux humides ou avec une couche d'impression appliquée en usine.

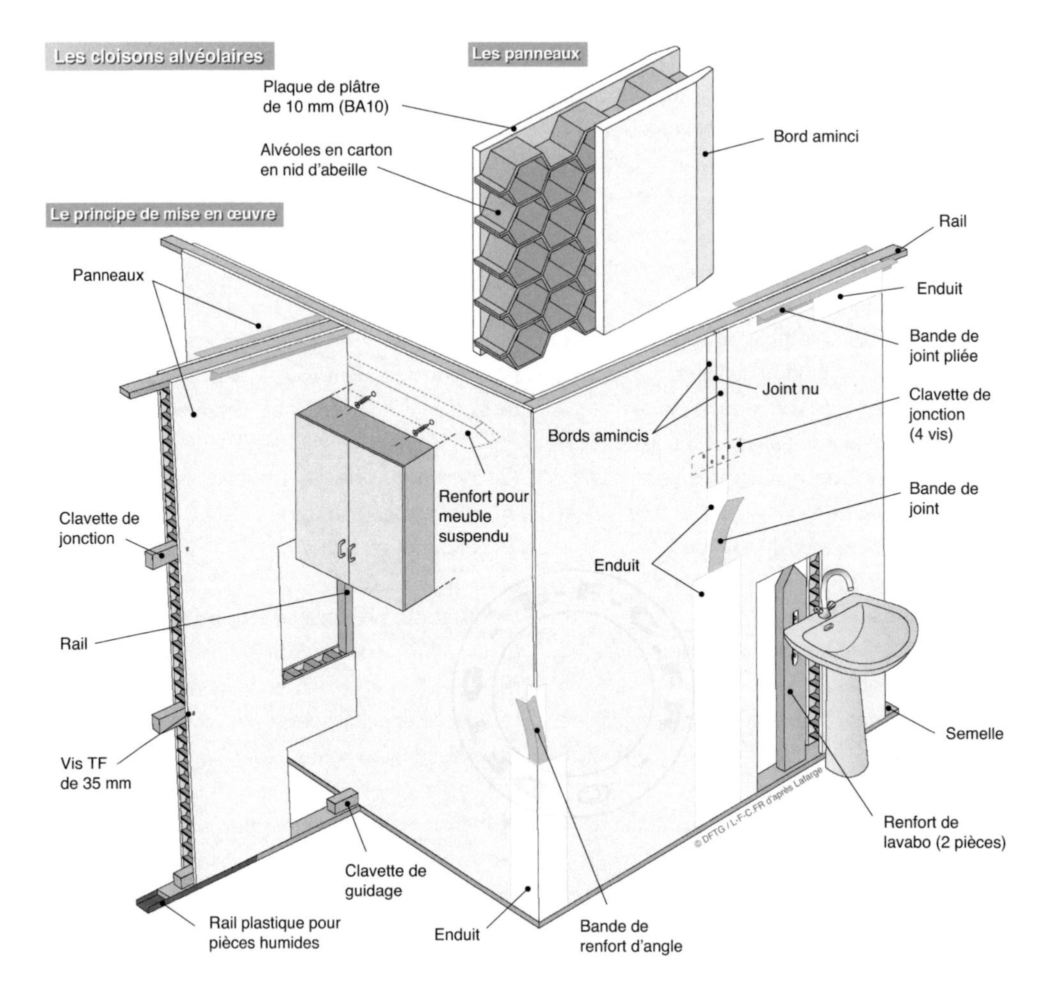

Figure 63 : Le principe des cloisons alvéolaires

» *Le montage des cloisons alvéolaires*

Comme pour toute cloison, avant de débuter le montage, il faut tracer l'emprise de la cloison au mur, au sol et au plafond (figure 64). Les bloc-portes sont installés à l'avancement.

Sur un sol fini et pour des pièces sèches, fixez au sol la semelle en aggloméré (de 28 × 48 mm) par collage, vissage ou clouage. Fixez un rail de guidage au plafond, une longueur de rail au niveau du mur d'une longueur de 1/3 de la hauteur sol/plafond et une clavette sur la semelle au niveau du mur.

Si la pose s'effectue sur un sol brut, prévoyez la protection du pied de cloison avec un profilé en plastique en U ou une feuille de polyane qui remontera d'au moins 2 cm au-dessus du sol fini. La semelle est alors installée dans le profilé en U.

Prenez la mesure entre le plafond et le haut de la semelle. Découpez (si nécessaire) le

Le montage d'une cloison

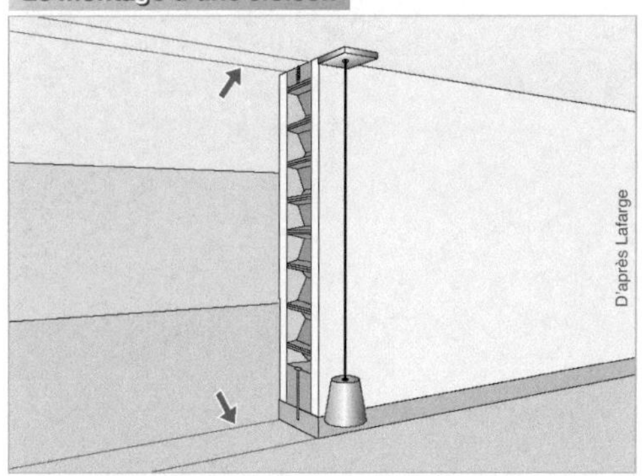

① Tracez au sol l'emprise de la cloison. Reportez au plafond l'emplacement du rail.

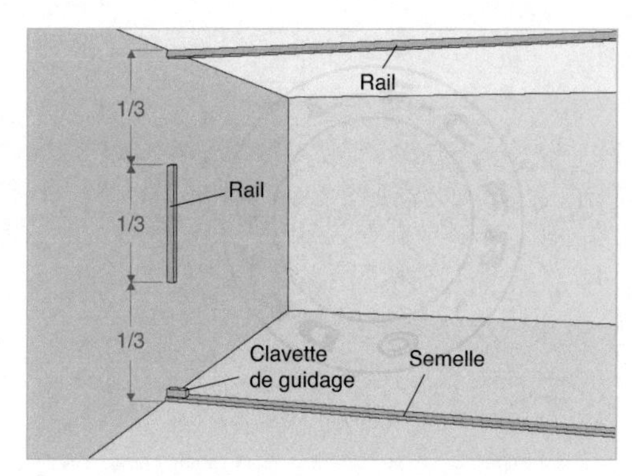

② Fixez les rails au plafond, au mur, puis la semelle et la clavette de guidage.

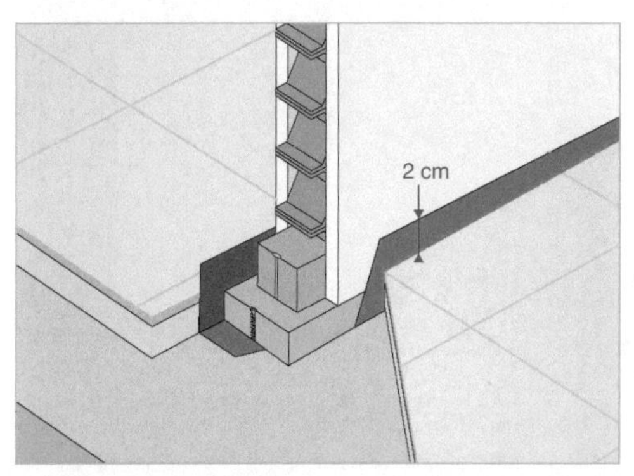

③ Si le sol est brut, protégez le pied de cloison (film polyane ou semelle plastique en U).

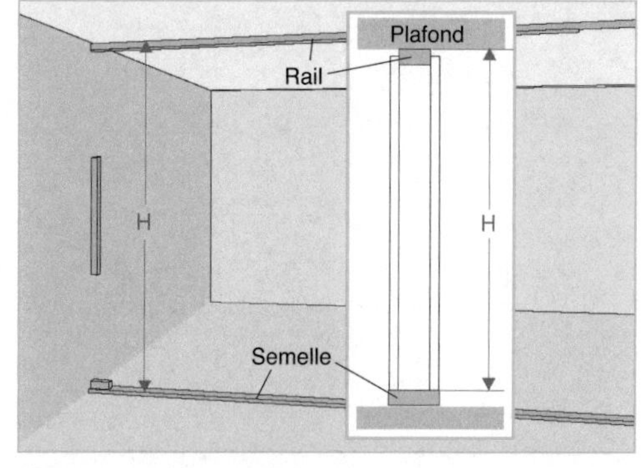

④ Prenez la mesure (H) entre le plafond et le dessus de la semelle.

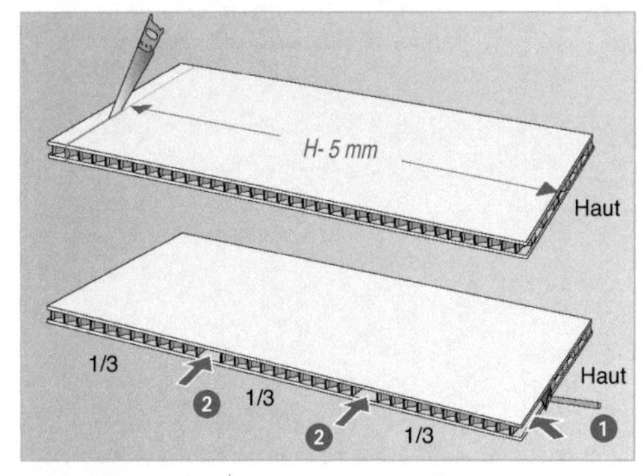

⑤ Découpez les panneaux à la longueur H - 5 mm. Dégarnissez l'épaisseur d'une alvéole en partie haute ❶, ainsi que les réservations pour les clavettes ❷.

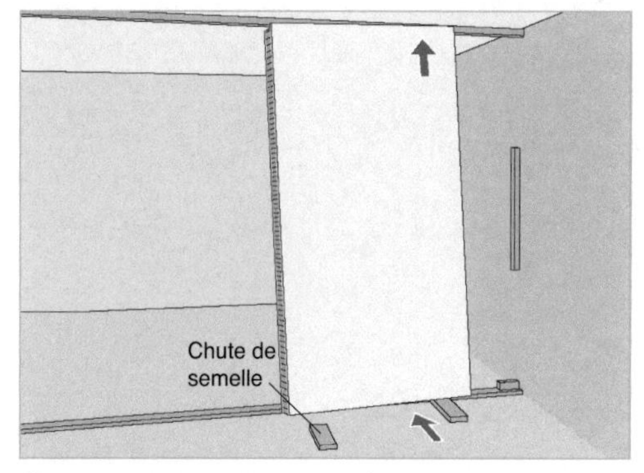

⑥ Posez le premier panneau sur des chutes de semelle, puis imbriquez-le en biais dans le rail du plafond.

Figure 64 : Le montage d'une cloison alvéolaire...

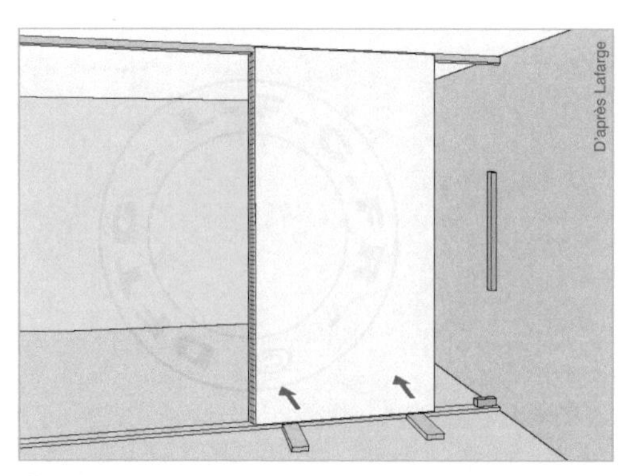

7 Faites glisser le bas du panneau sur la semelle jusqu'à la position verticale.

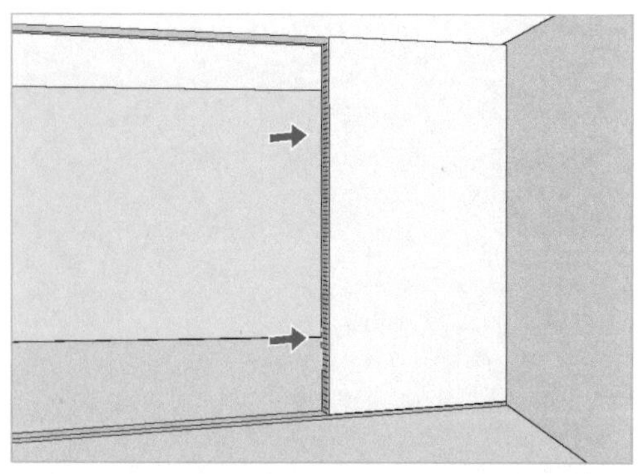

8 Poussez le panneau contre le mur de départ. Vissez-le sur le rail vertical, le rail du plafond et la clavette de guidage.

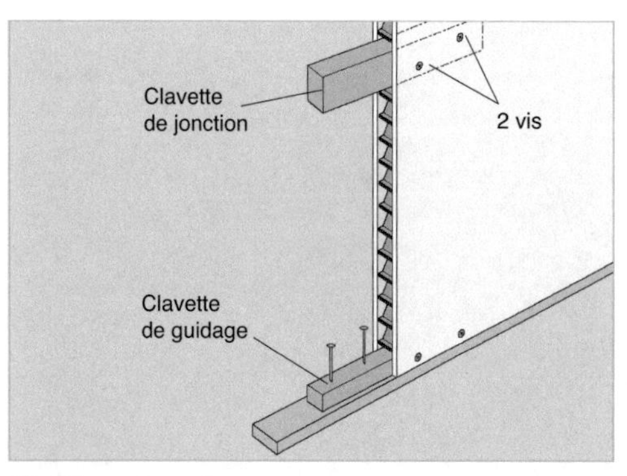

9 Défoncez les alvéoles en carton pour poser deux clavettes de jonction et une clavette de guidage (fixée sur la semelle), puis vissez-les.

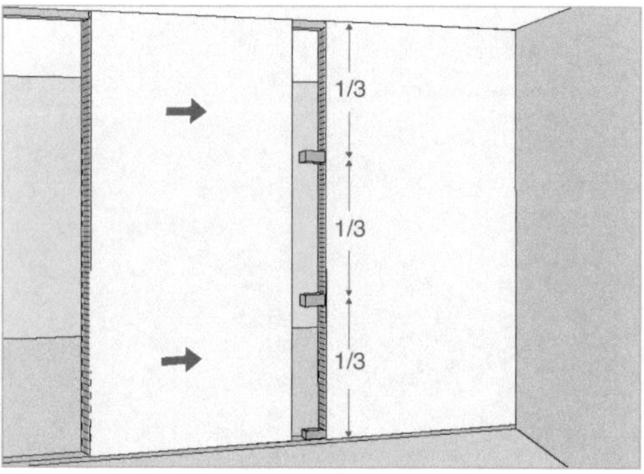

10 Défoncez les alvéoles du second panneau pour le rail du plafond et les clavettes. Mettez-le en place, puis vissez-le dans les clavettes et le rail supérieur.

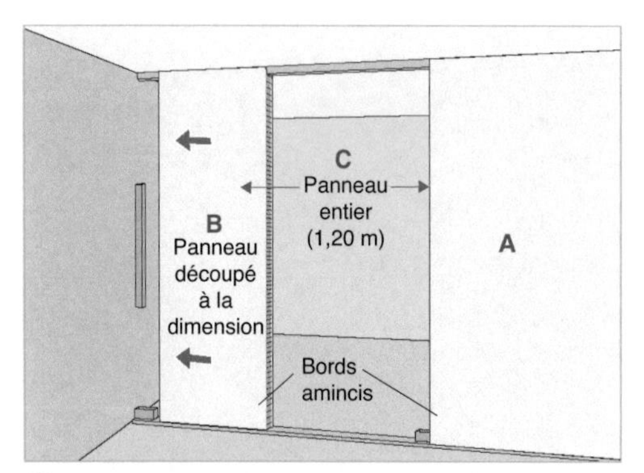

11 Arrivé à l'autre extrémité, prévoyez un panneau entier (C), puis découpez un panneau (B) pour l'espace restant. Installez-le et fixez-le. Placez le bord aminci côté cloison.

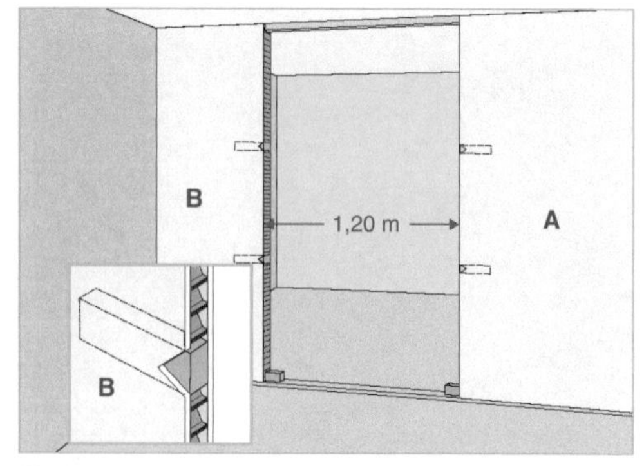

12 Posez et fixez les clavettes de guidage. Pour les clavettes de jonction, entaillez la plaque de plâtre (d'un côté) d'une rainure en V pour pouvoir les manipuler.

... *Figure 64* : Le montage d'une cloison alvéolaire...

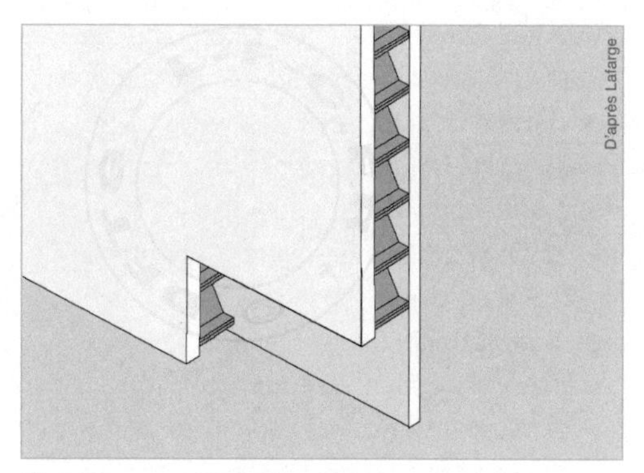

13 Découpez l'emplacement des clavettes d'un côté du panneau. Défoncez l'emplacement des clavettes de jonction.

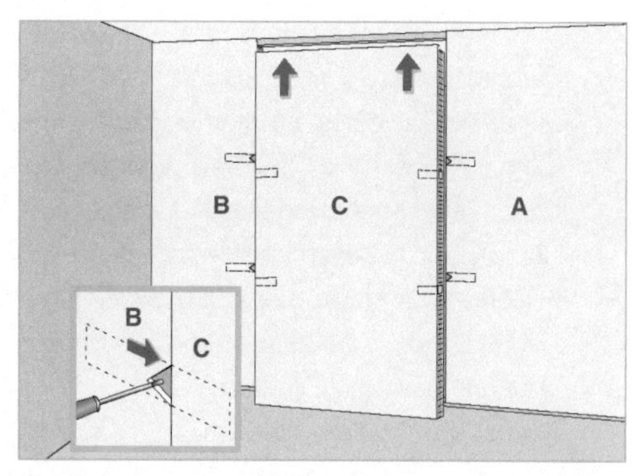

14 Mettez en place le panneau. Faites coulisser les clavettes et vissez-les. Fixez le panneau d'un côté sur les clavettes de guidage. Collez un raccord sur la découpe des clavettes.

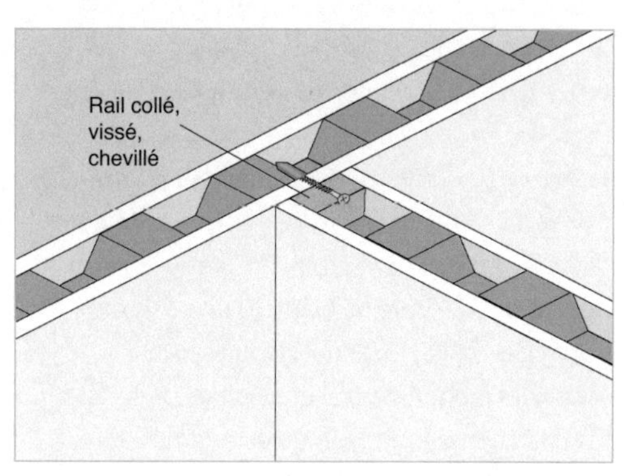

15 Pour une jonction entre deux cloisons, collez et vissez un rail vertical sur toute la hauteur.

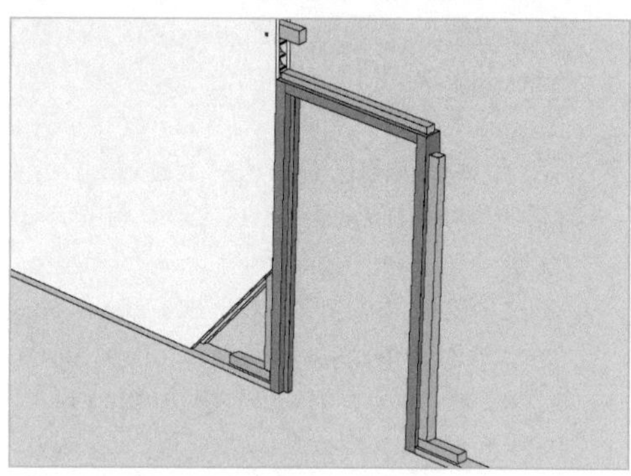

16 Pour une huisserie, vissez des tasseaux sur tout le pourtour et une clavette de guidage. Le panneau s'arrête à l'huisserie et on prévoit une clavette de liaison.

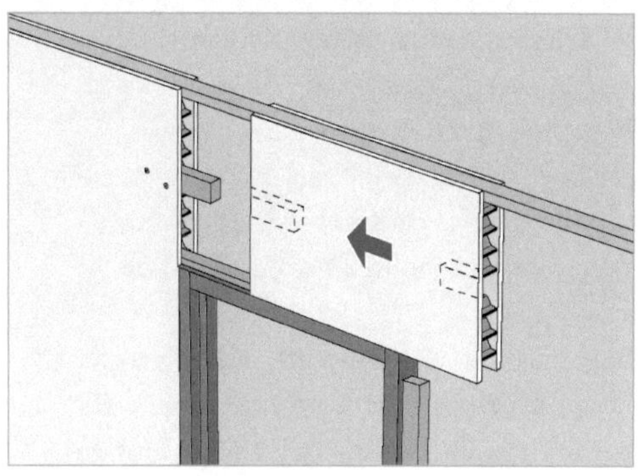

17 Glissez un panneau découpé au niveau de l'imposte. Il est guidé par le rail de l'huisserie, puis vissez-le sur les rails et sur une clavette de jonction.

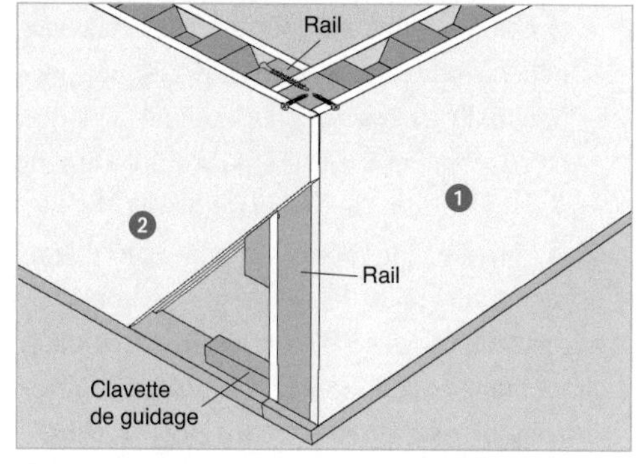

18 Pour un angle sortant, posez le panneau 1, incorporez un rail dans son épaisseur, puis posez une clavette de guidage et un rail pour le panneau 2 découpé comme ci-dessus.

... *Figure 64* : Le montage d'une cloison alvéolaire

premier panneau à la mesure relevée précédemment moins 5 mm. Ensuite vous dégarnissez les alvéoles en partie haute (une rangée d'alvéoles en général) pour pouvoir imbriquer le panneau dans le rail de guidage du plafond. Dégarnissez également les alvéoles pour placer deux clavettes de jonction à 1/3 de la hauteur et en partie basse pour une clavette de guidage

Placez des chutes de semelle contre la semelle placée au sol pour y faire reposer la plaque. Présentez-la en biais pour l'imbriquer dans le rail du plafond, puis faites-la pivoter en position verticale, en appui sur la semelle. Faites glisser la plaque jusqu'au mur de départ.

Vissez le panneau avec des vis à plaque de plâtre à tête trompette sur le rail vertical au niveau du mur. Positionnez les clavettes de liaison à la moitié de leur longueur, puis vissez-les à travers la plaque de plâtre. Introduisez la clavette de guidage au pied de la plaque et vissez-la à travers la plaque de plâtre, puis solidarisez-la avec la semelle (clous ou vis).

Préparez la plaque suivante en dégarnissant la partie supérieure pour le rail de plafond, pour la pénétration des clavettes de jonction et de la clavette de guidage de la plaque précédente. Préparez aussi l'emplacement des clavettes à fixer sur cette plaque. Mettez la plaque en place comme précédemment, puis faites-la glisser contre la plaque précédente. Vissez-la sur les clavettes de la première plaque (jonction et guidage). Introduisez et vissez les clavettes pour la plaque suivante.

En arrivant vers le mur opposé, prenez la mesure de la réservation d'un panneau (1,20 m), puis mesurez l'espace restant pour la plaque qui sera en contact avec le mur. Découpez cette plaque, puis placez, comme pour la plaque de départ, un rail au mur et une clavette de guidage sur la semelle contre le mur. Cette solution permet de conserver des bords amincis entre les plaques pour la pose des bandes de joints. Dégarnissez la plaque en partie supérieure, pour le rail vertical et la clavette de guidage. Pour les clavettes de jonction, dégarnissez l'intérieur du panneau sur toute la longueur d'une clavette, puis faites une découpe en V pour pouvoir la faire coulisser ultérieurement. Procédez de la même façon pour les clavettes de jonction de la dernière plaque entière posée. Vissez les clavettes de guidage sur la semelle.

Préparez la dernière plaque entière. Dégarnissez la parie haute et les emplacements des clavettes de jonction. En partie basse, découpez la plaque de plâtre (d'un seul côté) pour pouvoir la placer dans son espace.

Mettez la plaque en place, puis faites glisser les clavettes de jonction grâce à la découpe en V, puis vissez-les dans les deux plaques de chaque côté. Vissez la plaque dans les clavettes de guidage du côté non découpé.

Recollez les parties découpées à leur emplacement, avec du liant-colle à base de plâtre.

Pour une jonction entre deux cloisons en plaques alvéolaires, vissez un rail sur toute la hauteur de la cloison posée. La plaque de retour sera dégarnie à cet emplacement et vissée au rail.

Pour intégrer un bloc-porte, vissez un rail de guidage sur chaque montant et un sur la traverse ainsi qu'une clavette de guidage de chaque côté. Débutez la pose à partir du bloc-porte et terminez vers le mur opposé.

Dégarnissez les plaques de chaque côté en contact avec l'huisserie en partie supérieure, sur le côté, pour la clavette de guidage ainsi

qu'une clavette de jonction au niveau de l'imposte à visser sur la plaque. Placez la plaque, puis faites-la glisser jusqu'à l'huisserie et vissez-la sur le rail vertical et la clavette de guidage.
Découpez une plaque à la mesure de l'imposte, dégarnissez la partie supérieure, et l'emplacement de deux clavettes de jonction. Faites-la glisser à son emplacement et vissez-la sur la clavette de la plaque précédente et le rail de la traverse. Continuez la pose à partir de l'autre côté du bloc porte, comme précédemment, puis terminez contre le mur opposé.
Pour réaliser un angle saillant (le principe est similaire pour un angle rentrant), dégarnissez l'extrémité de la dernière plaque, du premier côté, sur toute sa hauteur pour y incorporer un rail. Vissez ce dernier à travers la plaque de plâtre. Pour le côté en retour, vissez un rail sur 1/3 de la hauteur à travers la plaque sur le rail vertical ainsi qu'une clavette de guidage en pied. Dégarnissez et recoupez la plaque de retour de façon que le parement en plâtre recouvre l'angle. Cet angle sera protégé par une bande de joint avec feuillard métallique.

» *Les montages spéciaux*

Dans le cas de cloisons en surplomb sur une dalle, il faut éviter tout risque de basculement, plusieurs solutions sont possibles (figure 65). Il ne faut pas réaliser de percements à moins de 5 cm du nez de dalle pour ne pas l'affaiblir.
La première solution consiste à visser la semelle légèrement en décalage du nez de dalle avec des vis et des chevilles, tous les 0,60 m en respectant le décalage de 5 cm. La seconde solution pour une cloison à

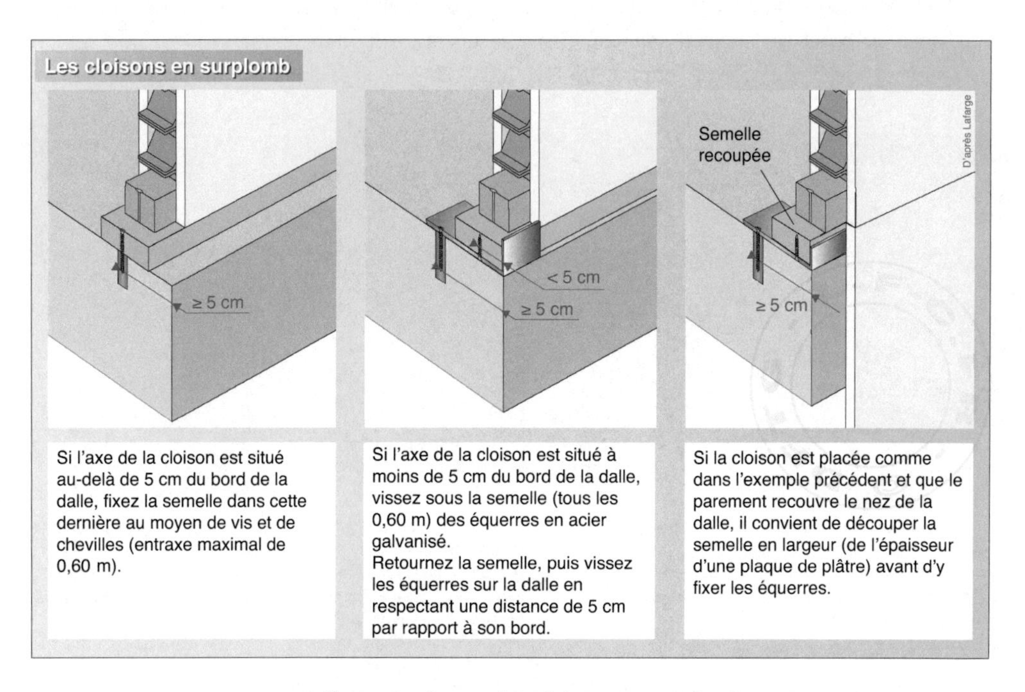

Figure 65 : Le cas des cloisons en surplomb

l'aplomb de la dalle consiste à visser sous la semelle tous les 0,60 m des équerres en acier galvanisé qui seront vissées sur la dalle avec l'écart nécessaire.

Si le nez de dalle doit être recouvert par le parement de plâtre, adoptez la même solution que précédemment, mais en recoupant la semelle de façon que la plaque de plaque aboutisse au droit du nez de dalle.

Dans le cas des locaux humides domestiques, utilisez impérativement des plaques alvéolaires hydrofuges (de couleur verte). Le pied de cloison est traité comme le cas de montage sur un sol brut. Utilisez un profilé plastique en U (dont les côtés dépasseront de 2 cm la hauteur du sol fini). Ce profilé sera collé au sol sur une mousse imprégnée (pour l'étanchéité). La semelle est fixée au sol à travers le profilé (figure 66).
Avant de poser un appareil sanitaire (baignoire, douche...), il est primordial de réaliser un joint d'étanchéité entre le sanitaire et la plaque alvéolaire, puis un second joint entre le bas du carrelage et le bord de l'appareil. Un cordon d'étanchéité sera également appliqué entre le carrelage de sol et le bas des plinthes.

Dans certains cas (plaque très exposées aux projections d'eau, parois de douche), il est recommandé d'appliquer préalablement une couche de produit d'étanchéité sous carrelage, sur toute la surface carrelée.

Si vous devez réaliser des fixations inférieures à 10 kg sur vos cloisons alvéolaires, vous pouvez utiliser des crochets «X» (petite charge) ou des chevilles pour plaques de plâtre. Jusqu'à 30 kg, utilisez des chevilles métalliques de type Molly tous les 40 cm minimum. Pour les charges supérieures à 30 kg, des dispositions particulières sont nécessaires. Afin de répartir la charge sur une surface plus importante,

Les locaux humides

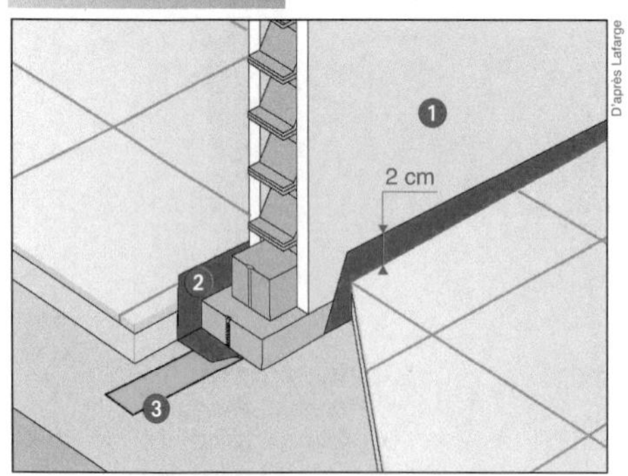

Pour les locaux humides, utilisez uniquement des panneaux hydrofuges ❶ et un enduit spécial. Sous la semelle, placez un film en polyéthylène ou un profilé plastique en U ❷ dépassant de 2 cm du sol fini. Posez un joint de mousse imprégnée ❸ entre la semelle et le sol.

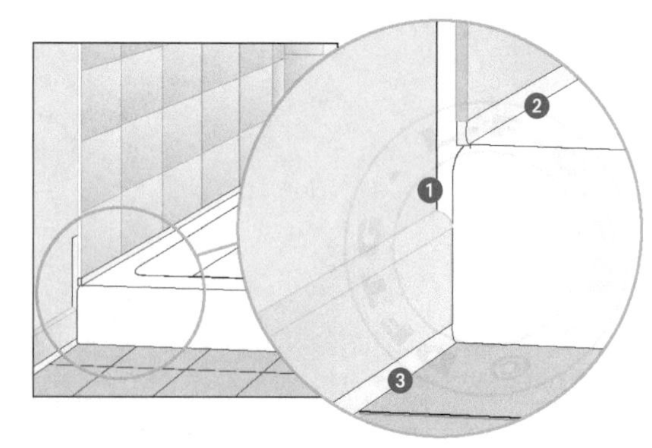

Dans le cas d'un receveur de douche ou d'une baignoire, réalisez un joint élastomère entre l'appareil sanitaire et le panneau hydrofuge ❶ et un autre entre le bas du carrelage et le rebord de l'appareil ❷ (prévoir un espace de 5 mm environ). Réalisez le même type de joint entre les plinthes et le sol ❸.

Figure 66 : Les locaux humides

Fixations lourdes dans une cloison existante

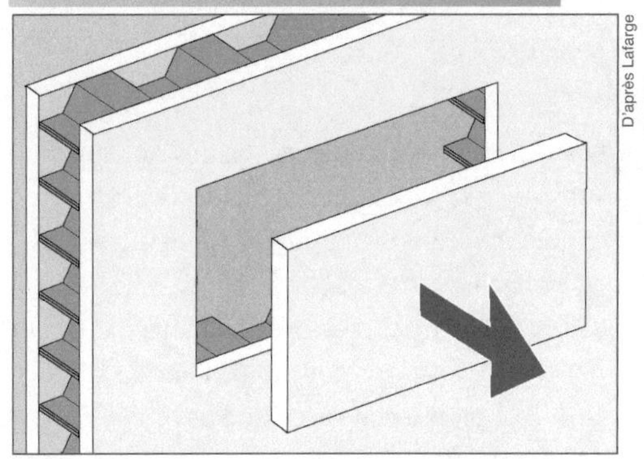

D'après Lafarge

❶ Découpez le parement du côté opposé à la fixation. Mettez la chute de côté.

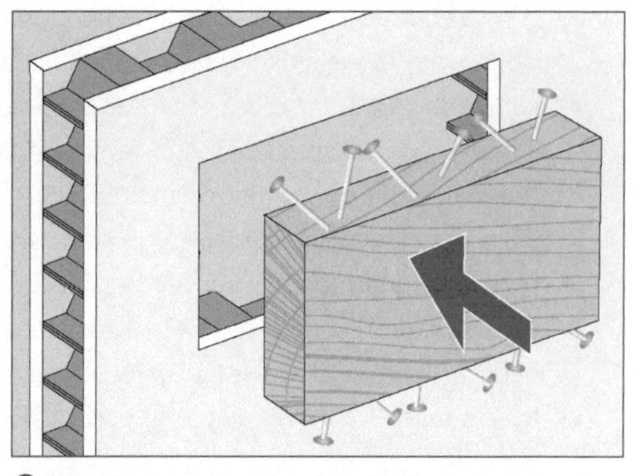

❷ Introduisez une pièce de bois lardée de clous sur ses plus grands côtés.

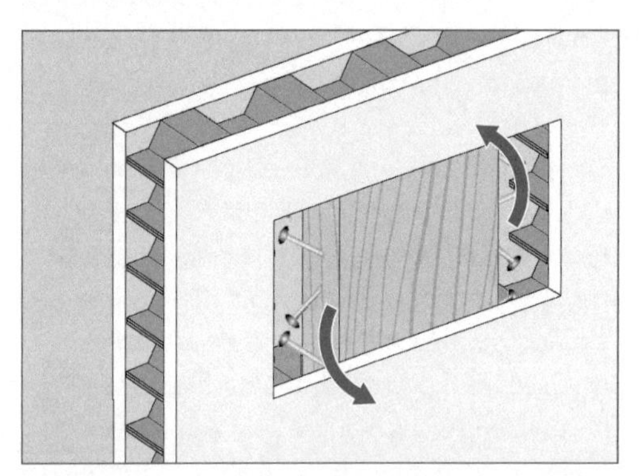

❸ Faites pivoter la pièce de bois de 90° entre les plaques de plâtre.

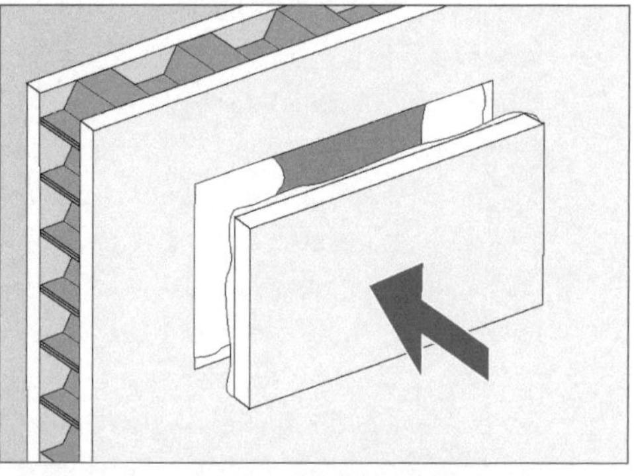

❹ Noyez la pièce de bois dans du liant-colle. Utilisez-en également pour recoller la chute mise de côté.

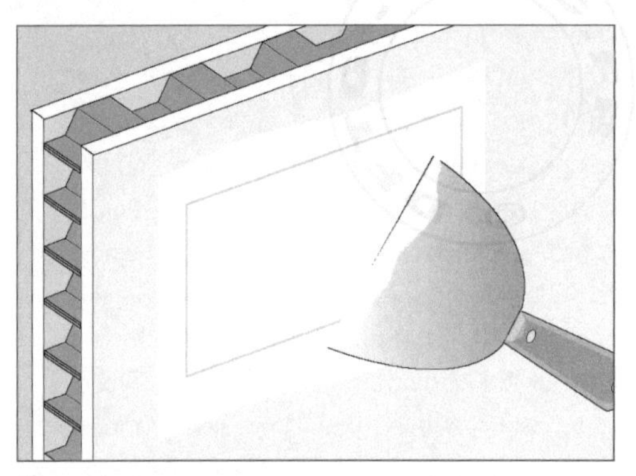

❺ Après séchage, appliquez un enduit de finition.

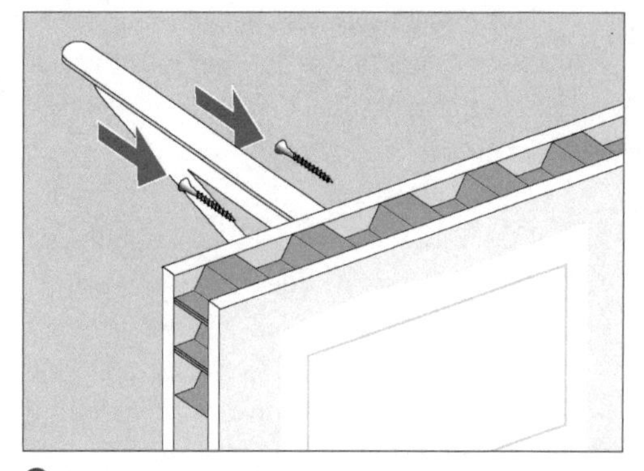

❻ Vissez la charge sur la face opposée de la cloison, dans la pièce de bois.

Figure 67 : Les fixations lourdes

vous devez incorporer des taquets en bois dans l'épaisseur de la cloison (figure 67). Utilisez des taquets d'au moins 180 × 80 mm lardés de clous. Procédez à la découpe du parement de plâtre du côté opposé à la fixation d'une dimension qui permettra d'introduire le taquet. Dégarnissez l'âme alvéolaire pour loger le taquet et permettre sa rotation à 90°. Appliquez du liant-colle à base de plâtre dans la cavité, introduisez le taquet dans le trou et faites-le pivoter. Rajoutez éventuellement du liant-colle pour bien le sceller.
Recollez la chute sur le percement avec du liant-colle. Après séchage, appliquez un enduit pour plaques de plâtre.
Vissez ensuite la charge sur l'autre côté de la cloison dans le taquet de bois.
Pour passer des gaines électriques dans ce type de plaque, vous devez les préparer à l'avance et dégarnir leur passage dans la plaque avant la mise en place. Vous pouvez utiliser une chute de rail pour créer le passage et dégarnir les alvéoles. Les trous d'encastrement des boîtiers s'effectuent avec une scie cloche.

Pour fixer des sanitaires, comme des lavabos, il est également nécessaire d'incorporer des pièces de bois dans l'âme des panneaux afin d'assurer la fixation. Ces supports prendront appui sur la semelle (voir figure 63).

Il en va de même pour les fixations des meubles hauts de cuisine. Au montage de la cloison, dégarnissez l'âme des panneaux horizontalement pour y glisser une pièce de bois dans laquelle pourront se fixer les supports des meubles.
Les finitions de ce type de cloison sont les mêmes que pour celles en plaque de plâtre que nous présentons ci-après.

Les cloisons en plaques de plâtre

Les cloisons en plaques de plâtre (ou cloisons sèches) sont faciles et rapides à mettre en œuvre. Elles sont légères et peuvent être installées sur tout type de plancher. Il est possible d'adopter des solutions pour renforcer l'isolation acoustique. Leur installation est propre et ne nécessite pas d'eau ni de liant-colle.
Ce type de cloison est composé d'une ossature métallique en acier galvanisé sur laquelle sont vissées de chaque côté des plaques de plâtre (figure 68).

Les plaques ont une âme en plâtre recouverte sur chaque face d'une feuille de carton lisse qui sert d'armature et de parement. Les plaques standards comportent deux bords amincis pour les joints de jonction. Il existe des plaques à quatre bords amincis pour les faux-plafonds. Les plaques sont commercialisées en largeur de 1,20 m, mais il en existe également en 0,60 m. Les hauteurs varient de 2 à 3,60 m. L'épaisseur est de 12,5 mm, mais on qualifie ces plaques sous la dénomination de BA 13 (ba pour bords amincis et 13 pour l'épaisseur). Il en existe également d'épaisseur supérieure (BA 18, par exemple).
Les plaques de plâtre possèdent différentes propriétés selon les modèles. Les plaques standards ont un revêtement beige, les plaques hydrofuges, un revêtement vert, les plaques à isolation acoustique renforcée sont de couleur bleue et les plaques blanches améliorent la qualité de l'air. Les plaques grises sont à haute dureté et les plaques rouges à haute résistance au feu. Les gammes peuvent varier selon les fabricants.

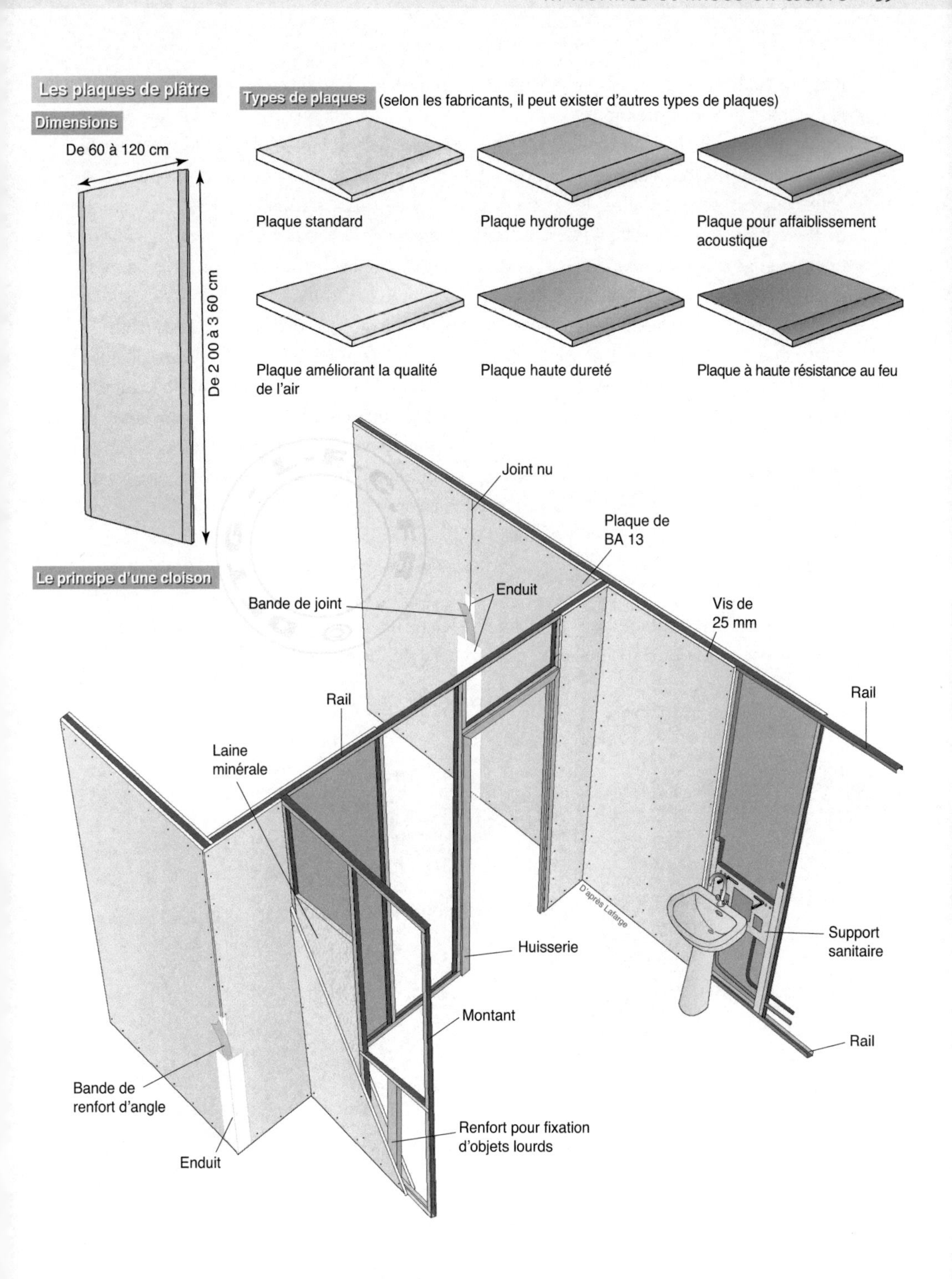

Figure 68 : Les cloisons en plaques de plâtre

Il existe également des plaques prépeintes (avec une couche d'impression).

L'ossature métallique se compose d'un rail installé au sol et d'un autre au plafond entre lesquels sont installés des montants (M48) tous les 0,40 ou 0,60 m. Pour les fixations lourdes, il existe des supports spécifiques (adaptés aux appareils sanitaires, par exemple) qui s'imbriquent dans l'ossature métallique. Il est également possible d'installer des renforts en bois intégrés dans l'ossature.

Pour l'isolation acoustique, un isolant minéral (laine de roche ou de verre) est intégré dans les profilés de l'ossature métallique.

Si l'isolation acoustique est prépondérante, il est possible de l'améliorer selon plusieurs solutions (figure 69). L'affaiblissement acoustique est basé sur le principe masse/ressort/masse. Il consiste à freiner le bruit en construisant des parois doubles (les masses) séparées par un vide d'air rempli d'une matière isolante (ressort). La masse empêche les sons de passer, le ressort absorbe et dissipe l'énergie sonore. C'est le principe des cloisons en plaques de plâtre.

Une cloison classique avec des plaques standards offre un indice d'affaiblissement acoustique de 39 dB. On peut améliorer ce résultat en utilisant des plaques à acoustique renforcée, sans changer l'épaisseur de la cloison.

Pour des performances plus importantes, on peut augmenter la masse, comme c'est le cas d'une cloison à double parement : deux plaques de plâtre de chaque côté. Les perfor-

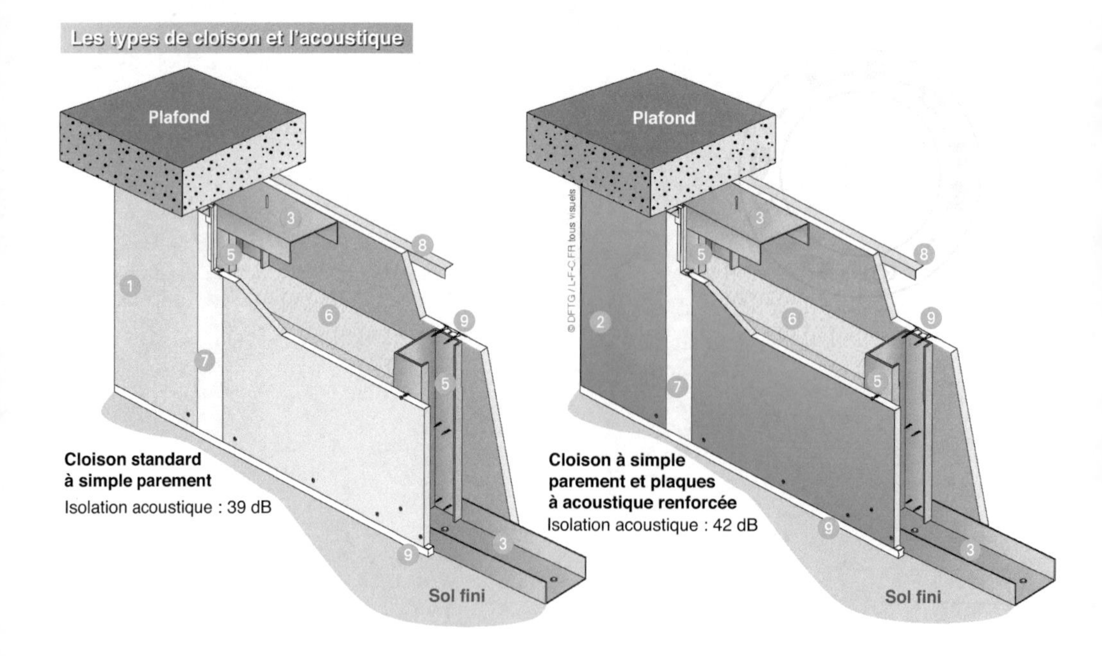

Figure 69 : Les types de cloisons et l'acoustique...

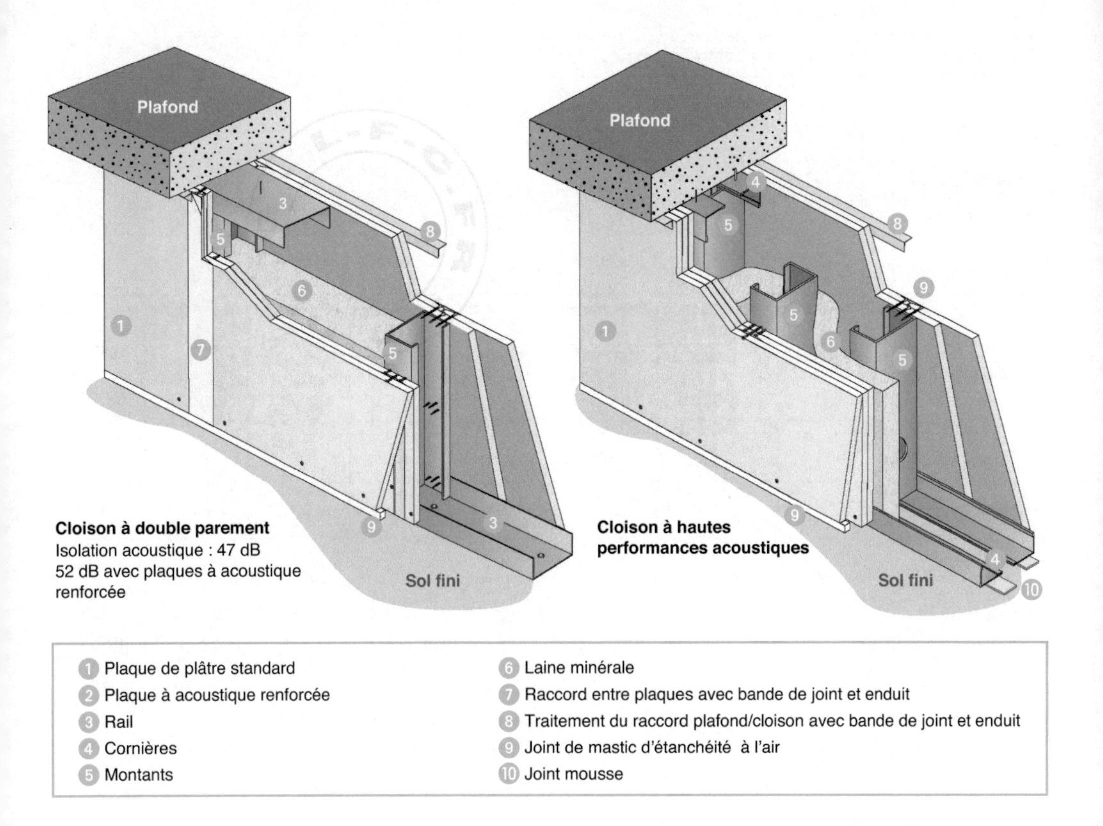

... *Figure 69* : Les types de cloisons et l'acoustique

mances sont déjà correctes avec des plaques standards mais peuvent encore être augmentées avec des plaques à acoustique renforcée (51dB).

Pour un système à hautes performances acoustiques, on utilise deux rails au sol (et au plafond) installés sur une bande de mousse. Ils accueillent deux rangées de montants décalés entre lesquels est posée une laine minérale (une seule couche ou deux couches, entre les montants). On utilise trois épaisseurs de plaques de plâtre d'un côté de la cloison et deux épaisseurs de l'autre côté. L'atténuation acoustique peut alors dépasser 61 dB.

» *La pose d'une cloison en plaques de plâtre*

La hauteur maximale d'une cloison en plaques de plâtre dépend de plusieurs éléments : le type de montant utilisé, l'entraxe de pose et le nombre de plaques de plâtre habillant chaque coté de la cloison (figure 70).

Une cloison classique avec des montants M48 et un parement simple permet une hauteur de cloison de 2,50 m, si les montants sont espacés de 0,60 m et 2,80 m s'ils sont espacés de 0,40 m. On appelle ce système « cloison 72/48 ».

Hauteur maximale des cloisons selon leur type								
Type de cloison	Épaisseur totale : 72 mm Simple parement				Épaisseur totale : 98 mm Double parement			
Type de montant	M48 simple	M48 simple	M48 double	M48 double	M48 simple	M48 simple	M48 double	M48 double
Entraxe de pose (cm)	40	60	40	60	40	60	40	60
Hauteur limite (m)	2,80	2,50	3,45	3,05	3,45	3,00	4,15	3,75

Figure 70 : Les hauteurs maximales des cloisons en plaques de plâtre

Il est possible d'augmenter ces hauteurs limites en doublant les montants dos à dos et en les vissant entre eux pour atteindre jusqu'à 3,45 m avec un entraxe de 0,40 m. L'autre solution consiste à utiliser deux couches de plaques de plâtre (double parement). En revanche, l'épaisseur totale de la cloison s'en trouvera augmentée : 98 mm au lieu de 72 mm pour un simple parement. Il existe des solutions pour atteindre des hauteurs encore plus importantes, mais elles concernent les bâtiments industriels.

Pour réaliser une cloison en plaques de plâtre, la première étape consiste à installer les rails au sol et au plafond (figure 71). Sur un sol fini, ils sont fixés (tous les 0,60 m) par pistoscellement, avec des vis et des chevilles ou à l'aide de chevilles automatiques. Laissez un espace entre deux rails de sol à l'emplacement des bloc-portes.
Si la cloison comprend un retour (refend), laissez l'espace d'une plaque de plâtre entre les deux rails.

Pour la pose sur sol brut, placez une feuille de polyane sous le rail avec des remontées latérales jusqu'à 2 cm au-dessus du sol fini.
Coupez les montants à la hauteur sol/plafond moins 5 mm environ. Installez un montant de départ au niveau du mur, puis le premier de la rangée à 0,40 ou 0,60 m (selon la hauteur ou la résistance désirée). Les autres montants seront installés selon le même entraxe, jusqu'au mur opposé ou un dernier montant latéral sera posé au niveau du mur. Débutez la pose des plaques à partir du même mur que celui du début de pose des montants afin de respecter la largeur des plaques (1,20 m) et pour que les raccords se fassent uniquement sur un montant.
Les montants peuvent être solidarisés aux rails hauts et bas avec des vis TTPC ou par sertissage avec une pince spéciale (voir figure 75).

Débutez la pose des plaques de plâtre sur un côté de la cloison. Elles doivent être coupées en hauteur de la distance du sol au plafond

Montage de l'ossature des cloisons en plaques de plâtre

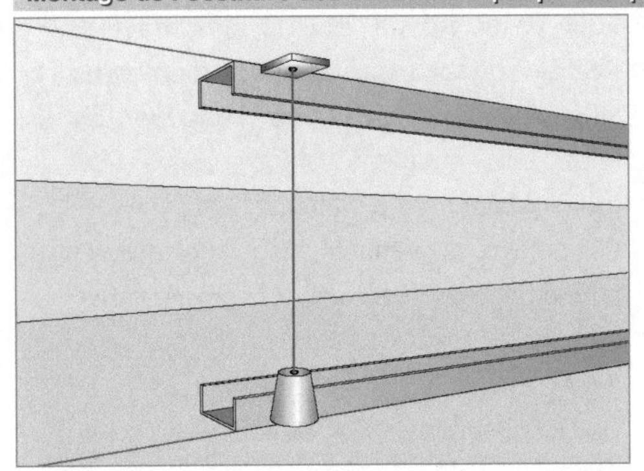

❶ Au sol et au plafond, tracez l'emplacement des rails, sans oublier les huisseries.

D'après Lafarge

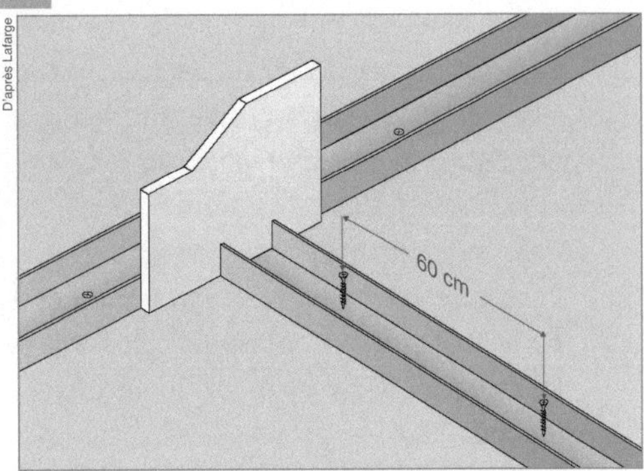

❷ Fixez les rails au sol et au plafond avec des vis et des chevilles, tous les 0,60 m maximum. En cas de cloison de refend, laissez une épaisseur de plaque entre les deux rails.

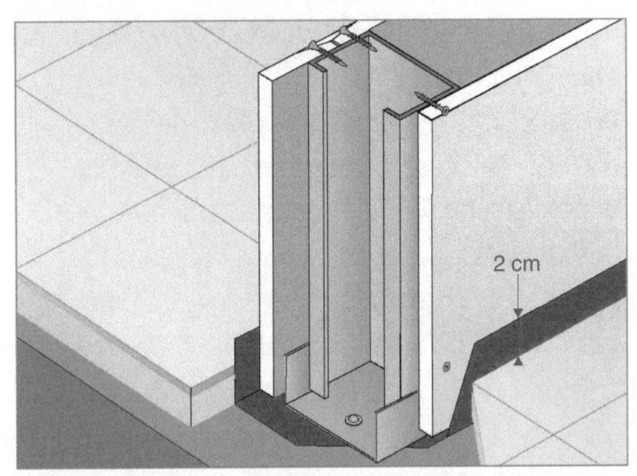

❸ Sur sol brut (avant réalisation des chapes), posez un film en polyane ou une semelle en U sous le rail avec une remontée de 2 cm au-dessus du niveau du sol fini.

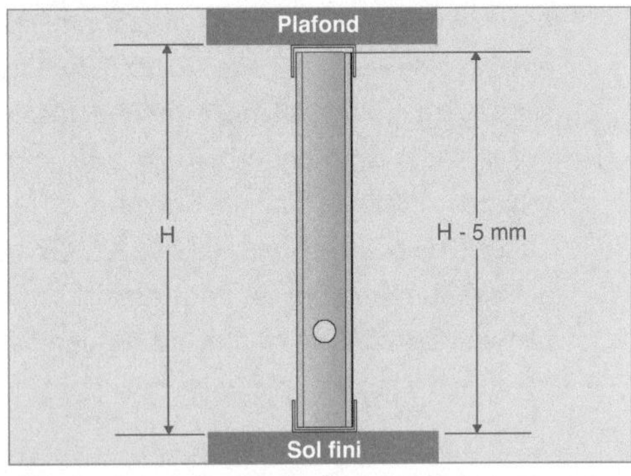

❹ Coupez les montants à la hauteur sol/plafond (H) moins 5 mm.

❺ Installez les montants en biais, dans le rail haut, puis le bas et positionnez-les verticalement en effectuant un quart-de-tour. Vissez-les ou sertissez-les dans les rails.

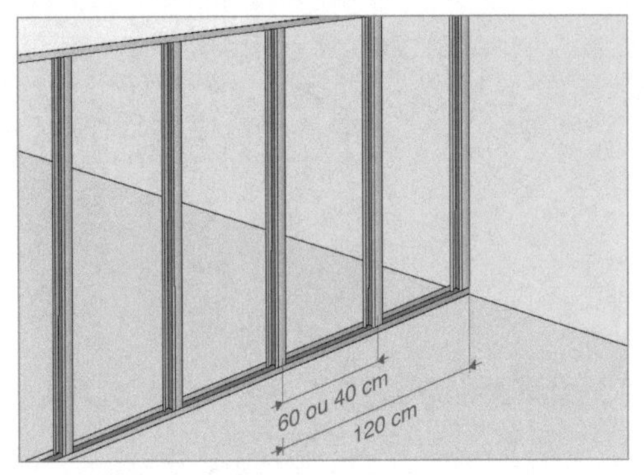

❻ Continuez la pose des montants sur toute la longueur de la cloison avec un entraxe de 40 ou 60 cm.

⟶ *Figure 71* : La pose de l'armature de la cloison

moins 1 cm (figure 72). Les plaques devront être appuyées contre le plafond lors de la pose. Vous pouvez utiliser des cales ou un levier à bascule (actionnable au pied) qui permettra cette opération avec plus de facilité.

Pour découper une plaque de plâtre, utilisez une règle en aluminium. Tracez votre découpe, puis entaillez la plaque avec un cutter. Placez la coupe en porte-à-faux (sous un tasseau ou une pile de plaques), puis cassez-la d'un coup sec. Découpez ensuite la peau en papier cartonné de l'autre côté avec un cutter.

Les plaques se vissent sur l'ossature métallique à l'aide de vis TTPC de 25 mm (pour une simple peau) ou de 45 mm pour une double peau. La jonction entre deux plaques doit toujours s'effectuer sur un montant.
La règle de pose est une vis tous les 30 cm, à 1 cm au minimum du bord aminci de la plaque. La fixation s'effectue également au niveau des rails inférieurs et supérieurs avec le même écart que pour les montants.
Pour poser les vis, utilisez une visseuse. Réglez-la de façon que les vis une fois posées affleurent sur la surface de la plaque. Les têtes ne doivent pas dépasser, ni rentrer trop profondément ce qui nuirait à la fixation.
Positionnez la première plaque, plaquez-la au plafond et vissez-la sur l'ossature. Arrivé au mur opposé, découpez la plaque à la dimension.
Une fois le premier côté de la cloison recouvert de plaques, passez de l'autre côté pour mettre en place les matelas de laine minérale entre les montants. Si vous devez passer des canalisations électriques, faites-le à cette étape (voir figure 80).
Posez ensuite les plaques de plâtre de l'autre côté de la cloison. Attention, les raccords entre les plaques des deux côtés doivent être décalés, soit en recoupant la plaque de départ, soit en partant du côté opposé à la pose sur la première face. Les raccords sont ainsi effectués sur des montants différents.

La pose des plaques de plâtre pour cloisons

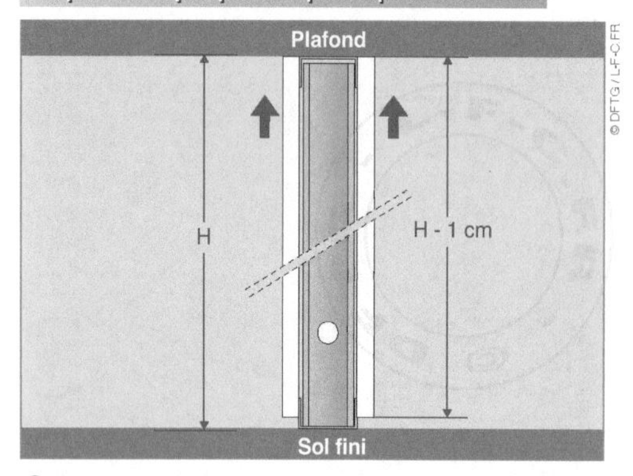

1 Les plaques de plâtre doivent être découpées à la hauteur sol/plafond (H) moins 1 cm. Elles doivent être plaquées au plafond lors de la pose.

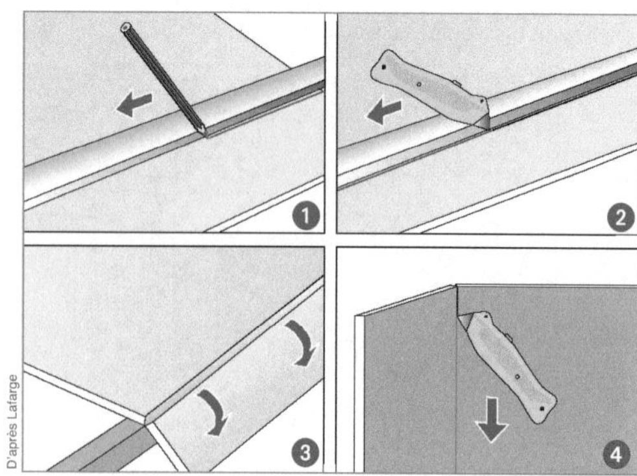

2 Pour couper une plaque, tracez la coupe 1, entaillez au cutter un côté de la plaque 2, posez-la en porte-à-faux, puis cassez-la d'un coup sec 3. Coupez le papier au revers 4.

Figure 72 : La pose des plaques de plâtre...

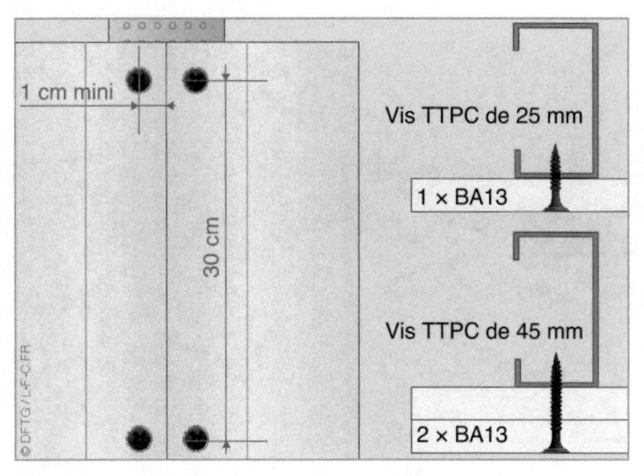

3 Vissez les plaques dans tous les montants à 1 cm minimum du bord et tous les 30 cm. Vissez-les également dans les rails. Utilisez des vis adaptées à l'épaisseur des plaques.

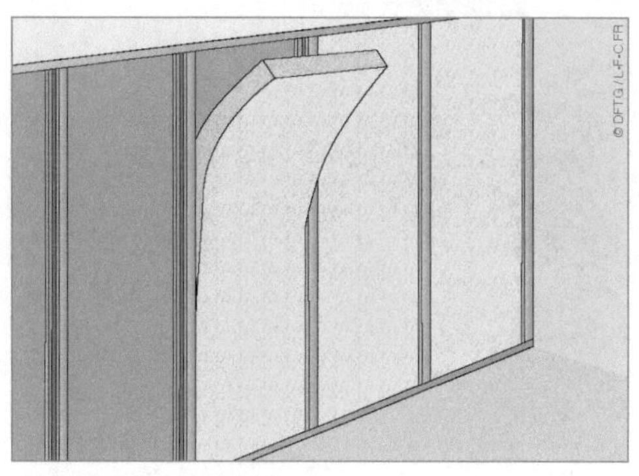

4 Une fois les plaques posées sur un côté de la cloison, posez l'isolant entre les montants, puis passez éventuellement les canalisations électriques.

D'après Lafarge

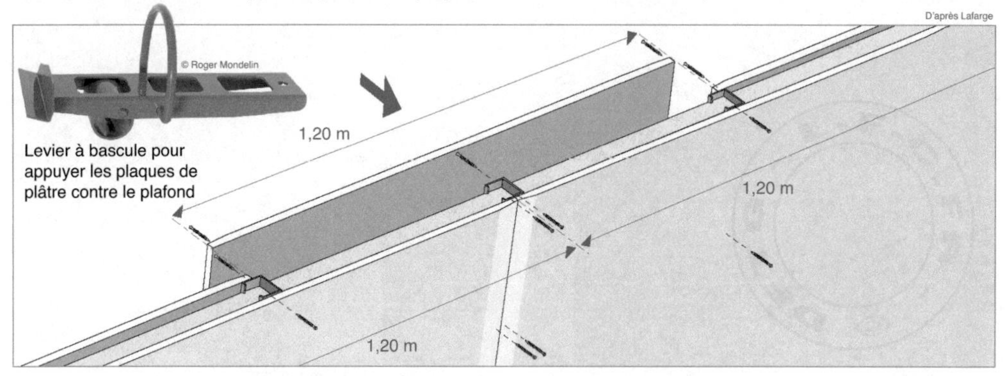

5 Terminez par la pose des plaques de l'autre côté de la cloison. Pensez à décaler les raccords des plaques par rapport à celles déjà posées (plaque de 1,20 m de large). Il en va de même pour les cloisons à parements multiples.

... *Figure 72* : La pose des plaques de plâtre

Il en va de même si vous avez choisi une cloison à double parement. Les raccords des plaques de chaque face doivent être décalés.

Pour réaliser un angle sortant, vissez un montant en tête de la cloison sur lequel viendront se terminer les plaques de plâtre. Il convient ensuite de fixer un second montant pour le retour de la cloison. Posez les plaques de plâtre, celle de l'extérieur venant recouvrir le montant de l'angle (figure 73). Dans le cas d'une cloison en refend, posez un montant dans le premier pan de cloison, au droit du refend. Fixez ensuite un autre montant pour accueillir le refend. Pour la pose d'un bloc-porte, découpez les ailes du rail en sol afin de le replier à 90° pour créer une remontée de 15 à 20 cm qui prendra place dans le fond de la feuillure du bâti. Imbriquez ensuite un montant dans ce coude, jusqu'au rail du plafond. Mettez le bloc-porte en place et vissez les montants dans le bâti en fond de feuillure. Procédez de la même façon pour l'autre côté du bâti.
Au niveau de l'imposte, procurez-vous un morceau de rail dont vous replierez

Traitement des angles

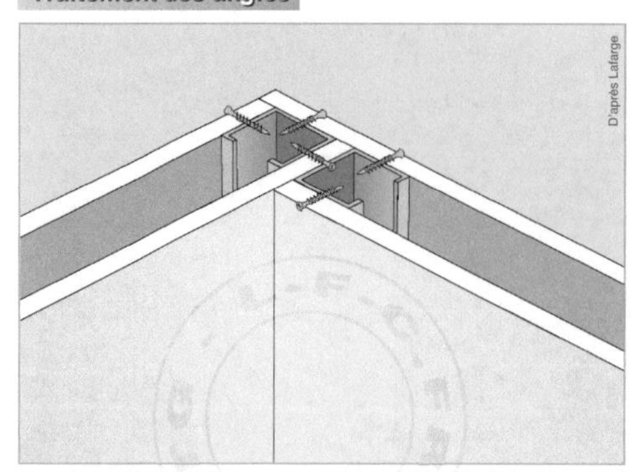

Angles sortants : vissez un montant en tête de cloison, puis posez les plaques. Vissez un second montant dans le premier pour le retour. Posez les plaques.

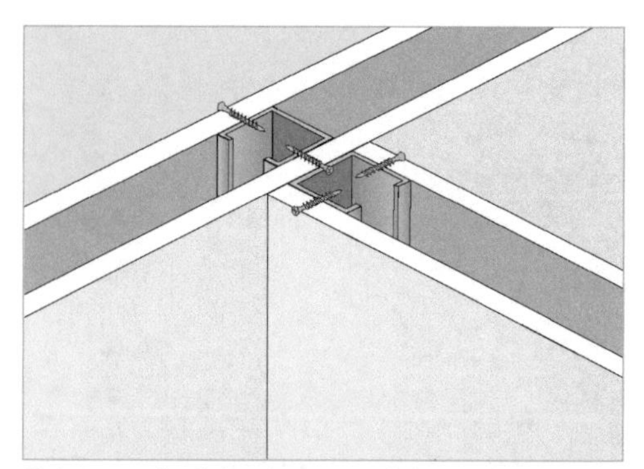

Cloison en refend : lors du montage de la première cloison, prévoyez un montant au droit du refend. Posez les plaques, puis vissez un montant sur le premier.

Traitement des huisseries

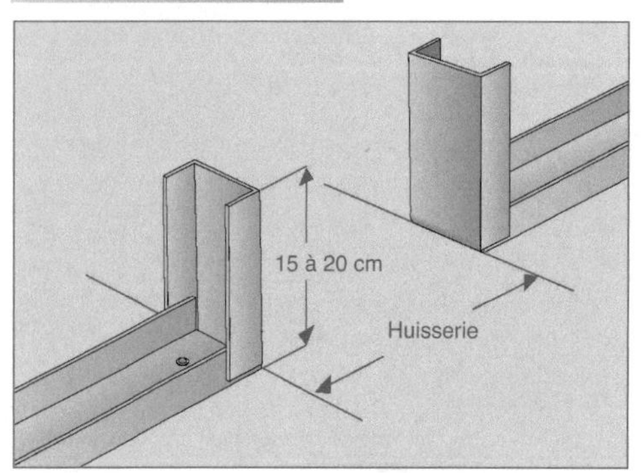

❶ De chaque côté de l'huisserie, découpez les ailes des rails et pliez-les à 90°, pour créer une remontée de 15 à 20 cm.

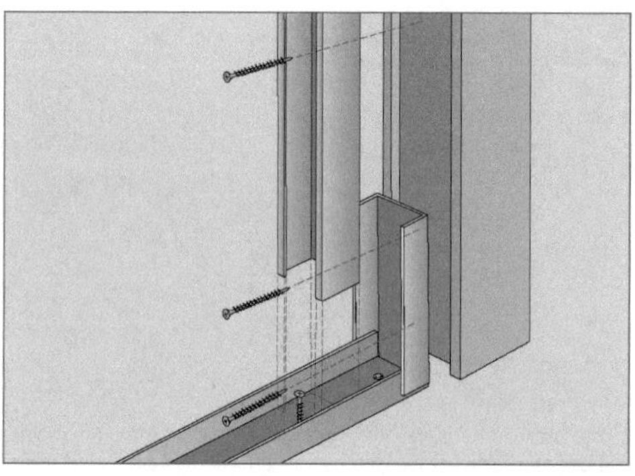

❷ Positionnez l'huisserie, puis vissez-y un montant allant jusqu'au rail du plafond.

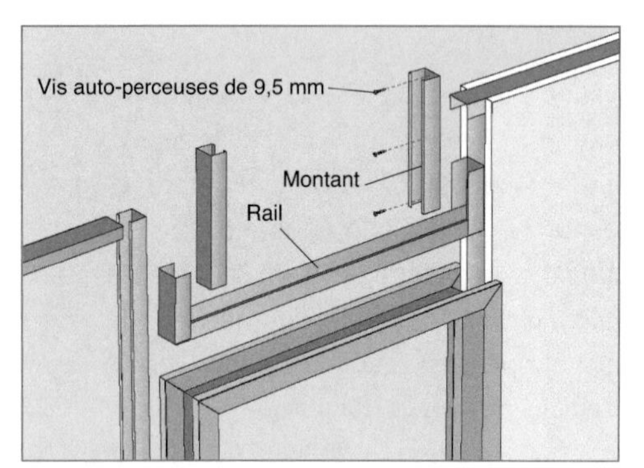

❸ Pour l'imposte, utilisez un rail et deux montants qui viendront se visser sur l'huisserie et les montants posés à l'étape précédente.

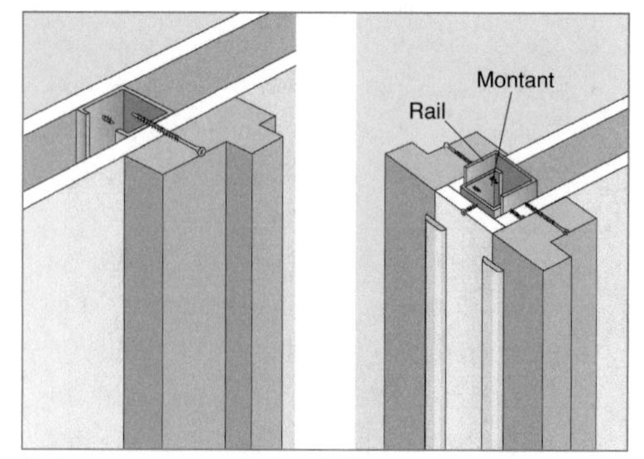

Autres cas : pour une huisserie directement contre une cloison, vissez-la dans un montant. Pour des huisseries en bout de cloison, utilisez un rail vertical et un montant.

Figure 73 : Le traitement des angles et des huisseries

les extrémités à 90° (après découpe des ailes), afin de le fixer au fond de la feuillure du bâti et aux deux montants latéraux. Installez deux montants recoupés de chaque côté des montants de l'imposte. Pour visser rails et montants ensemble, utilisez des vis autotperceuses de 9,5 mm.
Pour poser un bloc-porte directement sur la face d'une cloison, prévoyez un montant au droit du bloc-porte lors du montage. S'il n'y a pas d'impératif, vous pouvez utiliser l'un des montants de l'armature existante pour la fixation, sinon, installez un montant supplémentaire à cet emplacement.
Si votre projet nécessite deux bloc-portes au niveau d'un nez de cloison, fixez un rail verticalement dans lequel sera inséré et vissé un montant. Il permet de fixer une coupe de plaque de plâtre en nez de cloison. Les bloc-portes doivent être vissés sur l'ossature métallique. Posez un champlat pour masquer la liaison avec la cloison.
Pour la finition et la réalisation des joints entre les plaques de plâtre, reportez-vous à la figure 27.

» *Les cloisons cintrées*

Il est possible de réaliser une paroi cintrée, avec une cloison sur ossature et des plaques de plâtre (figure 74). En effet, les plaques de plâtre présentent une certaine flexibilité qui peut être augmentée si on l'humidifie. Moins la plaque est épaisse et plus elle est humide, plus elle peut être cintrée. Il est conseillé de

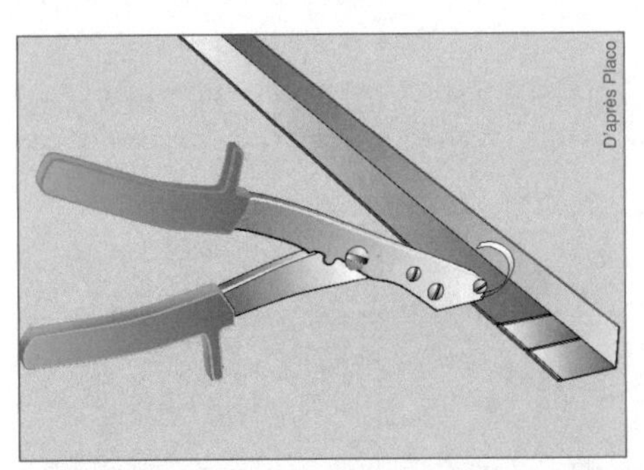

❶ Découpez les cornières ou les ailes des rails hauts et bas au pas de 10 cm.

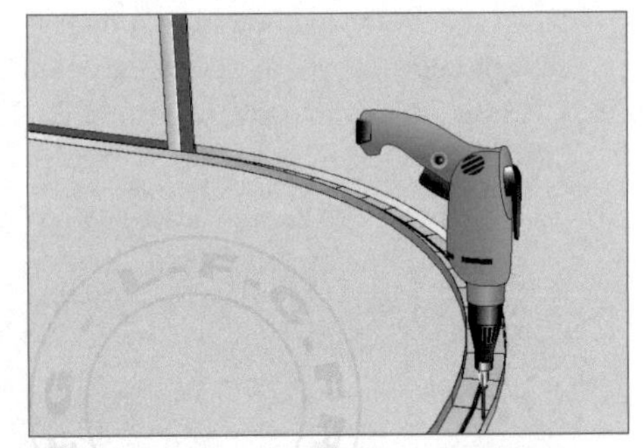

❷ Fixez les rails ou les cornières tous les 60 cm en partie droite et tous les 30 cm dans la partie cintrée.

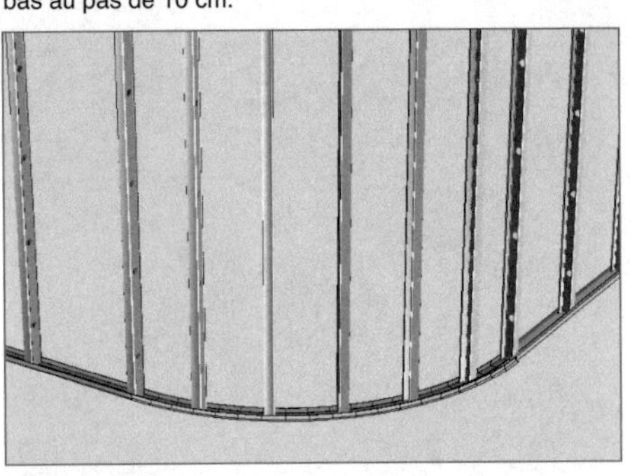

❸ Placez les montants dans la partie cintrée tous les 40 cm pour des plaques sèches ou 30 cm dans les autres cas.

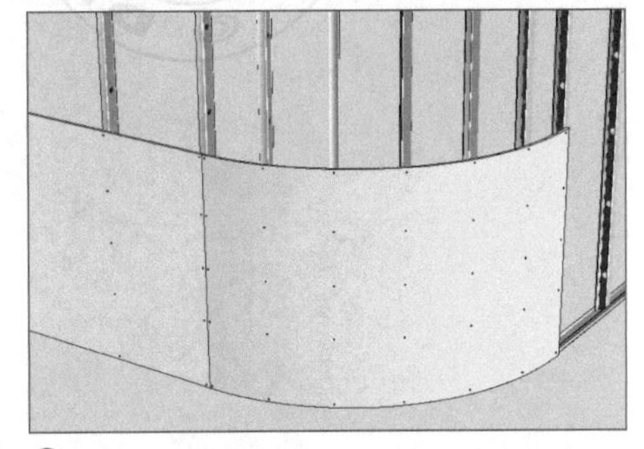

❹ Dans la partie cintrée, posez les plaques horizontalement et faites le raccord d'extrémité dans la partie droite.

Figure 74 : Les cloisons cintrées

les installer à l'horizontale contre l'ossature pour faciliter le cintrage et le raccord avec les parties droites.

Pour un rayon de courbure de 2 m, les plaques de plâtre peuvent être utilisées sans humidification, il suffit de les poser sur des tréteaux pour qu'elles prennent la forme.

Pour un rayon de cintrage entre 1,5 et 2 m, il est nécessaire d'humidifier la face intérieure courbe de la plaque à l'éponge ou au vaporisateur.

Pour un rayon inférieur à 1,50 m, il est nécessaire d'immerger la plaque (4 min pour du BA 13 et 3 min pour du BA 10), puis de la placer sur un gabarit pour qu'elle prenne la forme. On peut obtenir un rayon de 0,90 m avec du BA 13 et 0,70 m avec du BA 10.

Pour la réalisation de l'ossature, il est nécessaire de découper une aile et le fond des rails R48 avec une cisaille grignoteuse, tous les 5 ou 10 cm, pour pouvoir les cintrer. Il sont fixés au sol et au plafond tous les 30 cm dans la partie courbe et 60 cm dans les parties droites. Dans la partie courbe, les montants sont placés avec un entraxe de 40 cm pour des plaques sèches et de 30 à 15 cm pour des plaques humidifiées. La plaque est posée horizontalement avec si possible un raccord avec les autres dans la partie droite de la cloison. Décalez les raccords des plaques sur chaque face de la cloison.

» Les plaques de plâtre dépliables

Les plaques de plâtre classiques de 2,50 × 1,20 m permettent d'habiller rapidement une cloison, mais elles sont lourdes et difficiles à manipuler. Quand on doit monter une cloison à l'étage d'une maison individuelle, dans les combles ou dans un appartement d'un immeuble collectif, manipuler les

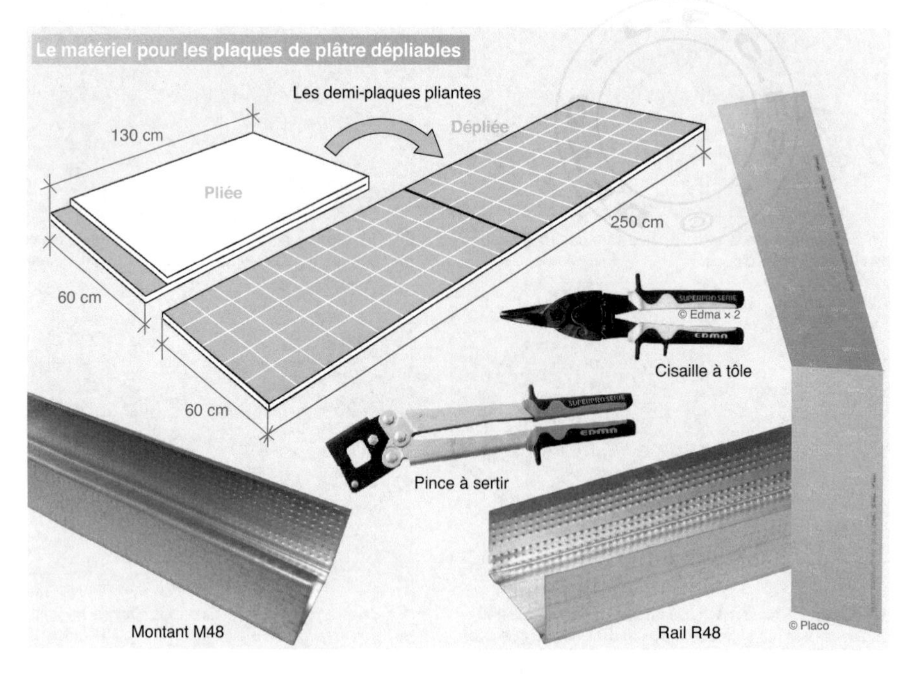

Figure 75 : Les plaques dépliables

plaques dans un escalier est très fastidieux. C'est pourquoi les fabricants commercialisent dans les GSB (grandes surfaces de bricolage) des plaques de plâtre dépliables (figure 75). Ce sont des demi-plaques hydrofuges de 0,60 × 2,50 m (dépliées) et 0,60 × 1,30 m repliées. Elles sont donc deux fois moins lourdes et très peu encombrantes. On peut les transporter plus facilement dans une voiture. Les deux parties de la plaque sont solidarisées par une couche de papier cartonné sur une seule face. Elles disposent de bords amincis latéraux.

Le montage d'une cloison ou d'une contre-cloison avec ces plaques diffère un peu de celui des plaques traditionnelles. En effet, il est nécessaire d'installer une traverse supplémentaire au niveau de la pliure. Le principal inconvénient est qu'il faut ensuite poser deux fois plus de bandes de joints qu'avec des plaques traditionnelles.

Pour la pose, vous aurez besoin de rails R48, de montants M48, d'une cisaille à tôle et d'une pince à sertir pour ossature métallique. La pose de l'ossature principale s'effectue

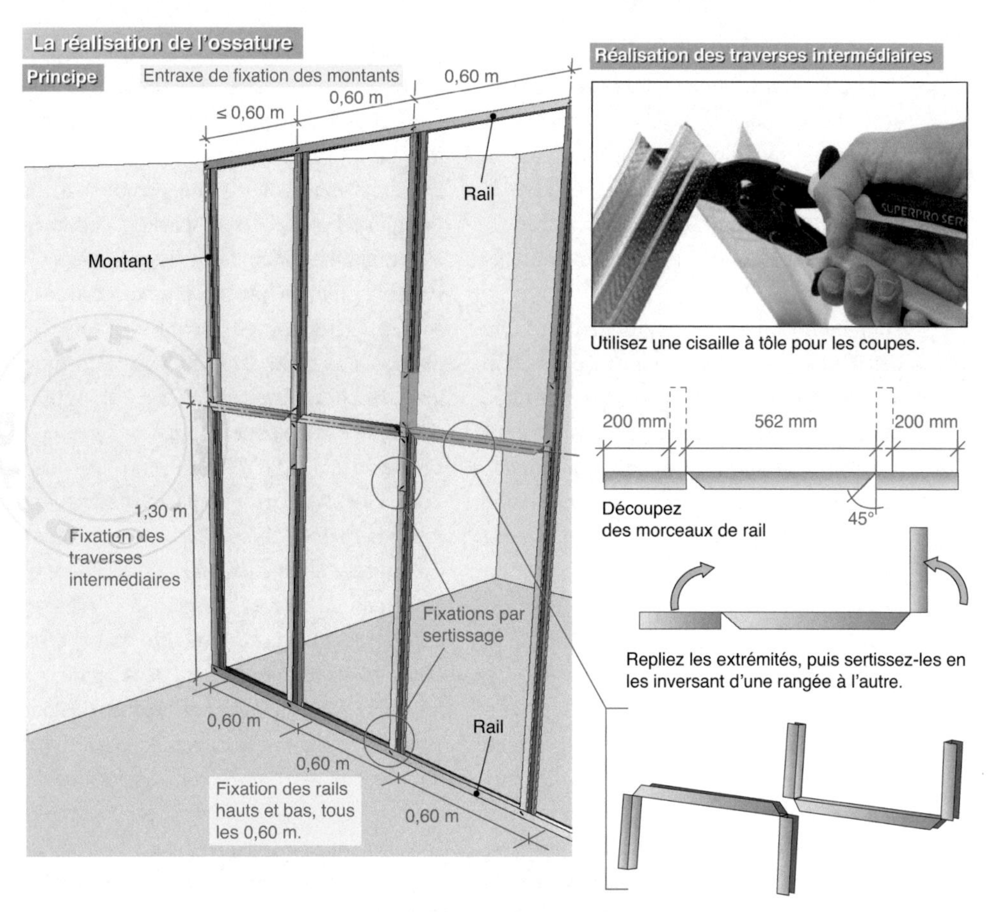

Figure 76 : La pose de l'ossature...

Le sertissage

La pince à sertir permet de solidariser rapidement et facilement les rails et les montants, sans avoir recours à des vis. Elle est dotée d'un couteau interchangeable qui transperse les profilés et les recourbe contre l'appui de l'autre mâchoire.

... *Figure 76* : La pose de l'ossature

comme pour les plaques de plâtre classiques. Fixez un rail au sol et un autre au plafond, avec des fixations tous les 0,60 m. Placez un premier montant au niveau du mur de départ, puis les suivants avec un entraxe de 0,60 m. Utilisez la pince à sertir pour solidariser facilement et rapidement les montants aux rails (figure 76).

Pour assurer un renfort au niveau de la pliure des plaques, installez une traverse à 1,30 m du sol. Elle est constituée d'un morceau de rail dont les ailes sont découpées à 45°, puis repliées pour s'insérer entre deux montants. Installez-les ensuite (en les inversant d'une travée à l'autre pour respecter l'alignement), puis fixez-les aux montants avec la pince à sertir.

Les bloc-portes se posent comme dans le cas d'une cloison traditionnelle.

La pose des plaques s'effectue sur un premier côté en partant du même côté que pour l'ossature (figure 77). N'utilisez pas des plaques désolidarisées dont le papier de liaison est déchiré. Vous remarquerez que les deux demi-plaques ne sont pas de la même longueur (1,30 m et 1,20 m). La partie la plus longue doit être posée vers le bas afin que le raccord s'effectue sur les traverses intermédiaires.

Découpez éventuellement les plaques à vos mesures. La surface du papier est imprimée d'un quadrillage pour faciliter les découpes.

Posez la première plaque en contact avec le sol, puis fixez-la avec quelques vis pour la maintenir en place. Enduisez le raccord entre les deux parties avec de la colle à bois, puis dépliez la plaque pour la fixer.

Utilisez des vis TTPC de 25 mm. Les fixations latérales (bords amincis) s'effectuent tous les 30 cm (les premières vis à 5 cm des extrémités). Dans les parties haute, basse et au niveau du raccord, posez les vis avec un entraxe de 25 cm. Au niveau de la traverse, posez les vis à 8 mm du bord de la pliure.

Lorsqu'un côté est recouvert, placez l'isolant entre les montants, puis procédez à la pose des plaques sur l'autre face de la cloison.

Les bandes de joints seront posées sur les liaisons verticales entre plaques et avec le plafond. Au niveau de la pliure, une passe d'enduit est simplement effectuée sur les têtes de vis.

La pose des plaques

❶ Après la pose de l'ossature et des blocs-portes (posés comme dans le cas d'une cloison traditionnelle), acheminez les plaques. Leur taille réduite les rend idéales pour les combles.

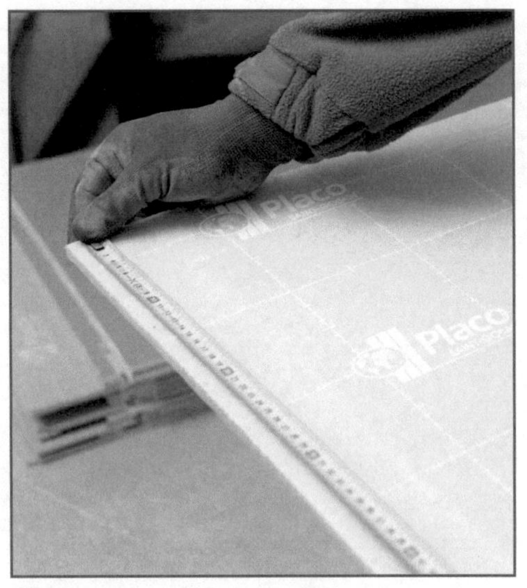

❷ Découpez les plaques aux dimensions souhaitées. Attention, la partie la plus longue (1,30 m) se pose toujours en bas. Le quadrillage facilite le repérage des coupes à effectuer.

❸ Il est préférable de poser dans un premier temps toutes les plaques d'une même face. Vous pouvez ensuite poser l'isolant entre les montants et passer d'éventuelles lignes électriques.

❹ Posez les plaques partie la plus longue contre le sol. Maintenez-les avec quelques vis. Enduisez le raccord entre les deux demi-plaques avec de la colle à bois. N'utilisez pas de plaques désolidarisées.

Figure 77 : La pose des demi-plaques...

❺ Dépliez la plaque lorsque la colle est encore fraîche pour la mettre en place définitivement. Attention, ne déchirez pas le papier de la face avant.

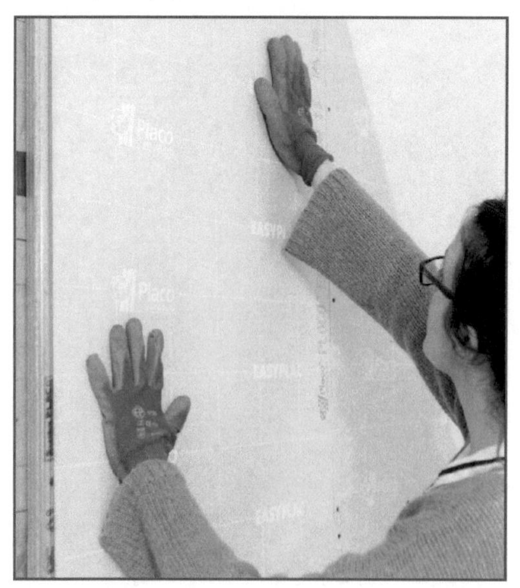

❻ Positionnez correctement la plaque, puis vissez-la sur l'ossature. Procédez de la même manière pour tout le panneau. Ensuite, réalisez les joints avec de la bande au niveau des bords amincis verticaux, ainsi qu'une passe sur les vis du raccord horizontal.

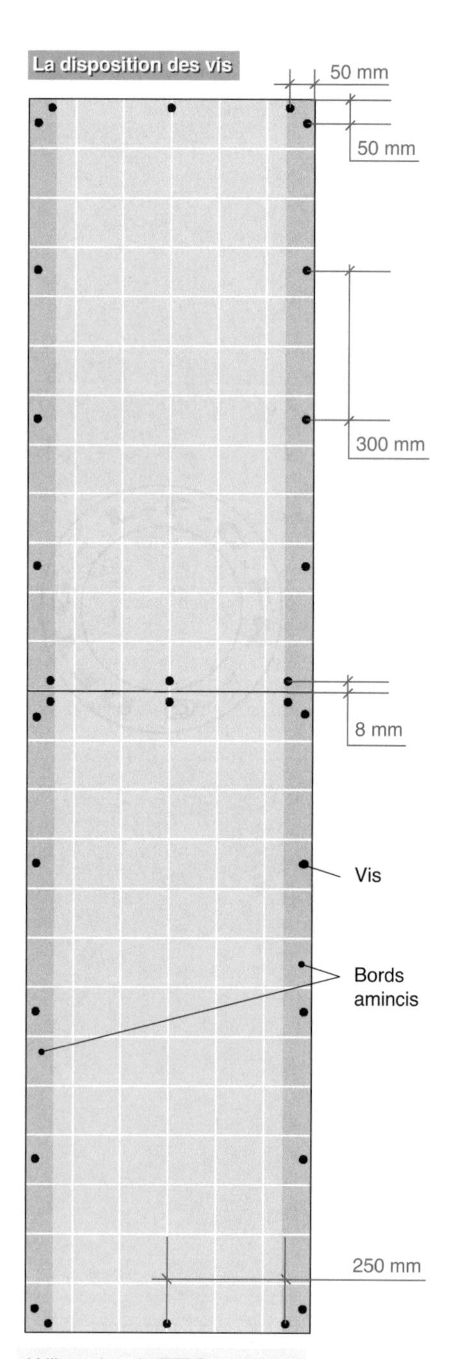

Utilisez des vis TTPC de 25 mm.

... *Figure 77* : La pose des demi-plaques

» *Les cloisons de séparation pour garage*

En maison individuelle, la paroi de séparation entre la partie habitable et le garage est souvent réalisé en petits éléments de maçonnerie (parpaings, briques...). Cependant, le garage étant un local non chauffé, il est nécessaire de prévoir une isolation thermique, ce qui augmente l'épaisseur de la paroi de séparation.

Des solutions existent pour réaliser cette paroi de séparation avec des plaques de plâtre qui vont intégrer l'isolant dans leur structure (figure 78). Nous en présentons un exemple, mais il existe d'autres solutions similaires selon les fabricants. Elles peuvent être adoptées pour tout type de séparation entre un local chauffé et un non chauffé (buanderie, sellier...). Le système présenté se compose de cornières spécifiques, de fourrures et de blocs de PSE (polystyrène expansé) à placer entre les fourrures (pour éviter les ponts thermiques). L'habillage du côté chauffé s'effectue avec des plaques de plâtre standards, et avec des plaques hydrofuges, ou hydrofuges à haute dureté, du côté garage. Les largeurs possibles de la cloison vont de 15 à 22 cm selon le niveau d'isolation recherché. Les performances thermiques sont très bonnes : Up de 0,25 à 0,17 W/m^2.K. La mise en œuvre est simple et rapide.

La pose débute par le traçage au sol de l'implantation de la cloison, puis la pose au sol et au plafond de deux rangées de cornières parallèles (figure 79). Posez également des cornières en remontée sur le mur.

Découpez les fourrures de la hauteur sol/plafond moins 1 cm. Découpez les entretoises en polystyrène à la même cote.

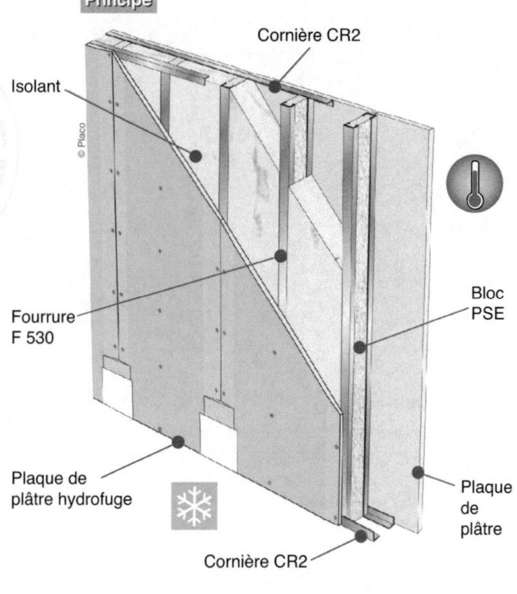

⋯› *Figure 78* : Le principe d'une cloison de séparation avec le garage

La réalisation d'une cloison séparative avec un garage

❶ Découpez les fourrures F 530 (servant de montants) à la hauteur de la cloison moins 1 cm. Déposez de la colle au silicone ou de la mousse PU dans le fond des profilés.

❷ Découpez les entretoises en polystyrène à la longueur des fourrures F 530, puis clipsez-les entre deux fourrures. Leur largeur dépend de la largeur de la cloison choisie en fonction de l'isolant.

❸ Positionnez, puis fixez au mur, au plafond et au sol des cornières CR 2 selon l'épaisseur de la cloison. Insérez les montants entre les cornières. Répartissez-les en respectant un entraxe de 0,60 m.

❹ Posez les plaques d'un côté de la cloison, mettez l'isolant entre les montants, puis posez les plaques sur l'autre face. Utilisez des plaques, hydrofuges côté garage, normales côté habitation.

Figure 79 : Le montage de la cloison de séparation

Déposez de la colle au silicone ou de la mousse PE dans le fond des fourrures, puis assemblez-les avec une entretoise en polystyrène. Vous avez ainsi un montant.

Une fois la colle sèche, placez ces montants entre les cornières hautes et basses avec un entraxe de 0,60 m. Vissez les montants aux cornières avec des vis TRPF 13.

Habillez ensuite la cloison avec des plaques de plâtre sur une face, puis mettez en place les matelas de laine minérale entre les montants. Posez l'habillage en plaques de plâtre de l'autre côté.

Un bloc-porte devra être posé entre deux montants supplémentaires. Avec des plaques de plâtre hydrofuges, placez le bloc-porte de façon à ne pas dépasser 0,30 m avec le dernier montant, 0,60 m dans le cas de plaques haute-dureté.

Sur les deux montants encadrant la porte, fixez un panneau de contreplaqué de 15 mm d'épaisseur, sur toute la hauteur du bâti et d'une largeur équivalente à celle des montants. Mettez le bloc-porte en place, puis vissez-le sur les montants en contreplaqué. Positionnez-le de façon à laisser pénétrer une plaque de plâtre dans la feuillure.

En imposte, fixez également une plaque de contreplaqué vissé sur celui des montants. Placez des cornières de chaque côté. Les ailes de ces parties de cornières sont découpés, puis repliées à 90° pour être fixées sur les montants. Placez un montant de montant découpé à la mesure au niveau de l'imposte.

» *Le passage des gaines électriques dans une cloison en plaques de plâtre*

Il peut être nécessaire de poser des équipements électriques dans une cloison en plaques de plâtre. Il est possible d'y glisser des gaines et de poser des boîtiers d'encastrement pour l'appareillage. Mais attention : ne posez jamais deux boîtiers électriques dos à dos de chaque côté d'une cloison, cela affaiblirait les performances acoustiques de la cloison. Décalez-les toujours d'un côté à l'autre.

Pour passer des gaines électriques dans une cloison en plaques de plâtre, la solution consiste à les faire passer par les orifices prévus dans les montants M48. Il est possible d'en créer d'autres selon les besoins avec des forets étagés. Cette solution présente deux inconvénients : les percements sont limités et leur diamètre ne permet pas de passer plusieurs conduits. De plus, les gaines annelées ont tendance à s'accrocher au passage des trous. Pour faciliter ce travail, utilisez des bagues de glissement. Elles s'insèrent dans les percements des montants et permettent aux gaines de glisser plus aisément (figure 80).

Un fabricant propose un autre système, pour créer un passage de câbles en pied de cloison. Il s'agit d'accessoires que l'on intercale entre le bas des montants et le rail au sol. La réservation ainsi obtenue permet de passer trois gaines de 16 mm ou deux gaines de 20 mm, voire des câbles de communication, de télévision, ou d'enceintes, par exemple. On réalise l'ossature de la cloison

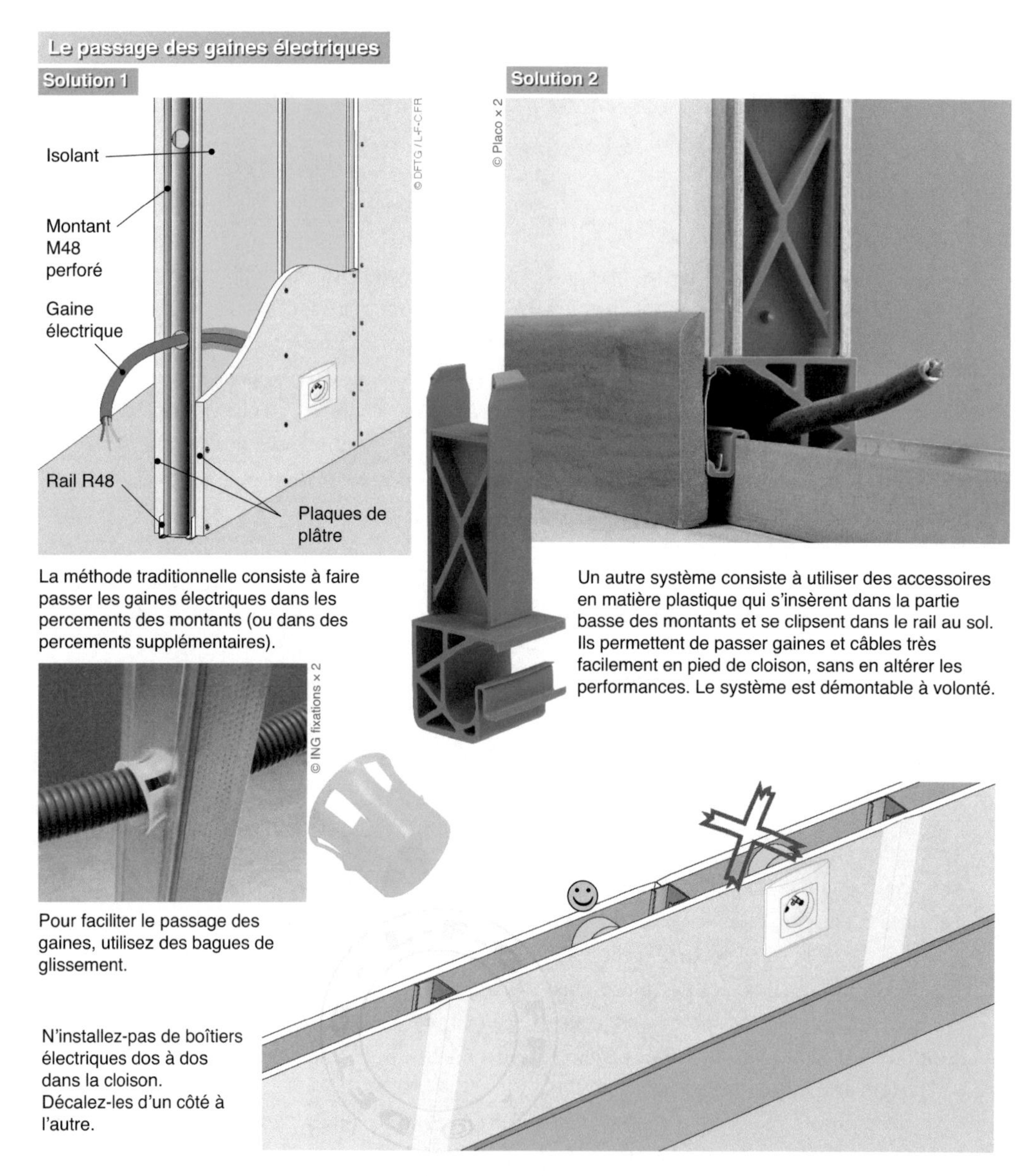

Figure 80 : Le passage des gaines électriques

de façon traditionnelle ; il suffit de couper les montants en tenant compte de la hauteur des accessoires. On les insère dans le bas des montants (sans vissage) et on les clipse dans le rail. La partie supérieure du montant sera fixée par sertissage .

Posez le parement en plaques de plâtre sur la face opposée, puis insérez l'isolant.

Du côté des passages de câbles, les supports comportent une saillie destinée à recevoir la plaque de plâtre et laisser libre l'accès au passage des câbles (figure 81).

La pose d'un système de passage de câbles

© Placo × 4

❶ Assemblez les éléments de l'ossature comme pour une cloison traditionnelle (espacement des montants, etc.). Coupez les montants en prenant en compte la hauteur des accessoires. Posez les montants entre les rails.

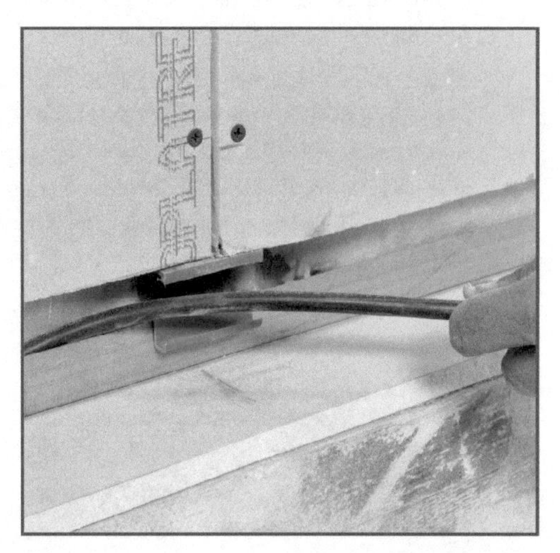

❷ À la pose des plaques de plâtre, découpez-les de manière que le bord inférieur repose sur les accessoires afin de réserver l'espace pour le passage des gaines et/ou câbles.

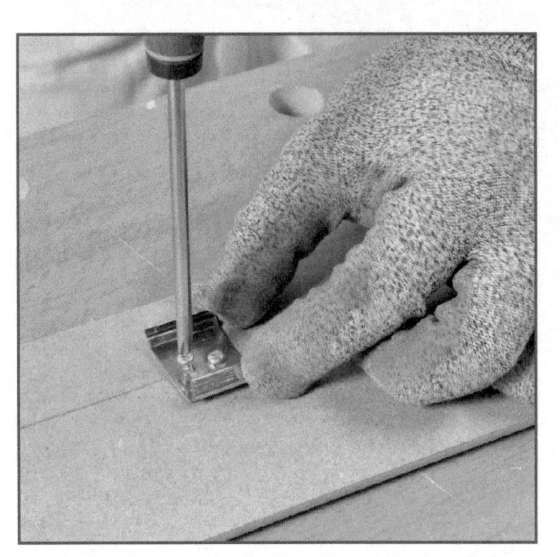

❸ Équipez les plinthes des systèmes de clips fournis avec les accessoires. Positionnez-les en face des montants de la cloison (en hauteur et en espacement).

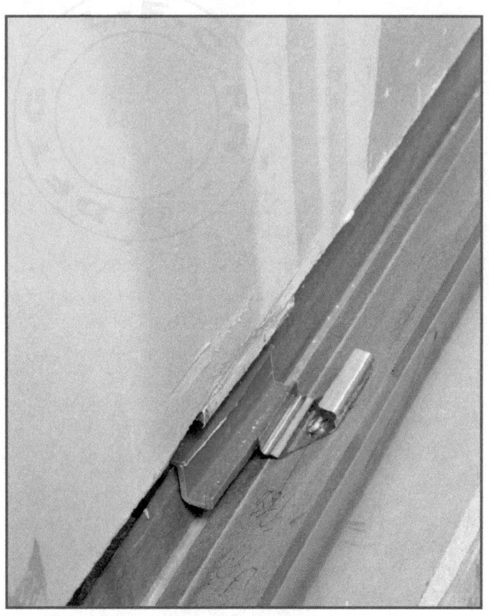

❹ Il suffit de clipser les plinthes sur les accessoires. Ce système est évolutif car la plinthe est démontable. De plus, il est possible de passer de nouvelles gaines ou d'en retirer selon les besoins.

Figure 81 : La pose des passages de câble

Découpez les plaques de plâtre de cette face en tenant compte des passages de câble.

Vous pourrez ensuite passer les gaines dans l'espace ménagé. Les passages de câble sont fournis avec des clips de fixation pour les plinthes. Il suffit de les visser au dos des plinthes et de les fixer par clipsage. La solution reste facilement démontable.

Les cloisons en briques de verre

Pour un intérieur lumineux, confortable et accueillant, les briques de verre peuvent être un choix judicieux (figure 82). Elles permettent de séparer les espaces de façon moins tranchée que les cloisons traditionnelles opaques ou d'apporter de la luminosité dans une pièce. Les cloisons en brique de verre permettent une bonne isolation thermique et acoustique grâce à la large épaisseur d'air qu'elles renferment. Elles sont résistantes, hygiéniques et laissent rarement les visiteurs indifférents. Plusieurs méthodes de montage sont possibles, de la traditionnelle au mortier, aux systèmes à montage rapide et propre. On connait les pavés de verre transparent, mais ils sont déclinés dans de nombreuses couleurs. La limite d'une construction avec ces éléments est que l'on ne peut pas les recouper. L'ouvrage doit donc tenir compte de la taille des pavés, notamment s'il doivent atteindre le plafond.

© Vetroarredo

Figure 82 : Les cloisons en pavés de verre

» *La pose traditionnelle*

La méthode de pose traditionnelle des briques de verre (ou pavés de verre) consiste à monter la paroi brique par brique, au mortier, avec une armature métallique.

Cette méthode permet de monter des surfaces de 15 m^2 maximum (soit une hauteur de 6 m au maximum ou une longueur de 7,5 m au maximum). Au-delà, il est nécessaire de prévoir des joints de dilatation (figure 83). Une paroi en pavés de verre doit toujours être indépendante du gros œuvre, en d'autres termes, elle ne doit subir aucune charge supérieure ou latérale. Si un espace en pavés de verre est inséré dans une cloison, vous devrez prévoir un linteau afin que la partie supérieure de la cloison ne repose pas sur les pavés de verre.
Pour des surfaces inférieures à 4 m^2, posez au sol un joint de glissement (par exemple en carton goudronné) et des joints de dilatation à la liaison avec le mur et le plafond. Utilisez un matériau imputrescible et élastique d'une épaisseur minimale de 1 cm.

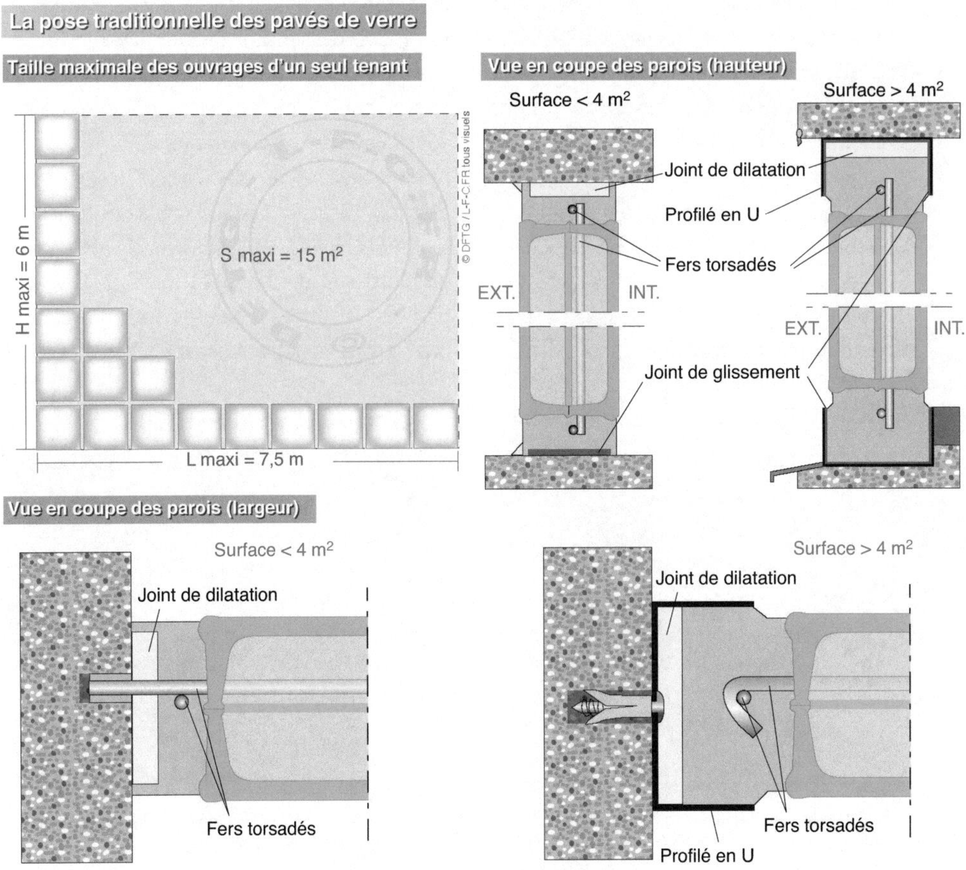

La pose traditionnelle des pavés de verre

Taille maximale des ouvrages d'un seul tenant

Vue en coupe des parois (hauteur)

Vue en coupe des parois (largeur)

Figure 83 : La taille des ouvrages en pavés de verre

Pour des surfaces supérieures à 4 m^2, utilisez des profilés en U métalliques. Ils seront tapissés d'un joint de glissement. Des joints de dilatation seront posés au niveau des parois latérales et de la partie supérieure, dans le fond des profilés.

Les profilés doivent être fixés mécaniquement au gros œuvre.

La paroi en pavés de verre doit être solidarisée au gros œuvre sur au moins deux de ses côtés. Les profilés en U assurent cette fonction. Mais pour les parois de petite dimension, les fers horizontaux de l'armature pénètrent dans les parois latérales dans des percements plus longs et larges que le diamètre des fers afin de permettre la dilatation. Si les pavés de verre donnent sur l'extérieur, prévoyez un joint élastomère entre la structure et le gros œuvre.

Pour la pose, vous aurez besoin de joint de glissement, de bandes de joint de dilatation, de mortier, de fers à béton de 6 mm de diamètre et de croisillons spéciaux pour pavés de verre (figure 84).

Le montage s'effectue horizontalement rang par rang. Mettez en place les bandes de désolidarisation au niveau des parois verticales et en partie haute. Au sol, après placement du joint de glissement, placez deux tasseaux de 4 cm de hauteur afin de réaliser un socle de mortier (ou utilisez un profilé en U).

Le socle en mortier est armé de deux fers à béton de 6 mm de diamètre.

Placez les pavés de verre sur le socle, en les espaçant à l'aide de croisillons et remplissez les joints verticaux de mortier. Les joints doivent être de 1 cm minimum.

Après la pose du premier rang, réalisez un lit de mortier pour accueillir le rang suivant. Incorporez des fers horizontaux et verticaux.

Les fers verticaux et horizontaux doivent être ligaturés entre eux et ne pas entrer en contact avec les briques de verre.

Après séchage de la cloison (prise du mortier), cassez la partie sécable des croisillons, puis réalisez les joints avec un mélange de mortier et de produit à joints. Étalez le produit avec une raclette en caoutchouc pour bien le faire pénétrer, puis après le début de

Le montage traditionnel

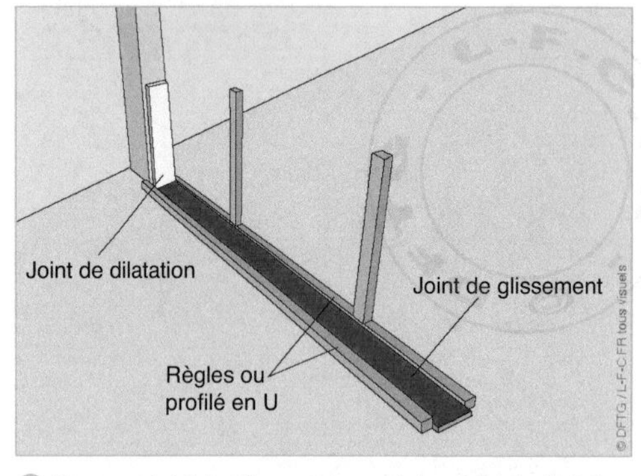

1 Placez un joint de glissement au sol et un joint de dilatation sur le ou les côtés. Les règles permettent de régler le socle en mortier.

2 Sur un socle en mortier lissé de 4 cm et armé de deux fers à béton de 6 mm, posez le premier pavé.

Figure 84 : Le montage des pavés de verre au mortier...

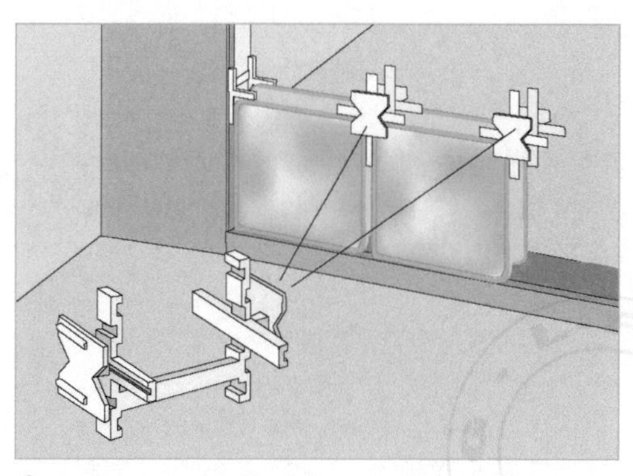

③ Utilisez des croisillons spéciaux et remplissez les joints entre les briques avec du mortier (1 cm minimum).

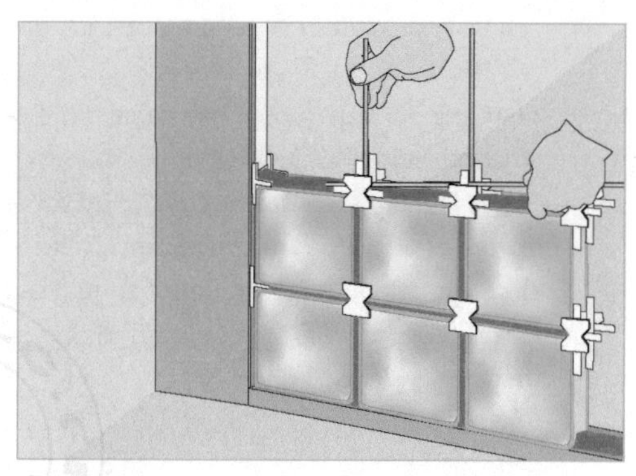

④ Réalisez un lit de mortier entre chaque rang et incorporez-y des fers verticaux et horizontaux.

⑤ Après séchage, cassez les parties saillantes des croisillons.

⑥ Réalisez les joints avec un mélange ciment/produit à joints gris ou ciment blanc/poudre de marbre.

... *Figure 84* : Le montage des pavés de verre au mortier

la prise nettoyez la surface avec une éponge humide passée en diagonale pour ne pas creuser les joints. Après séchage complet, passez un chiffon sec pour nettoyer les pavés de verre.

» *Les systèmes de pose sans mortier*

Plusieurs fabricants proposent des systèmes de pose, pour les cloisons intérieures, ne nécessitant pas l'emploi de mortier, ce qui évite les inconvénients liés à sa préparation. La mise en œuvre s'en trouve simplifiée, plus propre, plus rapide et à la portée de tous. Certains de ces systèmes nécessitent d'utiliser des briques de verre spécialement équipées d'un cadre en bois rainuré et prévu pour ce type d'assemblage. Ces pavés sont plus onéreux que des pavés de verre classiques.

Des rails et des montants en bois à languettes permettent d'accueillir les pavés. Des croisillons en plastique assurent le bon positionnement et la solidarisation des éléments. Le montage de l'ossature en bois s'effectue avec de la colle vinylique à prise rapide.

Avant de débuter la pose, assurez-vous que le sol est de niveau et perpendiculaire aux murs. Sinon, vous posez des cales entre la structure et les profilés de bois.
Tracez l'emplacement de la cloison au sol et au mur et au plafond, si nécessaire. Collez et vissez un rail au sol en vérifiant son niveau et procédez de la même façon pour les montants verticaux (figure 85).
Effectuez une pose à blanc de quelques carreaux pour vous rendre compte de l'effet et de la disposition de l'ensemble.
Ce prémontage permet également de déterminer la longueur exacte de rail nécessaire.
L'ouvrage peut monter jusqu'au plafond ou seulement à une hauteur déterminée. Il peut également ne pas être placé entre deux parois verticales.

Pour une cloison arrivant jusqu'au plafond, vous pouvez superposer plusieurs rails de départ. Enduisez la base et le côté du premier carreau, puis mettez-le en place dans la structure. Il doit s'encastrer parfaitement dans les

Le montage des pavés de verre sans mortier

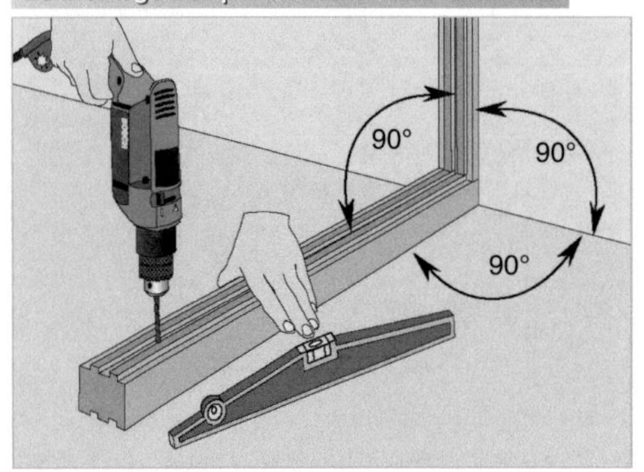

1 Collez et vissez le rail et le montant en utilisant éventuellement des cales pour respecter le niveau et l'aplomb.

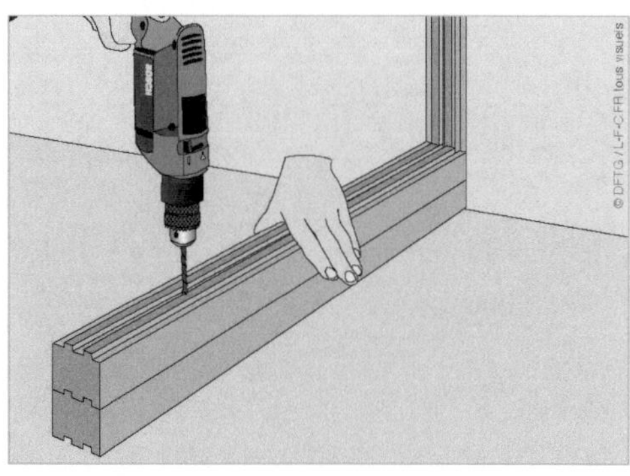

2 S'il est nécessaire de réduire l'espace entre le dernier rang et le plafond, superposez plusieurs rails.

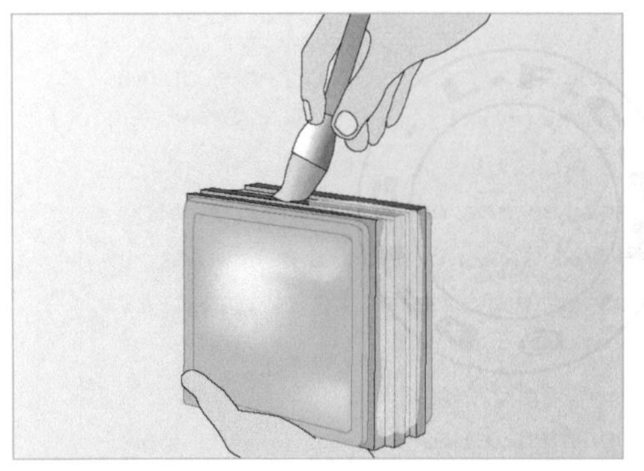

3 Encollez la base et le côté du premier pavé avec de la colle à bois.

4 Posez le pavé dans le rail et pressez pour l'encastrer dans le montant.

Figure 85 : Exemple de pose d'un système à armature en bois...

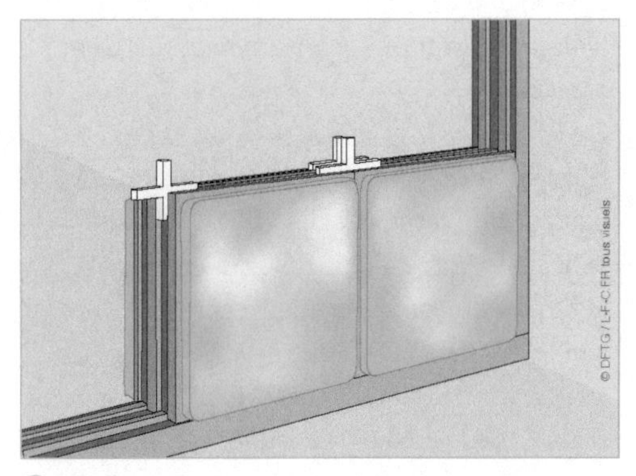

5 Dans les rainures situées entre les pavés, insérez un croisillon en plastique.

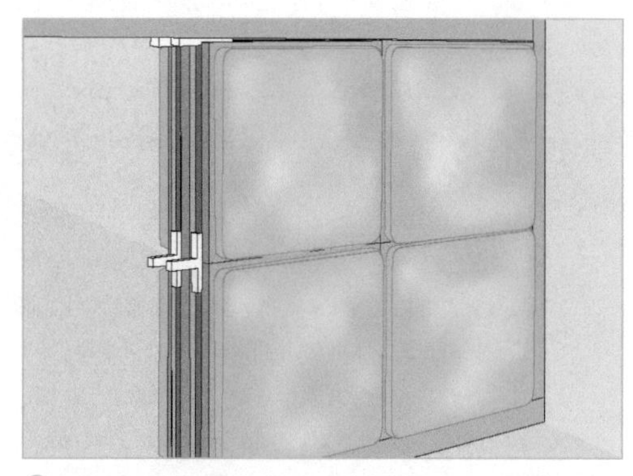

6 Avant le dernier rang, vissez et collez un ou plusieurs rails au plafond, puis collez les briques.

7 Après séchage,appliquez un mortier pour joints de la couleur désirée avec une raclette en caoutchouc.

Habillage : en bout de cloison, collez et clouez un rail recouvert d'un profilé en U.

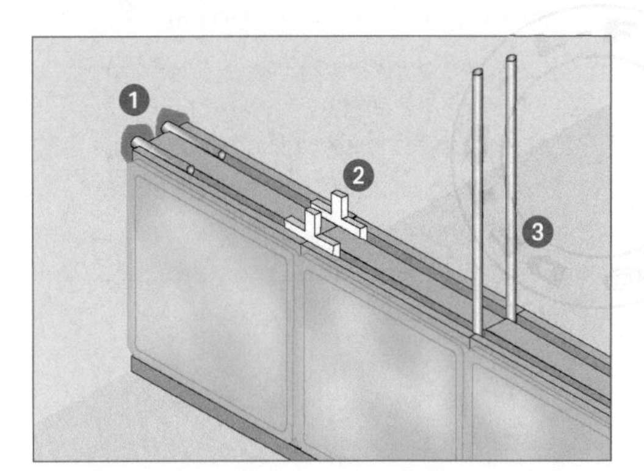

Grandes surfaces : utilisez des tiges métalliques en renfort dans le mur et entre les briques.

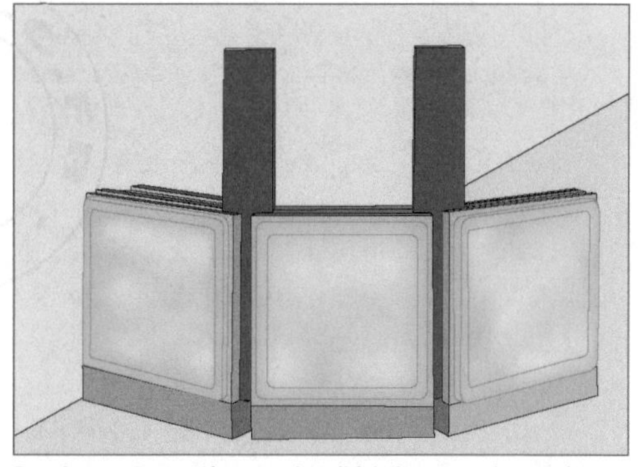

Parois courbes : découpez le rail à la longueur des pavés. Joignez-les avec des languettes en bois.

... *Figure 85* : Exemple de pose d'un système à armature en bois

rainures. Incorporez deux croisillons dans les rainures en haut du premier carreau.
Procédez comme précédemment pour le second carreau et ainsi de suite jusqu'à l'extrémité de l'ouvrage.

Sous le plafond, posez un ou plusieurs rails. Solidarisez le dernier rang de carreaux au rail supérieur avec des croisillons à trois bras.
Lorsque la colle de la paroi est sèche, appliquez un mortier-joint à la raclette en caoutchouc, comme pour la méthode traditionnelle.

Pour un ouvrage dont l'extrémité est libre, collez et clouez un montant pour assurer la terminaison. L'ensemble sera recouvert d'un profilé.

Selon les recommandations du fabricant, pour des ouvrages de surface importante, utilisez des fers à béton pour solidariser les rangées de carreaux aux parois verticales et utilisez des croisillons entre les carreaux ou des fers à béton verticaux.
Avec ce système il est possible de réaliser des parois courbes. Pour ce faire, utilisez des languettes en bois entre les carreaux à la place des croisillons dans la partie courbe.

La figure 86 présente un exemple concret d'utilisation de ce système de montage pour créer de la luminosité dans une paroi de douche. Cet élément sera incorporé dans une cloison en carreaux de plâtre.

Un cadre de montants doit être réalisé pour être incorporé. Avec une base et deux côtés, la traverse supérieure sera posée à la fin. Les dimensions du cadre sont calculées de façon à incorporer deux pavés en largeur et cinq en hauteur. Le cadre est assemblé par collage et par vissage.

Le rang de carreaux de plâtre est arrêté à la hauteur du placement des pavés. La partie supérieure est enduite de liant-colle, puis le cadre est posé à son emplacement et fixé dans les carreaux avec des chevilles à frapper. Le surplus de liant-colle est retiré. Au rang suivant de carreaux, le cadre est solidarisé à la structure, de chaque côté, avec des équerres métalliques ou des pattes de scellement.

De la colle à bois est appliquée sur les languettes du cadre (horizontales et verticales pour un rang de pavés), puis les pavés sont mis en place et solidarisés avec deux croisillons. Il faut monter conjointement les carreaux de plâtre et les pavés de verre.

Au dernier rang de pavés, on pose la traverse supérieure du cadre, puis on termine la paroi en carreaux de plâtre.

Du côté extérieur de l'ouvrage (non exposé à la douche), un produit à joints souple pour carrelage doit être appliqué sur les carreaux. Après séchage et nettoyage des pavés de verre, la liaison entre le cadre et les carreaux de plâtre est recouvert d'un champlat en bois pour masquer d'éventuelles fissures ultérieures.

Du côté douche, un produit d'étanchéité sous carrelage est appliqué sur toute la paroi, jusqu'au contact des pavés de verre. Après séchage, on procède à la pose du carrelage. Les carreaux ne doivent pas être au contact

Exemple de pose de pavés de verre sur ossature bois

❶ Dans cet exemple, il s'agit de créer un apport de lumière dans une douche. Des pavés de verre de couleur ont été choisis avec un système de profilés bois.

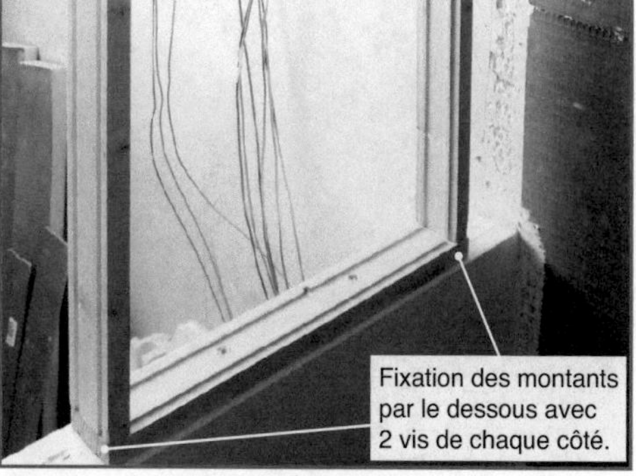

❷ Réalisez un cadre (largeur intérieure égale à deux carreaux, hauteur 5 carreaux). Prépercez le tasseau du bas. Le cadre sera englobé dans des carreaux de plâtre.

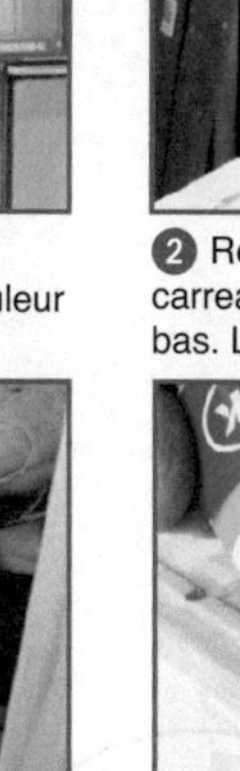

❸ Positionnez précisément le cadre, puis fixez-le sur un lit de colle à carreaux de plâtre avec des chevilles à frapper.

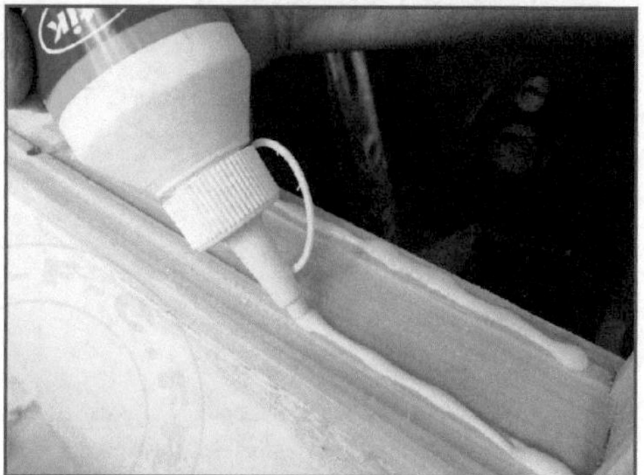

❹ Retirez le surplus de colle, puis laissez sécher. Encollez les languettes des profilés horizontaux et verticaux sur une hauteur d'un rang de pavés.

❺ Faites glisser les pavés dans les languettes, dans la colle fraîche. Appuyez-les fortement pour assurer un bon collage.

❻ Insérez deux croisillons en plastique (fournis dans le kit) entre les deux premiers pavés posés pour respecter un espacement et un alignement parfaits.

Figure 86 : Exemple de pose d'un insert en pavés de verre...

7 Insérez les croisillons bien au fond des rainures. Encollez les rainures des carreaux et les languettes des montants pour poser le rang suivant.

8 Continuez ainsi la pose des pavés. Au fur et à mesure, montez les carreaux de plâtre en les solidarisant aux montants avec de la colle et des équerres.

9 Après la pose du dernier rang, encollez, puis vissez la traverse supérieure sur le cadre. Elle servira de mini linteau.

10 Terminez le montage de la cloison au-dessus du câdre. Attention : les pavés de verre ne sont pas porteurs, prévoyez éventuellement un linteau plus conséquent.

11 Côté extérieur de la cabine de douche, appliquez un mortier-joint souple entre les pavés. Faites un premier nettoyage avec une éponge humide avant le séchage.

12 Avant le séchage complet du mortier-joint, nettoyez les pavés avec un chiffon sec, puis peaufinez les joints et les arêtes de pavés.

... *Figure 86* : Exemple de pose d'un insert en pavés de verre...

13 Laissez sécher le joint. Vous pouvez ensuite enduire l'entourage, puis peindre ou poser une baguette décorative.

14 Côté cabine de douche, posez le carrealge autour des pavés de verre. Ne collez pas le carrelage contre les pavés : laissez un espace.

15 Appliquez le produit à joints du carrelage. Remplissez les espaces entre et autour des carreaux avec un mastic silicone hautes performances.

16 L'espace laissé entre le carrelage et les pavés doit également être comblé avec un joint de silicone.

17 Lissez le silicone avec le doigt (trempé au préalable dans du produit à vaisselle).

18 Laissez le silicone polymériser au moins 24 heures avant d'utiliser la douche.

... *Figure 86* : Exemple de pose d'un insert en pavés de verre

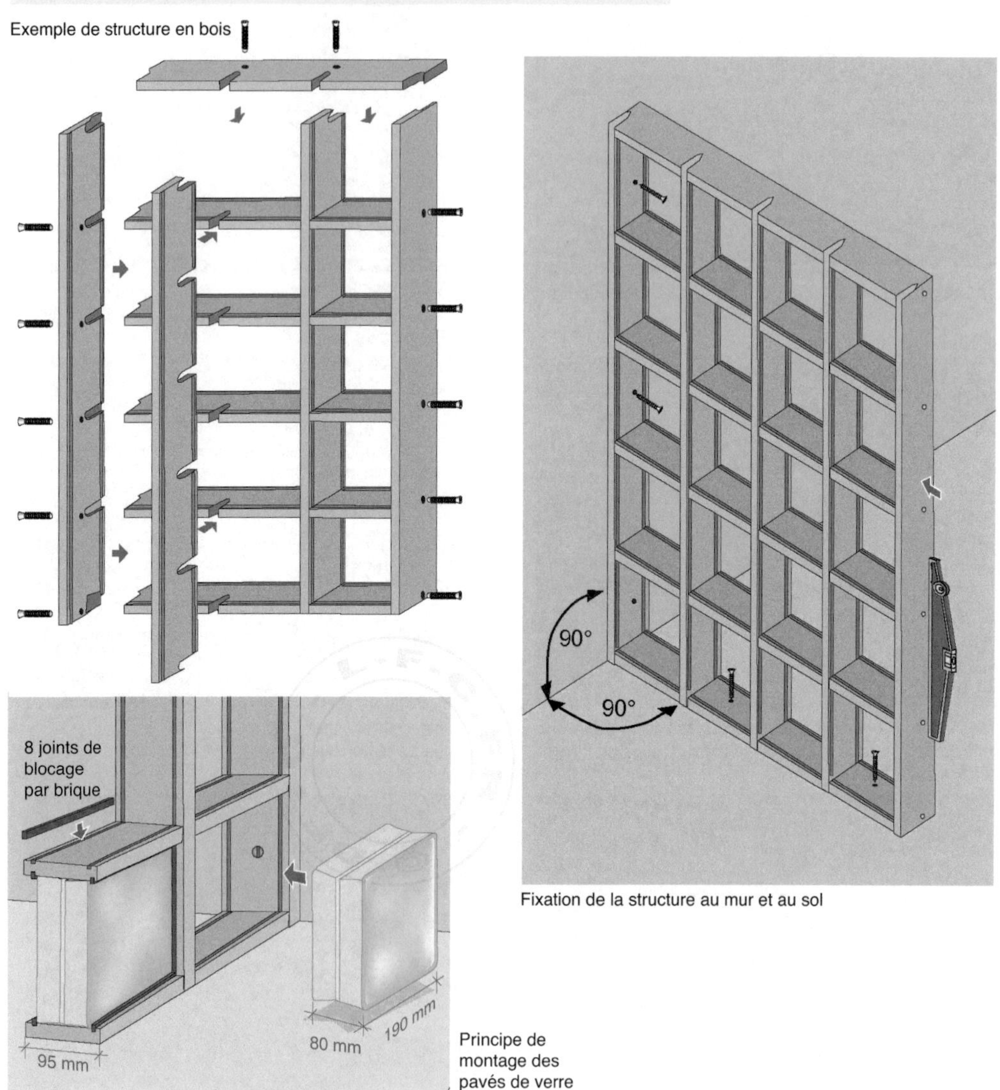

Figure 87 : Exemple de claustra pour pavés de verre

des pavés de verre, il faut un espace de 5 mm. On réalise ensuite les joints du carrelage. Après séchage, les joints entre le carrelage et le panneau de pavés sont réalisés, ainsi qu'entre les pavés (avec un mastic silicone hautes performances). On lisse les joints au doigt enduit de liquide vaisselle, puis on laisse polymériser.

Pour une réalisation encore plus simple et rapide de votre cloison en briques de verre, vous pouvez opter pour les systèmes de claustra (figure 87). Le principe est simple : il suffit de monter l'armature en pièces de bois pour former une grille dont les cases (dotées de rainures) sont destinées à héberger les briques de verre. Cette solution n'est adaptée qu'aux pièces sèches. Vérifiez le niveau et la planéité du sol et du mur avant d'y fixer la structure au moyen de vis et de chevilles adaptées.

Sur un même côté, installez les quatre joints de blocage dans les rainures d'une case. En commençant par le bas, glissez les briques dans les cases, par l'autre côté, puis bloquez-les avec quatre autres joints de blocage. Procédez ainsi pour remplir toutes les alvéoles.